全国高职高专规划教材·计算机系列

C语言程序设计

李　萍　主　编

王　茹　孙岚岚　副主编

唐　鹏　参　编

内容简介

本书系统而全面地介绍了C语言，为了适应不同读者的需求，全书分两部分：基础篇和提高篇。其中，基础篇中通过丰富的任务讲述了C语言的基本知识，概念清晰、结构分明，使读者能够对C语言有基本的了解。此外，还讲述了使用Visual C++ 6.0和Turbo C 3.0进行程序开发应该掌握的各项技术。提高篇中重点讲解了自定义数据类型、链表、位运算、预处理和文件等知识，使读者加深了对C语言的了解，并能够进行综合应用。

本书适合于高职高专计算机、通信等工科专业学生和C语言的初学者使用，也适合作为软件开发爱好者的参考用书。

图书在版编目(CIP)数据

C语言程序设计/李萍主编. —北京：北京大学出版社，2012.1
(全国高职高专规划教材·计算机系列)
ISBN 978-7-301-20073-5

Ⅰ.①C… Ⅱ.①李… Ⅲ.①C语言－程序设计－高等职业教育－教材 Ⅳ.①TP312

中国版本图书馆CIP数据核字（2012）第004645号

书　　名：C语言程序设计
著作责任者：李　萍　主编
策 划 编 辑：温丹丹
责 任 编 辑：温丹丹
标 准 书 号：ISBN 978-7-301-20073-5/TP·1210
出 版 发 行：北京大学出版社
地　　址：北京市海淀区成府路205号　100871
电　　话：邮购部62752015　发行部62750672　编辑部62765126　出版部62754962
网　　址：http://www.pup.cn
电 子 信 箱：zyjy@pup.cn
印 刷 者：三河市博文印刷有限公司
经 销 者：新华书店
787毫米×1092毫米　16开本　18.5印张　456千字
2012年1月第1版　2019年12月第6次印刷
定　　价：36.00元

前　　言

C 语言是目前国内外使用最广泛的程序设计语言之一。它具有处理功能丰富、表达能力强、使用方便灵活、执行程序效率高、可移植性强、语法结构严谨等优点；既有高级语言的特点，又有汇编语言的特点。因此，被很多计算机专业人员和程序设计爱好者称为“必学必会的一门语言”。

C 语言程序设计是计算机专业最重要的一门基础课程，也是其他理工科专业计算机编程语言的一门必修课。在多年的教学过程中，编者发现近年来学习和掌握 C 语言的需求越来越多。

针对以上需求，本书将 C 语言的相关知识分为基础篇和提高篇，以满足不同教学和读者学习的需求。本书从一个初学者的角度出发，采用由浅入深、循序渐进、实用为主，必需和够用为度的准则；基本知识广而不深、点到为止；基本技能贯穿教学的始终，具体采用“任务教学、任务分析”的方式。为了使学者能够从宏观上认识 C 语言程序，本书开篇即介绍了一个完整的贴近生活的 C 语言实现的项目，然后再划分模块，从最小的 C 语言程序开始剖析 C 语言程序的结构和特点。书中配有大量的经典习题和生动有趣的任务，每个任务都包含着 C 语言的若干个知识点和技能点，使读者在学习和使用 C 语言时更加得心应手，做到学以致用。

本书具有如下特点。

（1）面向初学者，本书的语言通俗易懂，叙述清晰，实例丰富，生动有趣且内容由潜入深、循序渐进。

（2）为了使读者更明确知识的重点、难点，本书对知识点进行了归纳，并使用了大量的说明、注意事项等来特别引起读者的注意。同时，通过小知识、编者手记的方式丰富了知识的深度和完整性。

（3）本书多处采用了总结归纳法，还介绍了一些常用的程序设计方法，如穷举法、迭代法、递推法和递归法等。使读者在学习和掌握一门语言的同时养成良好的程序设计习惯。

（4）本书注重知识的综合应用训练，以提高程序设计能力。

（5）习题丰富，部分习题选用了国家等级考试习题，有助于提高读者的应试能力。

本书在写作过程中，编者积极整编教学材料，到企业收集大量的实际项目，并请企业专家分析当前对技能的实际需要；同时，与多名资深教师进行讨论，从他们那里汲取了许多宝贵的教学经验。同时，得到院系领导、教材中心和出版社的大力支持，再此一并表示衷心的感谢!

本书由李萍担任主编，王茹和孙岚岚担任副主编，唐鹏参与编写。具体编写分工如下：辽宁装备制造职业技术学院的王茹编写第 1 ～ 3、6 章；辽宁装备制造职业技术学院的唐鹏编写第 4 ～ 5 章，辽宁装备制造职业技术学院的李萍编写第 7 ～ 9、11 ～ 12 章，中国移动辽宁分公司的孙岚岚编写第 10 章。

由于时间仓促，书中难免有些错误和不尽如人意的地方，恳请广大读者批评指正，并多提宝贵意见。

编者

2012 年 1 月

前言

目　录

基础知识篇

第1章　C语言概述

学习目标

1. 了解C语言的基础知识
2. 理解C语言的结构和特点
3. 会使用C语言的开发工具

1.1　C语言的重要性

C语言很早就出现了，现在有很多流行的编程语言，例如JAVA、C++、VB、C#等，很多初学者就会产生这样的疑问“为什么还要学C语言？C语言有什么用途？C语言重要吗?”在回答这个问题之前，我们来看一下网上2009—2010年关于编程语言使用率的统计，如表1-1所示。

表1-1　编程语言使用率

语　　言	2010年排名	2009年排名	2010年使用率	相对2009年增减
C	1	2	18.058%	+2.59%
JAVA	2	1	18.051%	-1.29%
C++	3	3	9.707%	-1.03%
PHP	4	4	9.662%	-0.23%
Visual Basic	5	5	6.392%	-2.7%
C#	6	7	4.435%	+0.38%

从上述统计表可以看出，C语言是当今编程语言使用率最高的一门语言。下面将从C语言的重要性和C语言的应用来介绍，让初学者对C语言有重新的认知和定位。

1.1.1　C语言的重要性

C语言是当前所有开发语言中使用最为广泛的，从它诞生之日起就深受人们的喜爱。因为C语言的普及，使得后来开发的语言都或多或少地遵循了它的模式。因此，几乎所有的程序员都将C语言成为自己的技术起步语言。通过对C语言的学习和了解，读者能够深入地理解操作系统的运作方式，以及编程思想的核心理念。

C语言语法结构很简洁精妙，执行效率高，很便于描述算法，大多数的程序员愿意使用C语言去描述算法本身。

C语言既具备高级语言特征，又有低级语言的特性。C语言有较好的可读性和可移植性，也可以对硬件进行操作。这样，C语言能够让你深入系统底层，UNIX操作系统就是由C语言编写而成的。

有人说："C语言是编程界的少林寺。"的确，很多新型的语言都衍生自C语言，例如：C++，Java，C#等。C语言是程序设计的重要基础，掌握了C语言，就等于掌握了很多门语言，经过简单的学习，就可以用这些新型的语言去开发了。

1.1.2 C语言的应用

当前的编程语言技术，如同春秋时期的百家争鸣，各种新技术、新思想层出不穷。大家面对这种现状，可能会有这样的疑问：C语言会不会只是人们学习程序设计的基石，而没有了实用价值？答案当然不是。越基础的语言，它实现的功能也就越强大。比如，现在很多语言都是C语言开发出来的，很多好的软件、系统都是汇编语言和C语言等编写出来的。C语言凭借着自身的优良特性，几乎可以应用到所有的程序设计工作中，主要应用在以下3个方面。

1. 开发系统软件

所谓系统软件，是指计算机操作系统和系统使用的程序。因为C程序设计之初就是用来开发UNIX操作系统，所以其在开发操作系统软件方面具有得天独厚的优势。许多常用的操作系内核程序都是使用C语言编写出来的。

2. 开发嵌入式软件

所谓嵌入式软件，是指执行独立功能的专用计算机软件。它一般不依赖操作系统，而直接和硬件交互，这就要求程序运行效率很高，因此，一般采用汇编语言开发的。但是因为汇编语言与高级语言相比易读性差，而C语言既具有高级语言的特点，又具有汇编语言的特点，所以很多嵌入式软件采用C语言开发。

3. 开发应用软件

C语言具有绘图能力强，可移植性好，并具备很强的数据处理能力，因此适于三维、二维图形和动画、数值计算、教学等方面的应用软件。

1.2 C语言的发展

对于语言，人们并不陌生，因为在人们的日常生活中，使用最多的就是语言。人们之间经常用语言来表达思想、互通信息。人类互相交流信息所用的语言称为自然语言，其中，有汉语、英语、法语、德语等。当前计算机不具备理解自然语言的能力，于是人们希望找到一种和自然语言相近且能被计算机接受的语言，计算机语言应运而生。

C语言是国际上广泛流行的计算机高级语言，既可以用来编写系统软件，也可以用来编写应用软件。

C语言的源头是ALGOL 60语言（也称为A语言）。1963年，剑桥大学将ALGOL 60语言发展成为CPL（Combined Programming Language，组合程序设计语言）。1967年，剑桥大学的Matin Richards对CPL语言进行了简化，于是产生了BCPL语言。1970年，美国贝尔实验室的Ken Thompson将BCPL进行了修改，并为它起了一个有趣的名字"B语言"。意思是将CPL语言煮干，提炼出它的精华。因为B语言是一种解释语言，没有类型之分，所以并不能有太大规模。

而在1973年，B语言也给人"煮"了一下，美国贝尔实验室的D. M. Ritchie在B语言的基础上最终设计出了一种新的语言，他取了BCPL的第二个字母作为这种语言的名字，这就是C语言。

为了使UNIX操作系统得到推广，1977年Dennis M. Ritchie发表了不依赖于具体机器系统的C语言编译文本《可移植的C语言编译程序》，即是著名的PCC（Portable C Compiler，可移植C编译器）。1978年Brian W. Kernighian和Dennis M. Ritchie出版了名著《C语言程序》（*The C Programming Language*），从而使C语言成为当时世界上流行最广泛的高级程序设计语言。1988年，随着微型计算机的日益普及，C语言出现了许多版本。由于没有统一的标准，使得这些C语言之间出现了一些不一致的地方。为了改变这种情况，美国国家标准研究所（ANSI）为C语言制定了一套ANSI标准，成为现行的C语言标准。在1990年，ISO再次采用了这种标准，所以也有一种别称叫“C90”。在1999年，ISO对C语言进行了修订，简称“C99”。后来，ANSI C又采用了这种标准。

1.3 C语言的特点

一门语言之所以能够存在和发展，并具有生命力，总是有其不同于其他语言的特点。下面就从C语言的优点和缺点两个方面介绍C语言。

1. C语言的优点

（1）简洁紧凑、灵活方便

C语言一共只有32个关键字、9种控制语句，程序书写形式自由，区分大小写的，并能够把高级语言的基本结构和语句与低级语言的实用性结合起来。C语言可以像汇编语言一样对位、字节和地址进行操作，而这三者是计算机最基本的工作单元。

（2）运算符丰富

C语言的运算符包含的范围很广泛，共有34种运算符。C语言把括号、赋值、强制类型转换等都作为运算符处理。从而使C语言的运算类型极其丰富，表达式类型多样化。灵活使用各种运算符可以实现在其他高级语言中难以实现的运算。

（3）数据类型丰富

C语言的数据类型有：整型、实型、字符型、数组类型、指针类型、结构体类型、共用体类型等，能够用这些数据类型来实现各种复杂的数据结构的运算。同时，C语言引入了指针概念，使程序效率更高。另外，C语言具有强大的图形功能，支持多种显示器和驱动器，因此，它的计算功能、逻辑判断功能强大。

（4）C是结构式语言

结构式语言的显著特点是代码及数据的分隔化，即程序的各个部分除了必要的信息交流外彼此独立。这种结构化方式可使程序层次清晰，便于使用、维护以及调试。C语言是以函数形式提供给用户的，这些函数可方便地调用，并具有多种循环、条件语句控制程序流向，从而使程序完全结构化。

（5）语法限制不太严格，程序设计自由度大

C语言的语法比较灵活，允许程序编写者有较大的自由度。允许直接访问物理地址，对硬件进行操作。由于C语言允许直接访问物理地址，可以直接对硬件进行操作，因此它既具有高级语言的功能，又具有低级语言的功能，可用来编写系统软件。

（6）生成目标代码质量高，程序执行效率高

C语言一般只比汇编程序生成的目标代码效率低10%～20%。

（7）适用范围大，可移植性好

C语言有一个突出的优点就是适合于多种操作系统，如DOS、UNIX、Windows NT、

Windows XP，同时，也适用于多种机型。C 语言具有强大的绘图能力，可移植性好，并具备很强的数据处理能力，因此适于编写系统软件、三维、二维图形和动画，它也是数值计算的高级语言。

2. 缺点

（1）C 语言的缺点主要表现在数据的封装性上，这一点使得 C 在数据的安全性上有很大的缺陷，这也是 C 和 C++ 的一大区别。

（2）C 语言的语法限制不太严格。对变量的类型约束不严格，这会影响程序的安全性；对数组下标越界不作检查等。从应用的角度，C 语言比其他高级语言较难掌握。

1.4　C 语言程序介绍

下面我们来看看在 Visual C++ 6.0 下用 C 语言编写的“学生成绩管理系统”项目。

1.4.1　系统的需求

学生成绩管理系统在学校中占有很重要的地位，关系学校内部的各种管理工作，包括学生成绩查询、排名等信息的管理。根据学校管理的需要，现开发一个简单的“学生成绩管理系统”，开发要求如下：

（1）能够对学生资料有效地输入、修改、删除等操作；

（2）能够对学生资料进行查询、显示等操作；

（3）能够对学生的成绩进行统计、排名、总分、平均分操作。

按照开发要求，C 语言做出的“学生成绩管理系统”菜单页面如图 1-1 所示。

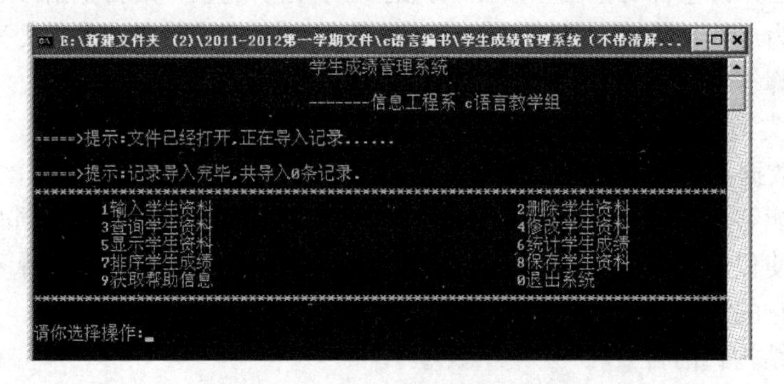

图 1-1　学生成绩管理程序菜单页面

1.4.2　功能描述

本系统可以划分成 5 个功能模块，具体如下。

（1）输入记录模块

通过键盘逐个录入学生的记录。学生记录包含学生的基本资料和学生成绩。

（2）查询模块

查询模块分为按学号查询和按姓名查询两种。

（3）更新模块

此模块按照学生信息进行维护，包括对学生记录进行修改、删除、排序记录等操作。

（4）统计模块

主要统计平均分、总分、英语成绩、数学成绩、C 语言成绩的最高分。

（5）记录输出模块

记录输出主要有两个功能：一个是对学生的记录进行存盘；一个是将学生记录以表格的形式显示在屏幕中。

本应用程序是由各个功能模块构成的，而各个模块功能的实现主要依赖于函数。

1.4.3 具体代码

1. 预处理

程序预处理包括文件加载、定义结构体、定义常量、定义变量。具体代码如下：

```
#include "stdio.h"   /*标准输入、输出函数库*/
#include "stdlib.h"  /*标准函数库*/
#include "string.h"  /*字符串函数库*/
int shoudsave=0;     /*定义是否需要存盘的标志变量*/
struct student       /*定义与学生有关的数据结构*/
{
   char num[10];/*学号*/
   char name[20]; /*姓名*/
   char sex[4]; /*性别*/
   int cgrade; /*C成绩*/
   int mgrade; /*数学成绩*/
   int egrade; /*英语成绩*/
   int totle; /*总分*/
   int ave; /*平均分*/
   char neartime[10];   /*最近更新的时间*/
};
typedef struct node    /*定义每条记录或节点的数据结构,标记为:node*/
{
   struct student data;   /*数据域*/
   struct node *next;     /*指针域*/
}Node,*Link;   /*Node为node类型的结构变量,*Link为node类型的指针变量*/
```

2. 主函数 main()

主函数实现了对整个系统的控制，通过对模块函数的调用实现了系统的具体功能。具体代码如下：

```
void main()
{
   Link l;    //链表
   FILE *fp; //文件指针
   int sel;
   char ch;
   char jian;
   int count=0;
   Node *p,*r;
   printf("\t\t\t\t学生成绩管理系统\n\n\t\t\t\t----信息工程系c语言教学
   组\n");
   l=(Node*)malloc(sizeof(Node));
   l->next=NULL;
   r=l;
   fp=fopen("C:\\student","rb");
   if(fp==NULL)
   {
      printf("\n=====>提示:文件还不存在,是否创建?(y/n)\n");
      scanf("%c",&jian);
      if(jian=='y'||jian=='Y')
      fp=fopen("C:\\student","wb");
```

```
        else
        exit(0);
    }
    printf("\n=====>提示:文件已经打开,正在导入记录……\n");
    while(!feof(fp))
    {
        p=(Node*)malloc(sizeof(Node));
        if(fread(p,sizeof(Node),1,fp)) //将文件的内容放入节点中
        {
            p->next=NULL;
            r->next=p;
            r=p; //将该节点挂入链中
            count++;
        }
    }
    fclose(fp); //关闭文件
    printf("\n=====>提示:记录导入完毕,共导入%d条记录.\n",count);
    while(1)
    {
        menu();
        printf("请你选择操作:");
        scanf("%d",&sel);
        if(sel==0)
        {
            if(shoudsave==1)
            {   getchar();
                printf("\n=====>提示:资料已经改动,是否将改动保存到文件中(y/n)?\n");
                scanf("%c",&ch);
                if(ch=='y'||ch=='Y')
                Save(l);
            }
            printf("\n=====>提示:你已经退出系统,再见!\n");
            break;
        }
        switch(sel)
        {
            case 1:Add(l);break; //增加学生
            case 2:Del(l);break;//删除学生
            case 3:Qur(l);break;//查询学生
            case 4:Modify(l);break;//修改学生
            case 5:Disp(l);break;//显示学生
            case 6:Tongji(l);break;//统计学生
            case 7:Sort(l);break;//排序学生
            case 8:Save(l);break;//保存学生
            case 9:printf("\t\t\t==========帮助信息==\n");break;
            default: Wrong();getchar();break;
        }
    }
}
```

3. 系统主菜单函数

系统主菜单函数 menu 的功能是，显示系统的主菜单界面，提示用户进行相应的选择并完成对应的任务。具体代码如下：

```
void menu()
{
    printf("************************************\n");
```

```
    printf("\t1 输入学生资料\t\t\t\t\t2 删除学生资料\n");
    printf("\t3 查询学生资料\t\t\t\t\t4 修改学生资料\n");
    printf("\t5 显示学生资料\t\t\t\t\t6 统计学生成绩\n");
    printf("\t7 排序学生成绩\t\t\t\t\t8 保存学生资料\n");
    printf("\t9 获取帮助信息\t\t\t\t\t0 退出系统\n");
    printf("**********************************\n");
}
```

4. 表格显示信息

将以表格的形式显示单链表 l 中存储的学生信息，内容是 student 结构中定义的内容。具体代码如下：

```
void printstart()
{
    printf("----------------------------------\n");
}
void Wrong()
{
    printf("\n=====>提示:输入错误!\n");
}
void Nofind()
{
    printf("\n=====>提示:没有找到该学生!\n");
}
void printc()//本函数用于输出中文
{
    printf("学号\t  姓名 性别 英语成绩 数学成绩 C语言成绩  总分 平均分\n");
}
void printe(Node *p)//本函数用于输出英文
{
    printf("% -12s%s\t%s\t%d\t%d\t%d\t %d\t %d\n",p->data.num,p->
    data.name,p->data.sex,p->data.egrade,p->data.mgrade,p->data.cgrade,p
    ->data.totle,p->data.ave);
}
void Disp(Link l)
{
    int count=0;
    Node *p;
    p=l->next;
    if(!p)
    {
        printf("\n=====>提示:没有资料可以显示!\n");
        return;
    }
    printf("\t\t\t\t显示结果\n");
    printstart();
    printc();
    printf("\n");
    while(p)
    {
        printe(p);
        p=p->next;
    }
    printstart();
    printf("\n");
```

```
}
```

5. 信息查找定位

当用户进入系统时，在对某个学生进行处理前需要按照条件查找此条记录信息。

```
Node * Locate(Link l,char findmess[],char nameornum[]) //该函数用于定位链表中符合要求的节点,并返回该指针
{
    Node *r;
    if(strcmp(nameornum,"num")==0) //按学号查询
    {
        r=l->next;
        while(r!=NULL)
        {
            if(strcmp(r->data.num,findmess)==0)
            return r;
            r=r->next;
        }
    }
    else if(strcmp(nameornum,"name")==0) //按姓名查询
    {
        r=l->next;
        while(r!=NULL)
        {
            if(strcmp(r->data.name,findmess)==0)
            return r;
            r=r->next;
        }
    }
    return 0;
}
```

6. 输入学生记录

如果系统内信息为空，则可以用 ADD 函数向系统内添加学生记录。

```
void Add(Link l) //增加学生
{
    Node *p,*r,*s;
    char num[10];
    r=l;
    s=l->next;
    while(r->next!=NULL)
      r=r->next;                          //将指针置于最末尾
    while(1)
    {
        printf("请你输入学号(以'0'返回上一级菜单:)");
        scanf("%s",num);
        if(strcmp(num,"0")==0)
        break;
        while(s)
        {
            if(strcmp(s->data.num,num)==0)
            {
              printf("===>提示:学号为'%s'的学生已经存在,若要修改请你选择'4 修改'!\
              n",num);
              printstart();
```

```
            printc();
            printe(s);
            printstart();
            printf("\n");
            return;
        }
        s=s->next;
    }
    p=(Node *)malloc(sizeof(Node));
    strcpy(p->data.num,num);
    printf("请你输入姓名:");
    scanf("%s",p->data.name);
    getchar();
    printf("请你输入性别:");
    scanf("%s",p->data.sex);
    getchar();
    printf("请你输入c语言成绩:");
    scanf("%d",&p->data.cgrade);
    getchar();
    printf("请你输入数学成绩:");
    scanf("%d",&p->data.mgrade);
    getchar();
    printf("请你输入英语成绩:");
    scanf("%d",&p->data.egrade);
    getchar();
    p->data.totle=p->data.egrade+p->data.cgrade+p->data.mgrade;
    p->data.ave=p->data.totle/3;
    //信息输入已经完成
    p->next=NULL;
    r->next=p;
    r=p;
    shoudsave=1;
  }
}
```

7. 查询学生记录

用户可以对系统内的学生信息进行快速查询处理，在此可以按照学号查询或者按照姓名查询。

```
void Qur(Link l) //查询学生
{
  int sel;
  char findmess[20];
  Node *p;
  if(!l->next)
  {
    printf("\n=====>提示:没有资料可以查询!\n");
    return;
  }
  printf("\n=====>1 按学号查找\n=====>2 按姓名查找\n");
  scanf("%d",&sel);
  if(sel==1)//学号
  {
    printf("请你输入要查找的学号:");
    scanf("%s",findmess);
```

```
        p = Locate(l,findmess,"num");
        if(p)
        {
            printf(" \t \t \t \t 查找结果 \n");
            printstart();
            printc();
            printe(p);
            printstart();
        }
        else
        Nofind();
    }
    else if(sel ==2) //姓名
    {
        printf("请你输入要查找的姓名:");
        scanf("% s",findmess);
        p = Locate(l,findmess,"name");
        if(p)
        {
            printf(" \t \t \t \t 查找结果 \n");
            printstart();
            printc();
            printe(p);
            printstart();
        }
        else
        Nofind();
    }
    else
    Wrong();
}
```

8. 删除学生记录

在删除操作时，系统会根据用户的要求先查找要删除记录的节点，然后在单链表中删除这个节点。具体代码如下：

```
void Del(Link l) //删除
{
    int sel;
    Node *p, *r;
    char findmess[20];
    if(!l ->next)
    {
        printf(" \n =====>提示:没有资料可以删除! \n");
        return;
    }
    printf(" \n =====>1 按学号删除 \n =====>2 按姓名删除 \n");
    scanf("% d",&sel);
    if(sel ==1)
    {
        printf("请你输入要删除的学号:");
        scanf("% s",findmess);
        p = Locate(l,findmess,"num");
        if(p)
        {
```

```
            r = l;
            while(r -> next! = p)
            r = r -> next;
            r -> next = p -> next;
            free(p);
            printf(" \n =====> 提示:该学生已经成功删除! \n");
            shoudsave = 1;
        }
        else
        Nofind();
    }
    else if(sel == 2)
    {
        printf("请你输入要删除的姓名:");
        scanf("% s",findmess);
        p = Locate(l,findmess,"name");
        if(p)
        {
            r = l;
            while(r -> next! = p)
              r = r -> next;
            r -> next = p -> next;
            free(p);
            printf(" \n =====> 提示:该学生已经成功删除! \n");
            shoudsave = 1;
        }
        else
        Nofind();
    }
    else
    Wrong();
}
```

9. 修改学生记录

用户可以对系统内已存在的学生信息进行修改，在修改前会查找到该记录，然后修改学号以外的值。具体代码如下：

```
void Modify(Link l)
{
    Node * p;
    char findmess[20];
    if(!l -> next)
    {
        printf(" \n =====> 提示:没有资料可以修改! \n");
        return;
    }
    printf("请你输入要修改的学生学号:");
    scanf("% s",findmess);
    p = Locate(l,findmess,"num");
    if(p)
    {
        printf("请你输入新学号(原来是% s):",p -> data.num);
        scanf("% s",p -> data.num);
        printf("请你输入新姓名(原来是% s):",p -> data.name);
        scanf("% s",p -> data.name);
```

```
        getchar();
        printf("请你输入新性别(原来是% s):",p ->data.sex);
        scanf("% s",p ->data.sex);
        printf("请你输入新的 c 语言成绩(原来是% d 分):",p ->data.cgrade);
        scanf("% d",&p ->data.cgrade);
        getchar();
        printf("请你输入新的数学成绩(原来是% d 分):",p ->data.mgrade);
        scanf("% d",&p ->data.mgrade);
        getchar();
        printf("请你输入新的英语成绩(原来是% d 分):",p ->data.egrade);
        scanf("% d",&p ->data.egrade);
        p ->data.totle =p ->data.egrade +p ->data.cgrade +p ->data.mgrade;
        p ->data.ave =p ->data.totle/3;
        printf("\n =====>提示:资料修改成功!\n");
        shoudsave =1;
    }
    else
    Nofind();
}
```

10. 统计

在统计模块中，统计学生的各科目的最高分，总分最高分和平均分最高分。

```
void Tongji(Link l)
{
    Node *pm,*pe,*pc,*pt,*pa; //用于指向分数最高的节点
    Node *r =l ->next;
    if(!r)
    {
        printf("\n =====>提示:没有资料可以统计!\n");
        return;
    }
    pm =pe =pc =pt =pa =r;
    while(r! =NULL)
    {
        if(r ->data.cgrade >=pc ->data.cgrade)
        pc =r;
        if(r ->data.mgrade >=pm ->data.mgrade)
        pm =r;
        if(r ->data.egrade >=pe ->data.egrade)
        pe =r;
        if(r ->data.totle >=pt ->data.totle)
        pt =r;
        if(r ->data.ave >=pa ->data.ave)
        pa =r;
        r =r ->next;
    }
    printf("------------------------统计结果------------------------\n");
    printf("总分最高者:\t% s % d 分\n",pt ->data.name,pt ->data.totle);
    printf("平均分最高者:\t% s % d 分\n",pa ->data.name,pa ->data.ave);
    printf("英语最高者:\t% s % d 分\n",pe ->data.name,pe ->data.egrade);
    printf("数学最高者:\t% s % d 分\n",pm ->data.name,pm ->data.mgrade);
    printf("c 语言最高者:\t% s % d 分\n",pc ->data.name,pc ->data.cgrade);
    printstart();
}
```

11. 排序处理

排序处理模块的功能是对系统内的学生信息进行排序，系统将按照插入排序算法实现单链表的按总分字段的降序排序，并分别输出打印前的结果和打印后的结果。具体代码如下：

```
void Sort(Link l)
{
   Link ll;
   Node *p,*rr,*s;
   ll=(Link)malloc(sizeof(Node)); //用于做新的链表
   ll->next=NULL;
   if(l->next==NULL)
   {
      printf("\n=====>提示:没有资料可以排序!\n");
      return;
   }
   p=l->next;
   while(p)
   {
      s=(Node*)malloc(sizeof(Node)); //新建节点用于保存信息
      s->data=p->data;
      s->next=NULL;
      rr=ll;
      while(rr->next!=NULL && rr->next->data.totle>=p->data.totle)
        rr=rr->next;
      if(rr->next==NULL)
        rr->next=s;
      else
      {
         s->next=rr->next;
         rr->next=s;
      }
      p=p->next;
   }
   free(l);
   l->next=ll->next;
   printf("\n=====>提示:排序已经完成!\n");
}
```

12. 存储学生信息

在存储学生信息模块中，系统会将单链表中的数据写入到磁盘中的数据文件中。如果用户对数据进行了修改但没有进行此操作，会将在退出系统时提示用户是否存盘。具体代码如下：

```
void Save(Link l)
{
   FILE *fp;
   Node *p;
   int flag=1,count=0;
   fp=fopen("c:\\student","wb");
   if(fp==NULL)
   {
      printf("\n=====>提示:重新打开文件时发生错误!\n");
      exit(1);
   }
   p=l->next;
```

```
    while(p)
    {
      if(fwrite(p,sizeof(Node),1,fp)==1)
      {
        p=p->next;
        count++;
      }
      else
      {
        flag=0;
        break;
      }
    }
    if(flag)
    {
      printf("\n=====>提示:文件保存成功.(有%d条记录已经保存.)\n",count);
      shoudsave=0;
    }
    fclose(fp);
  }
```

以上就是整个项目的编码，通过这个具体的项目，可以看出一个C语言的程序是由若干个功能模块组成的，每个模块又可以由若干个函数构成。由此希望读者能够对C语言程序的结构、功能、编程思想等有一个初步的了解。在以后各章的学习中，会进一步介绍该系统的各个模块。

1.5 简单的C语言程序

下面介绍几个简单的C程序，从中分析C程序的结构特点及C语言的特性。

任务1：编写代码，简单地打印输出程序。

代码如下：

```
#include <stdio.h>
main()
{
  printf("this is a c program\n");
}
```

任务分析：本程序功能是打印输出字符串“this is a c program”。#include <stdio.h> 为头文件，每个C语言程序都有一个头文件；main表示“主函数”，每个C语言程序必须有一个main函数，函数体用{}括起来；printf是C语言的输出函数；“\n”是换行符，每个语句都有一个分号代表结束。

运行结果：this is a c program

任务2：编写代码，求两数之和。

代码如下：

```
#include <stdio.h>
int main()
{
  int a,b,s;
  a=12;
  b=25;
  s=a+b;
```

```
    printf("s = % d",s);
}
```

任务分析：本程序是求两数之和。int 是整型数据类型，a，b，s 是变量，int a，b，s 是定义 a，b，s 为整型数据类型。a = 12，是给变量 a 赋值数值 12；b = 25，是给变量 b 赋值数值 25；s = a + b，是将变量 a，b 的和赋值给变量 s。“% d” 是格式输出，输出数据为整型。

运行结果：s = 37

任务 3：编写代码，用函数调用求两数之和。

代码如下：

```
#include <stdio.h>
int main()          /* 主函数 */
{
   int a,b,s;
   scanf("% d,% d",&a,&b);
   s = f1(a,b);
   printf("s = % d",s);
}
int f1(int x, int y)   /* 定义 f1()函数 */
{
   int z;
   z = x + y;
   return(z);
}
```

任务分析：本任务是求两数之和，它包含两个函数：一个主函数 main()，一个被调用函数f1()。从 int f1(int x，int y）开始向下到程序结束部分是 f1 函数的定义，其功能是求两数之和。main()函数中 scanf （“%d,%d”，&a，&b）；语句的作用是从键盘输入两个数据分别赋值给 a 和 b 两个变量。f1(a，b）是主函数调用 f1 函数，并将 a，b 两个变量的值传递给 x 和 y。整个程序的执行过程如下：（1）从 main()函数开始执行程序，它是程序的入口；（2）定义变量 a，b，s 为整型数据；（3）从键盘输入数据，并赋值给变量 a，b；（4）调用 f1()函数，并将 a，b 的值赋值给 x，y 变量，然后执行 f1()函数体的内容，即求 z = x + y; return 语句将 z 返回给 main()函数调用处，把 z 的值赋值给 s；（5）在屏幕上打印输出程序结果。

运行结果如图 1-2 所示。

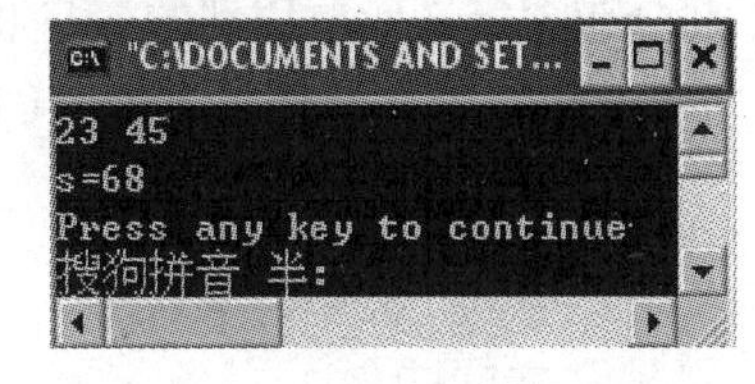

图 1-2　任务 3 的运行结果

1.6　C 语言程序的结构特点

通过前面的学生成绩管理系统以及几个 C 语言的程序可以看出，一个完整的 C 程序具有以下结构特点。

1. 头部文件

#include 语句是预处理指令，并不是 C 语言的可执行语句，它只是指定了程序引用的头部文件。每个 C 语言程序都有一个头文件。

头文件的作用是通过头文件来调用库功能。在很多场合，源代码不便（或不准）向用户公布，只要向用户提供头文件和二进制的库即可。用户只需要按照头文件中的接口声明来调用库功能，而不必关心接口怎么实现的。编译器会从库中提取相应的代码。

头部文件是C语言中使用的标准库函数文件的计算机目标码，比如输入函数 printf( ) 需要使用I/O库函数文件 stdio. h，三角函数 sin( )需要使用数学库函数文件 math. h 等。库文件由#include 预处理指令指定后，在连接时候被嵌入到程序的目标码中。

2. 主函数

1.5 节任务3中包括一个名字为 main 的函数，圆括弧表示 main( )是一个函数名称。int 表示 main( )返回一个整数，void 表示 main( )不接受任何参数。

C语言是由函数构成的，至少有一个 main( )函数；函数是C程序的基本单位。被调用的函数可以是系统提供的库函数，也可以是用户根据需要设计出的函数，如 f1( )。每个函数都能实现特定的功能，程序中全部工作都是由各个函数来完成的。编写C语言程序实际上是编写一个个函数。

main( )函数是程序执行的入口。C语言程序总是从 main( )函数开始执行，而不论主函数在程序中的位置，当主函数执行完毕时，亦即程序执行完毕。习惯上，将主函数 main( )放在最前头。

3. 函数结构

任何函数，包括主函数 main( )都是由函数说明和函数体两部分组成，其一般结构如下：

```
函数类型  函数名(参数表)
{
   函数体
}
```

例如，1.5 节任务3中 f1( )函数的函数说明（也称为函数首部）：

函数类型　函数名　函数参数类型　函数参数名　函数参数类型　函数参数名

当然，函数也可以没有参数，例如：main( )。

函数体，即函数说明下面的花括号内的部分。函数体包含声明部分和执行部分，声明部分包含定义所要用到的变量和所调用函数的声明；执行部分由若干个语句构成。

例如，1.5 节任务3中 f1( )函数的函数体：

```
{
   int z; ←— 声明部分
   z =x +y; ←— 执行部分
   return(z);
}
```

4. 读解程序需要一些必要的辅助信息

符号“//”之后是程序的注释信息，这是为了便于读程序，它仅在一行内有效。另一种注释方法是用符号对“/*”和“*/”，其中，“/*”表示注释开始，“*/”表示注释结束，它能跨越多行对程序注释，但是必须配对应用，否则编译出错。

5. 变量声明

在C语言程序设计中，所有变量必须预先声明，否则编译程序不予承认。声明语句的位置在函数体内的C语句之前。变量声明在C语言中非常重要，例如：语句 int a；它完成两件事：

(1) 在函数中可以使用一个名字为 a 的变量；

(2) int 是C语言的关键字，说明 a 是一个整型量。

6. C程序无输入、输出语句

C语言中输入功能由scanf()函数完成，输出功能由printf()函数完成，例如，

```
printf("this is a c program \n");  //输出信息到屏幕
```

这是输出语句，它在屏幕上输出“this is a c program”；符号“\n”是输出语句的换行命令而不是输出信息，它让下一次的屏幕输出位置从新的一行开始，而不是接着屏幕当前的字符位置继续。

```
printf("s = % d",s);
```

该条输出语句中的“%d”指示输出s变量的位置和形式，它把s内嵌在用引号引起来的词组中进行输出。

7. 每个语句和数据声明的最后必须有一个分号

1.7 C语言程序常用的开发工具简介

为了使计算机能够按照人们的意志进行工作，必须根据问题的要求，编写出相应的程序。所谓程序，就是一组计算机能识别和执行的指令，每一条指令使计算机执行特定的操作。程序可以由高级语言编写，用高级语言编写的程序称为“源程序”。从根本上说，计算机只能识别和执行由0、1组成的二进制指令，而不能识别和执行高级语言编写的指令。为了使计算机能够执行高级语言源程序，必须用一种称为“编译程序”的软件，把源程序翻译成二进制形式的“目标程序”，然后将该目标程序与系统的函数库和其他目标程序连接起来，形成可执行的目标程序。

编写好C语言程序后，要经过以下几个步骤才能正常运行：（1）上机输入与编辑C语言源程序；（2）对源程序进行编译；（3）与库函数进行连接；（4）运行可执行的目标程序。对应四个步骤的操作，生成的中间文件类型也分为三种类型：（1）编辑保存后生成.c文件；（2）编译操作后生成.o文件；（3）与库函数连接后生成.exe文件。

了解了C语言的初步知识，我们就可以运行一个C语言程序。下面分别介绍两种不同的运行环境，并在这两种运行环境上运行C语言程序。

1.7.1 Turbo C 2.0 集成开发环境

Turbo C是在微机中广泛使用的编译程序，它具有方便、直观、易用的界面和丰富的库函数。它向用户提供了一个集成环境，把程序的编辑、编译、连接和运行等操作全部集中在一个界面上运行，使用十分方便，下面对Turbo C的工作环境做一些简单的介绍。

1. Turbo C概述

Turbo C是美国Borland公司的产品。Borland公司是一家专门从事软件开发、研制的大公司，该公司相继推出了一套Turbo系列软件，如Turbo BASIC、Turbo Pascal、Turbo Prolog，这些软件很受用户欢迎。Borland公司在1987年首次推出Turbo C 1.0产品，其中使用了全然一新的集成开发环境，即使用了一系列下拉式菜单，将文本编辑、程序编译、连接以及程序运行一体化，大大方便了程序的开发。1988年，Borland公司又推出Turbo C 1.5版本，增加了图形库和文本窗口函数库等，而Turbo C 2.0是该公司1989年出品的。Turbo C 2.0在原来集成开发环境的基础上增加了查错功能，并可以在Tiny模式下直接生成COM（数据、代码、堆栈处在同一个64KB内存中）文件。此外，Turbo C 2.0可运行于IBM-PC系列微机，包括XT、AT及IBM兼容机。此时要求DOS 2.0或更高版本支持，并至少需要448KB的RAM，可在任何彩色、单色的80列监视器上运行。Turbo C 2.0支持数学

协处理器芯片（如 8087/80287/80387 等），也可进行浮点仿真，这将加快程序的执行。

Borland 公司后来又推出了面向对象的程序软件包 Turbo C++ 3.0 它继承发展 Turbo C 2.0 的集成开发环境，并包含了面向对象的基本思想和设计方法。

1991 年为了适应 Microsoft 公司的 Windows 3.0 版本，Borland 公司又将 Turbo C++ 做了更新，即 Turbo C 的新一代产品 Borland C++ 问世了。

2. Turbo C 2.0 集成开发环境的介绍

进入 Turbo C 2.0 的开发环境很简单，执行 Turbo C 系统安装目录下 TC.EXE 文件即可。

例如：设 Turbo C 系统安装在 C 盘 TC 目录下，则启动方法如下：

（1）用鼠标双击“开始”—“附件”—“DOS 命令符”，进入 DOS 命令下；

（2）进入 C:\ TC 目录下,命令如下

CD \ C:\ TC

启动 Turbo C 后,显示界面如图 1-3 所示。

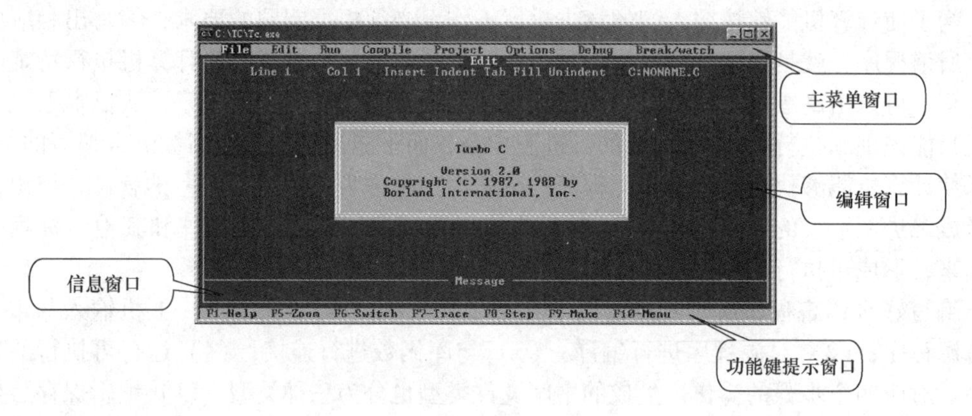

图 1-3　启动界面

从图 1-3 可以看到集成环境中有 4 个工作窗口：主菜单窗口、编辑窗口、信息窗口和功能键提示窗口 4 部分组成。以上 4 个窗口构成了 Turbo C 2.0 的主屏幕，以后的编程、编译、调试以及运行都将在这个主屏幕上进行。

① 主菜单窗口

主菜单窗口包括 8 个主菜单：File（文件），Edit（编辑），Run（运行），Compile（编译），Project（项目），Options（选项），Debug（调试），Break/watch（断点监视），除 Edit 外，每个主菜单还有其他子菜单，分别用来实现各项操作。

② 编辑窗口

中间区域为编辑窗口，位于主菜单窗口的下面，正上方有 Edit 字样作标识。用来对 Turbo C 源程序进行输入和编辑。源程序都在这个窗口中显示，编辑窗口占据了屏幕的大部分面积。

③ 信息窗口

编辑窗口的下方是信息窗口，用来显示编译和连接时的有关信息。在信息窗口上方有 Message 字样作标识，但在编辑源程序时用不到此窗口。

④ 功能键提示窗口

屏幕最下方（在信息窗口的下面）为功能键提示窗口，用来显示一些功能键。

下面重点介绍主菜单窗口的8个主菜单。

(1) File(文件)菜单

按Alt+F组合键可进入File菜单,该菜单包括以下内容。

- Load(加载):装入一个文件,可用类似DOS的通配符(如*.C)来进行列表选择。也可装入其他扩展名的文件,只要给出文件名(或只给路径)即可。该项的热键为F3,即只要在主菜单中按F3即可进入该项,而不需要先进入File菜单再选择此项。
- Pick(选择):将最近装入编辑窗口的8个文件列成一个表让用户选择,选择后将该程序装入编辑区,并将光标置在上次修改过的地方,其组合键为Alt+F3。
- New(新文件):新建文件,默认文件名为NONAME.C,存盘时可改名。
- Save(存盘):将编辑区中的文件存盘,若文件名是NONAME.C时,将询问是否更改文件名,其热键为F2。
- Write to(另存为):可由用户给出文件名将编辑区中的文件存盘;若该文件已存在,则询问要不要覆盖。
- Directory(目录):显示目录及目录中的文件,并可由用户选择。
- Change dir(改变目录):显示当前目录,用户可以改变显示的目录。
- Os shell(暂时退出):暂时退出Turbo C 2.0到DOS提示符下,此时可以运行DOS命令;若想回到Turbo C 2.0中,只要在DOS状态下键入EXIT即可。
- Quit(退出):退出Turbo C 2.0,返回到DOS操作系统中,其热键为Alt+X。

说明:以上各项可用光标键来进行选择,回车则执行;也可用每一项的第一个大写字母直接选择。若要退到主菜单或从它的下一级菜单列表框退回均可用Esc键,Turbo C 2.0所有菜单均采用这种方法进行操作,后面不再说明。

(2) Edit(编辑)菜单

按Alt+E组合键可进入编辑菜单,若再回车,则光标出现在编辑窗口,此时用户可以进行文本编辑。编辑方法基本与其他文本编辑器相同,可用F1键获得有关编辑方法的帮助信息。

- Undo:撤销操作,用于取消以前的操作。
- Redo:回复操作,用于恢复撤销前的操作。
- Cut:剪切操作。
- Copy:复制操作。
- Paste:粘贴操作。
- Clear:清除操作。
- Copy example:复制实例操作。
- Show clipboard:查看剪切板操作。

(3) Compile(编译)菜单

按Alt+C组合键可进入Compile菜单,该菜单有以下几个内容。

- Compile to OBJ(编译生成目标码):将一个C源文件编译生成.OBJ目标文件,同时显示生成的文件名,其热键为Alt+F9。
- Make EXE file(生成执行文件):此命令生成一个.EXE文件,并显示生成的.EXE

文件名。

• Link EXE file（连接生成执行文件）：把当前的 . OBJ 文件及库文件连接在一起生成 . EXE 文件。

• Build all（建立所有文件）：重新编译项目里的所有文件，并进行装配生成 . EXE 文件。该命令不做过时检查（上面的几条命令要做过时检查，即如果目前项目里源文件的日期和时间与目标文件相同或更早，则拒绝对源文件进行编译）。

• Primary C file（主 C 文件）：当在该项中指定了主文件后，在以后的编译中，如果没有项目文件名，则编译此项中规定的主 C 文件；如果编译中有错误，则将此文件调入编辑窗口，不管目前窗口中是不是主 C 文件。

• Get info：获得有关当前路径、源文件名、源文件字节大小、编译中的错误数目、可用空间等信息。

（4）Project（项目）菜单

按 Alt + P 组合键可进入 Project 菜单，该菜单包括以下内容。

• Project name（项目名）：项目名具有 . PRJ 的扩展名，其中，包括将要编译、连接的文件名。例如，有一个程序由 file1. c，file2. c，file3. c 组成，要将这 3 个文件编译装配成一个 file. exe 的执行文件，可以先建立一个 file. PRJ 的项目文件，其内容如下：

```
file1.c
file2.c
file3.c
```

此时，将 file. PRJ 放入 Project name 项中，以后进行编译时将自动对项目文件中规定的 3 个源文件分别进行编译，然后连接成 file. exe 文件。

如果其中有些文件已经编译成 . OBJ 文件，而又没有修改过，可直接写上 . OBJ 扩展名。此时，将不再编译而只进行连接。例如：

```
file1.obj
file2.c
file3.c
```

将不对 file1. c 进行编译，而直接连接。

当项目文件中的每个文件无扩展名时，均按源文件对待。另外，其中的文件也可以是库文件，但必须写上扩展名 . LIB。

• Break make on（中止编译）：由用户选择是否在有 Warining（警告）、Errors（错误）、Fatal Errors（ 致命错误）时或 Link（连接）之前退出 Make 编译。

• Auto dependencies（自动依赖）：当开关置为 on，编译时将检查源文件与对应的 . OBJ 文件日期和时间，否则不进行检查。

• Clear project（清除项目文件）：清除 Project/Project name 中的项目文件名。

• Remove messages（删除信息）：把错误信息从信息窗口中清除掉。

（5）Debug（调试）菜单

按 Alt + D 组合键可选择 Debug 菜单，该菜单主要用于查错，它包括以下内容。

Expression	要计算结果的表达式。
Result	显示表达式的计算结果。
New value	赋给新值。
Call stack	该项不可接触，而在 Turbo C debuger 时用于检查堆栈情况。

Find function　　　在运行 Turbo C debugger 时用于显示规定的函数。

Refresh display　　编辑窗口偶然被用户窗口重写了可用此恢复编辑窗口的内容。

(6) Break/watch（断点/监视表达式）

按 Alt + B 组合键可进入 Break/watch 菜单，该菜单有以下内容。

Add watch　　　向监视窗口插入一个监视表达式。

Delete watch　　从监视窗口中删除当前的监视表达式。

Edit watch　　　在监视窗口中编辑一个监视表达式。

Remove all watches　从监视窗口中删除所有的监视表达式。

Toggle breakpoint　对光标所在的行设置或清除断点。

Clear all breakpoints　清除所有断点。

View next breakpoint　将光标移动到下一个断点处。

(7) Options（选择菜单）

按 Alt + O 组合键可进入 Options 菜单，该菜单对初学者来说要谨慎使用。

• Compiler（编译器）：本项选择又有许多子菜单，可以让用户选择硬件配置、存储模型、调试技术、代码优化、对话信息控制和宏定义。

• Linker（连接器）：本菜单设置有关连接的选择项。

• Environment（环境）：本菜单规定是否对文件自动存盘及对制表键和屏幕大小的设置。

• Directories（路径）：规定编译、连接所需文件的路径，有下列各项。

Include directories　包含文件的路径，多个子目录用"；"分开。

Library directories　库文件路径，多个子目录用"；"分开。

Output directoried　输出文件（. OBJ，. EXE，. MAP 文件）的目录。

Turbo C directoried　Turbo C 所在的目录。

Pick file name　　定义加载的 pick 文件名，如果不定义，则从 Current pick file 中取出。

• Arguments（命令行参数）：允许用户使用命令行参数。

• Save options（存储配置）：把所有选择的编译、连接、调试和项目保存到配置文件中，默认的配置文件为 TCCONFIG. TC。

• Retrive options：把一个配置文件装入到 TC 中，TC 将使用该文件的选择项。

(8) Run（运行）菜单

按 Alt + R 组合键可以进入 Run 菜单，该菜单有以下各项。

• Run（运行程序）：运行由 Project/Project name 项指定的文件名或当前编辑区的文件。如果对上次编译后的源代码未做过修改，则直接运行到下一个断点（没有断点则运行到结束）；否则先进行编译、连接后才运行，其热键为 Ctrl + F9。

• Program reset（程序重启）：中止当前的调试，释放分给程序的空间，其热键为 Ctrl + F2。

• Go to cursor（运行到光标处）：在调试程序时使用，选择该项可使程序运行到光标所在的行。光标所在的行必须为一条可执行语句，否则提示错误，其热键为 F4。

• Trace into（跟踪进入）：在执行一条调用其他用户定义的子函数时，若用 Trace into 项，则执行长条将跟踪到该子函数内部去执行，其热键为 F7。

• Step Run（单步执行）：执行当前函数的下一条语句，即使用户函数调用，执行长条也不会跟踪进函数内部，其热键为 F8。

• User screen（用户屏幕）：显示程序运行时在屏幕上显示的结果，其热键为 Alt + F5。

3. 运行一个 C 语言源程序

Turboc C 2.0 集成开发环境主要功能基本介绍完了，现在来运行一个 C 语言源程序。

（1）编辑 C 程序源文件

如果是建立一个新程序，使用“File | New”打开一个新的编辑窗口建立一个新的 C 源程序文件。

如果是打开一个已经存在的程序，使用“File | Open ...”命令可以在编辑窗口中打开一个已有的 C 源程序文件用于编辑。

编辑源程序就是指输入、修改 C 语言程序，然后将该程序文件保存于盘上。如图 1-4 所示。

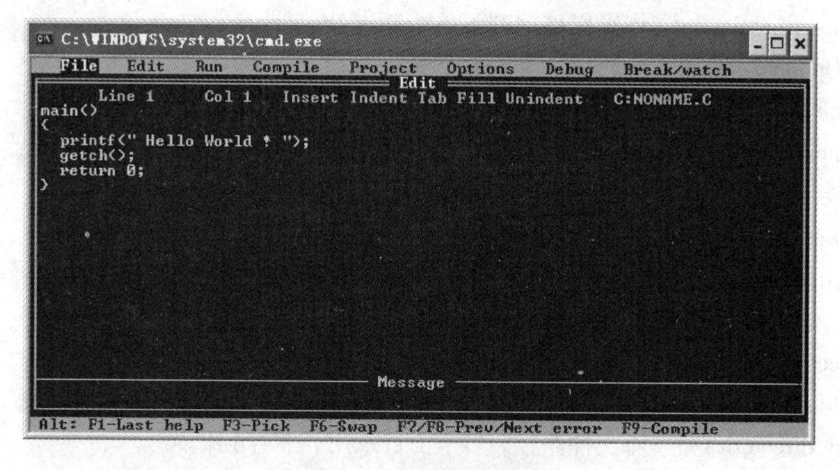

图 1-4　编辑源代码

（2）保存 C 源程序文件

输入完 C 源程序后必须先保存该源程序文件，保存文件的方法有以下 3 种。

• 使用菜单命令“File | Save”保存文件，如图 1-5 所示。

• 使用菜单命令“File | Save As...”，其对话框类似于保存文件对话框，在“Save File As”区域输入新文件名后按“OK”键即可。

• 按 F2 键存盘。

注意：在进行文件保存时，要注意文件扩展名。C 语言源程序的后缀名为“.c”。

（3）编译、连接单个 C 源程序文件

• 使用菜单命令“Compile | Compile to OBJ”对源程序文件进行编译，生成相应的目标文件。

• 使用菜单命令“Compile | Link EXE file”可以对相应目标文件进行连接以生成相应的执行文件。

• 使用菜单命令“Compile | Make EXE file”项，则将自动完成对当前正在编辑的源程序文件的编译、连接，并生成可执行文件。

• 按 F9 键可一次完成编译和连接，如图 1-6 所示。

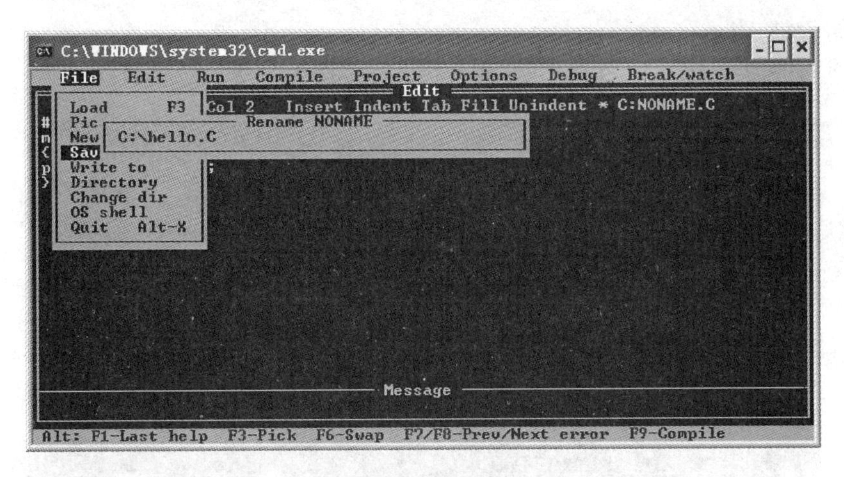

图 1-5　保存程序

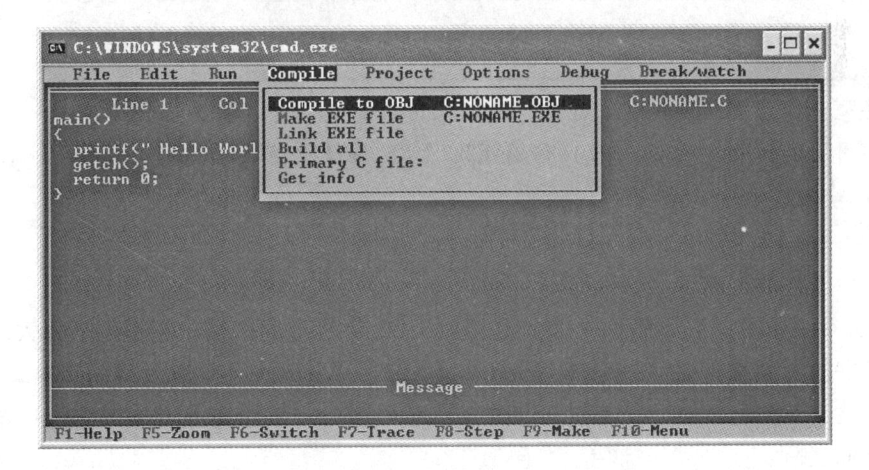

图 1-6　编译

（4）执行程序

• 使用菜单命令“Run | Run”可以运行当前窗口中的程序。

• 按 F10 键可以运行当前程序；

• 按组合键 Ctrl + F9，系统会执行已经编译、连接好的目标文件。

使用菜单命令“Windows | User Screen”或快捷键 Alt + F5，可以切换到用户屏幕查看输出信息和程序的运行结果，按任意键可以返回系统集成环境。

此外，也可以在输入源程序并保存文件后直接使用“Run | Run”命令运行程序，系统自动进行编译、连接、运行程序的全过程，如图 1-7 所示。

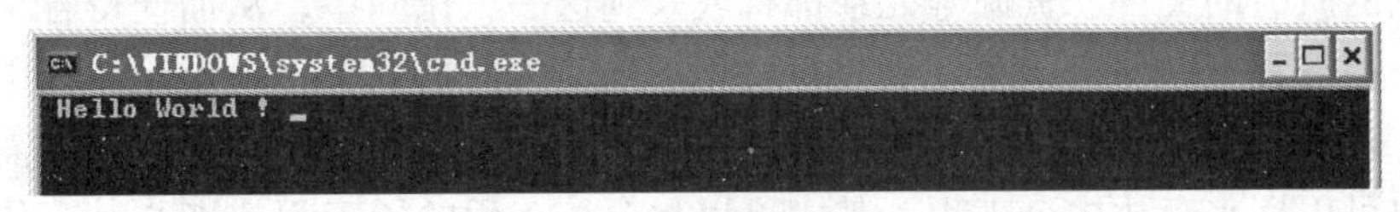

图 1-7　查看结果

（5）退出 Turbo C

• 使用菜单命令“Flie | Quit”；

- 按组合键 Alt + X。

此命令将脱离 Turbo C，回到 DOS 命令状态，如图 1-8 所示。

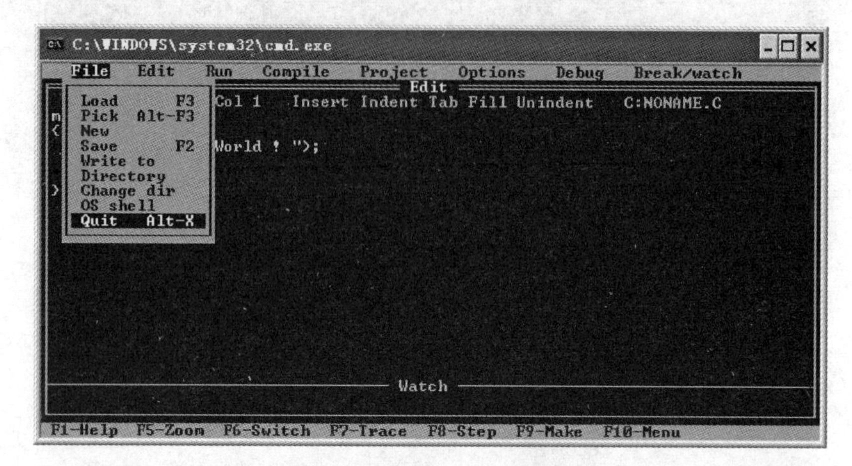

图 1-8 退出 Turbo C 界面

注意：经常用 Turbo C 编程时，可以采用快捷键，可以提高操作速度。

常用用到的快捷键有：（1）保存 F2；（2）编译、连接、执行 Ctrl + F9；（3）查看结果 Alt + F5。

1.7.2 Visual C++ 6.0

Visual C++ 6.0（以下简称 VC6）是微软 1998 年推出的产品，它提供了强大的编译能力以及良好的界面操作性。能够对 Windows 95/98、Windows NT 以及 Windows 2000 下的 C++ 程序设计提供完善的编程环境。同时，VC6 对网络、数据库等方面的编程也都提供了相应的环境支持。

由于 2000 年以后，微软全面转向 .NET 平台，VC6 成为支持标准 C/C++ 规范的最后版本。微软最新的 Visual C++ 版本为 Visual C++ （CLI），但是此版本已经完全转向 .NET 架构，并对 C/C++ 的语言本身进行了扩展。

下面先了解一下 VC6 相关的基础知识，然后在 VC6 的开发平台上运行一个 C 语言源程序。

1. 工程（Project）和工程工作区（Project workspace）

在开始编程之前，必须先了解工程 Project（也称“项目”，或称“工程项目”）的概念。用 VC6 编写并处理的任何程序都与工程有关（都要创建一个与其相关的工程），而每一个工程又总与一个工程工作区相关联。实际上，VC6 是通过工程工作区来组织工程及其各相关元素的，就好像是一个工作间（对应于一个独立的文件夹，或称子目录），以后程序所牵扯到的所有的文件、资源等元素都将放入到这一工作间中，从而使得各个工程之间互不干扰，使编程工作更有条理，更具模块化。最简单的情况下，一个工作区中用来存放一个工程，代表着某一个要进行处理的程序（我们先学习这种用法）。但如果需要，一个工作区中也可以用来存放多个工程，其中可以包含该工程的子工程或者与其有依赖关系的其他工程。可以看出，工程工作区就像是一个“容器”，由它来“盛放”相关工程的所有有关信息；当创建新工程时，同时要创建这样一个工程工作区，而后则通过该工作区窗口来观察与存取此工程的各种元素及其有关信息。创建工程工作区之后，系统将创建出一个相应的工作区文件（.dsw），用来存放与该工作区相关的信息；另外，还将创建出的其他几个相关文件是工程文件（.dsp）和选择信息文件（.opt）等。

编制并处理 C++ 程序时要创建工程，VC6 已经预先为用户准备好了近 20 种不同的工程类型以供选择，选定不同的类型意味着让 VC6 系统帮着提前做某些不同的准备以及初始化工作（例如，事先为用户自动生成一个所谓的底层程序框架（或称框架程序），并进行某些隐含设置，如隐含位置、预定义常量、输出结果类型等）。在工程类型中，其中有一个为“Win32 Console Application”，它是我们首先要掌握的、用来编制运行 C++ 程序方法中最简单的一种。此种类型的程序在运行时，将出现并使用一个类似于 DOS 的窗口，并提供对字符模式的各种处理与支持。实际上，提供的只是具有严格的采用光标而不是鼠标移动的界面。此种类型的工程小巧而简单，但足以解决并支持本课程中涉及到的所有编程内容与技术，使我们把重点放在程序的编制而并非界面处理等方面，至于 VC6 支持的其他工程类型（其中有许多还将涉及到 Windows 或其他的编程技术与知识），有待在今后的不断学习中来逐渐了解、掌握与使用。

2. VC6 的集成开发环境

可以选择如下两种方式启动 VC6 的集成开发环境。

（1）单击 Windows“开始”菜单，选择“程序”组下“Microsoft Visual Studio 6.0”子组下的快捷方式“Microsoft Visual C++ 6.0”启动 Visual C++ 6.0。

（2）单击 Windows“开始”菜单，选择“运行”，输入“msdev”，即可启动。启动后的界面如图 1-9 所示。

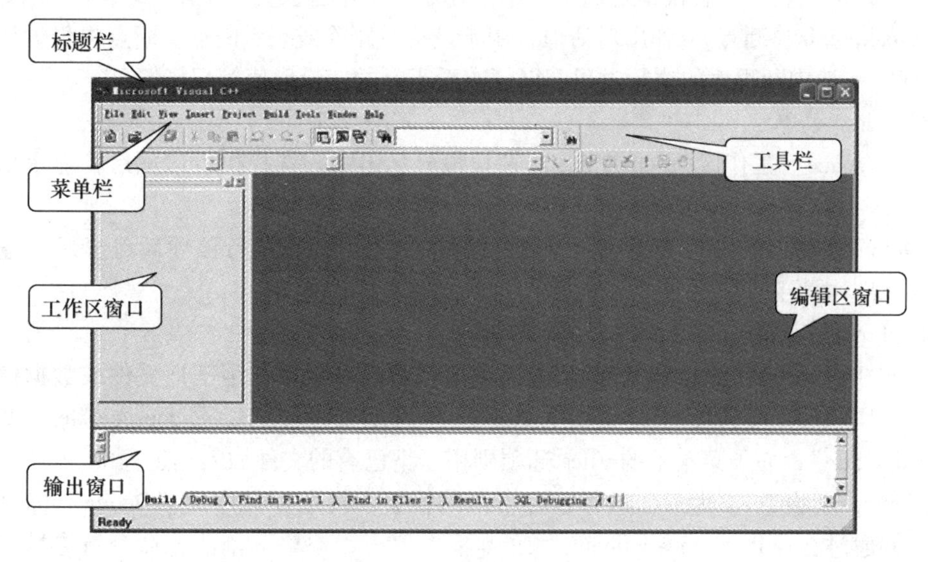

图 1-9　VC6 启动界面

图中的窗口从大体上可分为四部分。上部：菜单栏和工具栏；中左：工作区显示窗口，这里将显示处理过程中与项目相关的各种文件种类等信息；中右：编辑区窗口，是显示和编辑程序文件的操作区；下部：输出窗口区，程序调试过程中，进行编译、链接、运行时输出的相关信息将在此处显示。

注意：由于系统的初始设置或者环境的某些不同，可能所启动的 VC6 初始窗口式样与图中有所不同，也许会没出现工作区窗口或输出窗口，这时可通过“View | Workspace”菜单命令，调出工作区窗口；而通过“View | Output”菜单选项命令，调出输出区窗口。

3. VC6 常用菜单命令项简介

下面简单介绍 VC6 的常用菜单命令项的功能及其使用。

（1）File 菜单

• New（新建）：打开“new”对话框，以便创建新的文件、工程或工作区。

• Close Workspace（关闭工作区）：关闭与工作区相关的所有窗口。

• Exit（退出）：退出 VC6 环境，将提示保存窗口内容等。

（2）Edit 菜单

• Cut（剪切）：将选定内容复制到剪贴板中，然后再从当前活动窗口中删除所选内容。

• Copy（复制）：将选定内容复制到剪贴板中，但不从当前活动窗口中删除所选内容。

• Paste（粘贴）：将剪贴板中的内容插入（粘贴）到当前鼠标指针所在的位置。注意，必须使

用 Cut 或 Copy 使剪贴板中具有准备粘贴的内容。

• Find in Files（查找）：在文件中查找指定的字符串。

• Replace（替换）：替换指定的字符串（用某一个串替换另一个串）。

• Breakpoints（断点）：弹出对话框，用于设置、删除或查看断点。断点将告诉调试器应该在何时何地中断程序的执行过程，以便查看当时的变量取值等现场情况。

（3）View 菜单

• Workspace（工作区）：如果工作区窗口没显示出来，选择执行该项后将显示出工作区窗口。

• Output（输出窗口）：如果输出窗口没显示出来，选择执行该项后将显示出输出窗口。输出窗口中将随时显示有关的提示信息或出错警告信息等。

（4）Project 菜单

• Add To Project（添加到工程）：选择该项将弹出子菜单，用于把文件或数据链接等添加到工程之中去。例如，子菜单中的 New 选项可用于添加“C++ Source File”或“C/C++ Header File”；而子菜单中的 Files 选项则用于把已有的文件插入到工程中。

• Settings（设置）：为工程进行各种不同的设置。当选择其中的“Debug”标签（选项卡），并通过在“Program arguments”文本框中填入以空格分割的各命令行参数后，则可以为带参数的 main 函数提供相应的参数（呼应于“void main (int argc, char * argv[ ]) {…}”形式的 main 函数中所需的各 argv 数组的各字符串参数值）。

注意：在执行带参数的 main 函数之前，必须进行该设置，当“Program arguments”文本框中为空时，意味着无命令行参数。

（5）Build 菜单

• Compile（编译）：编译当前处于源代码窗口中的源程序文件，以便检查是否有语法

错误或警告；如果有的话，则显示在 Output 输出窗口中。

• Build（组建）：对当前工程中的有关文件进行连接，若出现错误的话，也将显示在 Output 输出窗口中。

• Execute（执行）：运行（执行）已经编译、连接成功的可执行程序（文件）。

• Start Debug（启动调试）：选择该项将弹出子菜单，其中含有用于启动调试器运行的几个选项。例如，其中的 Go 选项用于从当前语句开始执行程序，直到遇到断点或遇到程序结束；Step Into 选项开始单步执行程序，并在遇到函数调用时进入函数内部再从头单步执行；Run to Cursor 选项使程序运行到当前鼠标光标所在行时暂停其执行（注意，使用该选项前，要先将鼠标光标设置到某一个你希望暂停的程序行处）。执行该菜单的选择项后，就启动了调试器，此时，菜单栏中将出现 Debug 菜单（而取代了 Build 菜单）。

（6）Debug 菜单

启动调试器后才出现该 Debug 菜单（而不再出现 Build 菜单）。

• Go（运行）：从当前语句启动继续运行程序，直到遇到断点或遇到程序结束而停止（与 Build → Start Debug → Go 选项的功能相同）。

• Restart（重新开始执行）：重新从头开始对程序进行调试执行（当对程序做过某些修改后往往需要这样做!）。选择该项后，系统将重新装载程序到内存，并放弃所有变量的当前值。

• Stop Debugging（中断调试）：中断当前的调试过程并返回正常的编辑状态（注意，系统将自动关闭调试器，并重新使用 Build 菜单来取代 Debug 菜单）。

• Step Into（进入函数内部单步执行）：单步执行程序，并在遇到函数调用语句时，进入该函数内部，并从头单步执行（与 Build → Start Debug → Step Into 选项的功能相同）。

• Step Over（不进入函数内部单步执行）：单步执行程序，但当执行到函数调用语句时，不进入该函数内部，而是一步直接执行完该函数后，接着再执行函数调用语句后面的语句。

• Step Out（从函数内部返回单步执行）：与 Step Into 配合使用，当执行进入到函数内部，单步执行若干步之后，若发现不再需要进行单步调试的话，通过该选项可以从函数内部返回（到函数调用语句的下一语句处停止）。

• Run to Cursor（运行至光标处）：使程序运行到当前鼠标光标所在行时暂停其执行（注意，使用该选项前，要先将鼠标光标设置到某一个希望暂停的程序行处）。事实上，相当于设置了一个临时断点，与 Build → Start Debug → Run to Cursor 选项的功能相同。

（7）Help 菜单

通过该菜单来查看 VC6 的各种联机帮助信息。

4. 运行一个 C 语言源程序

下面用 VC6 先来编制一个最简单的程序，并让它运行（执行）而得出结果。这个程序的功能仅仅是向屏幕上输出一个字符串“Hello World”。程序虽小，但与编制运行大程序的整个过程是相同的，都包含着如下所谓的“四步曲”：（1）编辑（把程序代码输入，而交给计算机）；（2）编译（成目标程序文件）；（3）连接（成可执行程序文件）；（4）运行（可执行程序文件）。上述四个步骤中，其中第一步的编辑工作是最繁杂而又必须细致地由人工在计算机上来完成，其余几个步骤则相对简单，基本上由计算机来自动完成。

（1）创建工程

为了把程序代码输入而交给计算机，需要使用 VC6 的编辑器来完成。如前所述，首先要创建工程以及工程工作区，而后才能输入具体程序完成所谓的“编辑”工作。

选择“File | New”菜单项或直接按 Ctrl + N 组合键，启动新建向导，如图 1-10 所示在“Projects”属性页选择 Win32 Console Application，在 Project Name 中输入项目名称 test，在 Location 中选择项目文件，如图 1-10 所示为“c：\ 18 \ test”位置，项目所有文件将保存在此文件中。输入完毕后，单击“OK”按钮，进入下一个界面，如图 1-11 所示。

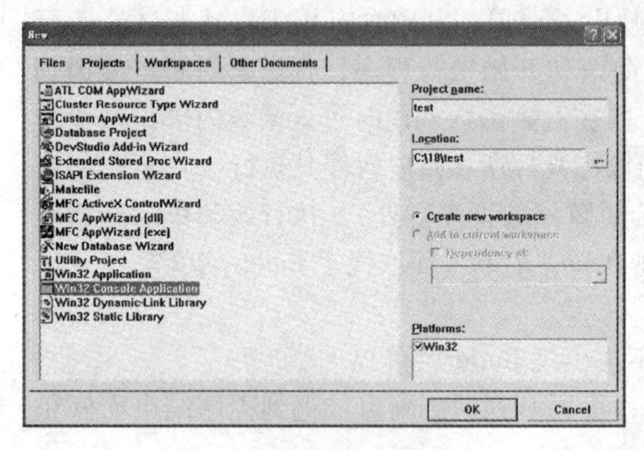

图 1-10　新建向导

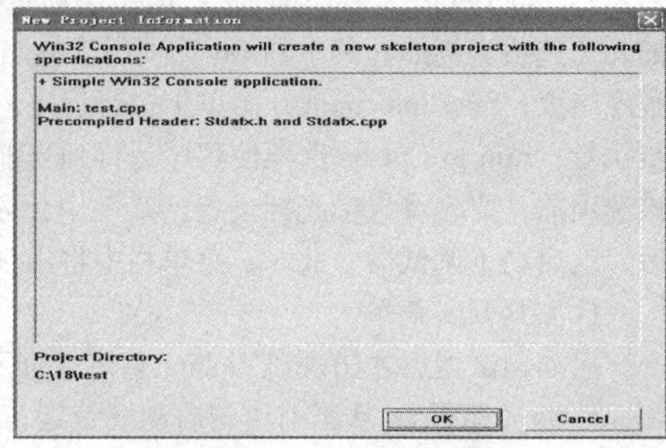

图 1-11　项目类型导向

之后，在图 1-12 所示的界面中选择“a simple application”，然后单击“Finish”按钮。如果想退回上一步，则可以选择“Back”按钮。

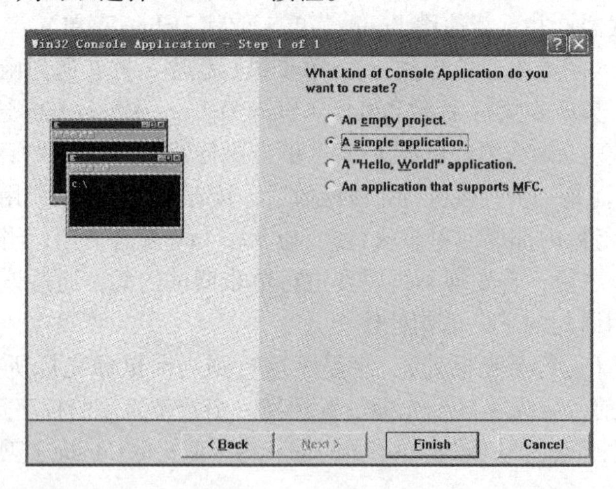

图 1-12　项目信息

项目的目录结构如图 1-13 所示。

- test. dsw 是项目工作区文件，双击此文件，即可打开此项目；
- test. dsp 是项目文件；
- test. cpp 是项目中的一个源程序；
- StdAfx. h 和 StdAfx. cpp 为自动创建的源程序，一般不用修改。

（2）保存工程

保存工程比较简单，选择”File | Save workspace”即可。由于项目由多个源程序构成，因此在保存工程时，需要保存相关的源程序，通过选择 File 菜单中的 Save 命令分别保存修改后的源程序即可。

（3）打开工程

选择”File | Open workspace”，选择相应的项目工作区文件或项目文件即可。例如，

本例中打开“C:\18\test\test.dsw”即可，打开后的界面如图 1-14 示。

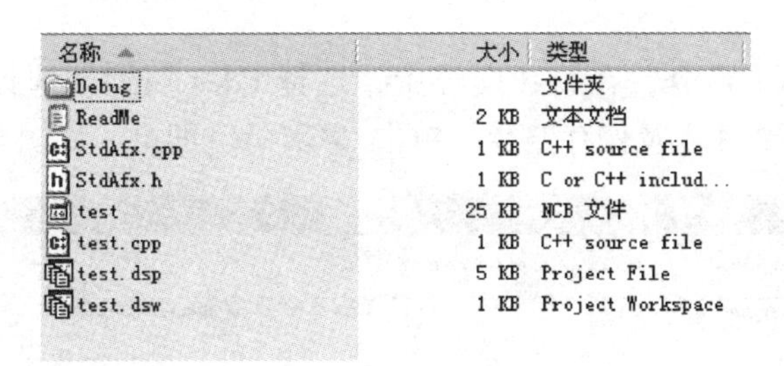

图 1-13　目录结构

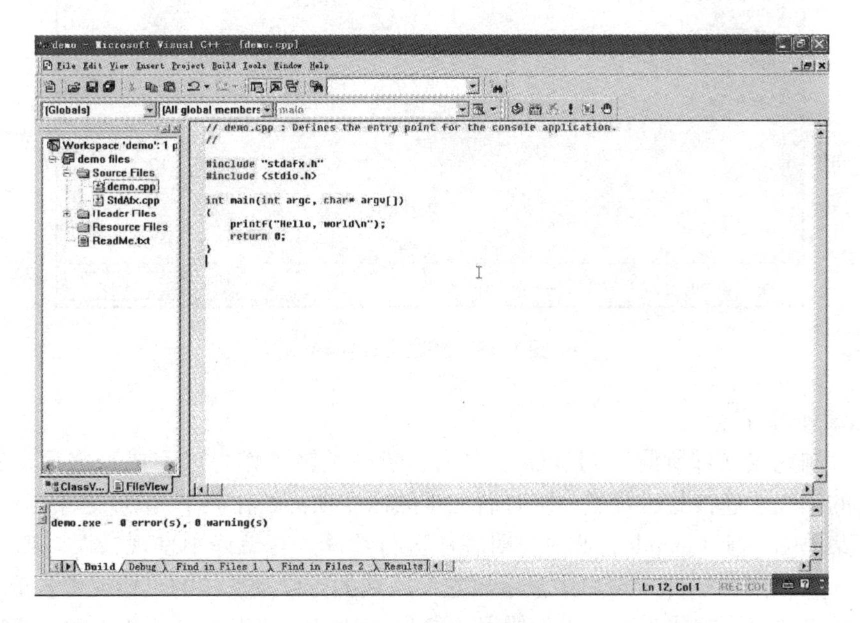

图 1-14　test 项目

① 打开源程序文件

有两种方式可以打开源程序文件。

• 选择“File | open”命令，输入相应文件名即可打开相关源程序，例如
C：\18\test\test.cpp

• 在图 1-14 所示的工作区窗口的 FileView 选项中选择相应的文件，单击即可。

② 编辑源程序

在图 1-14 所示的主窗口中，即可直接编辑程序文件，将文件 test.cpp 的内容修改如下：

```
#include "stdafx.h"
#include <stdio.h>
int main(int argc, char * argv[])
{
   printf("Hello, everybody!\n");
   return 0;
}
```

• 保存源程序

选择“File | Save”命令即可保存当前文件，或直接按 Ctrl + S 组合键完成。

• 新建源程序

选择“File | New”命令，在新建向导中，选择 Files 属性，选择“C++ Source File”项，并在 File 中输入文件名及保存路径，单击“OK”键即可，如图 1-15 所示。

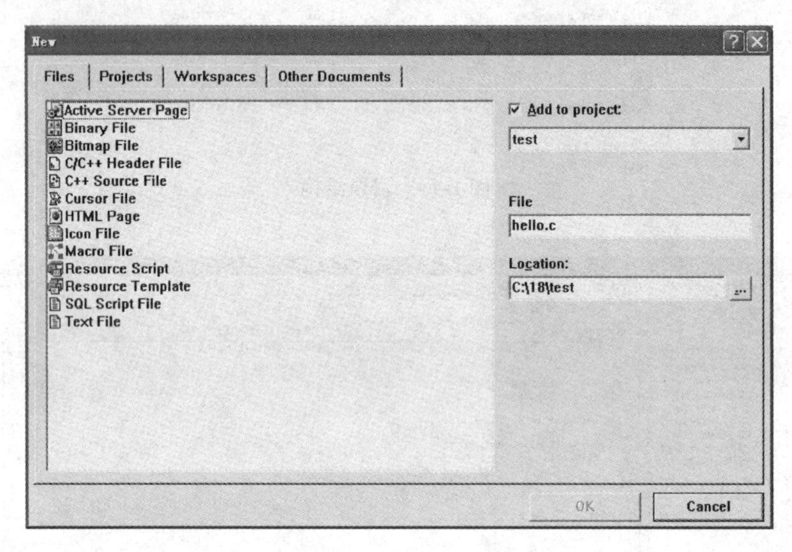

图 1-15　新建文件向导

(4) 编译源程序

程序编制完成（即所谓“四步曲”中第一步的编辑工作得以完成）之后，就可以进行后三步的编译、连接与运行了。所有后三步的命令项都处在菜单 Build 之中。

执行菜单第一项 Compile，此时将对程序进行编译。若编译中发现错误（Error）或警告（Warning），则在 Output 窗口中显示出它们所在的行以及具体的出错或警告信息，可以通过这些信息的提示来纠正程序中的错误或警告（注意，错误是必须纠正的，否则无法进行下一步的连接；而警告则不然，它并不影响进行下一步，当然最好还是能把所有的警告也“消灭”掉）。当没有错误与警告出现时，Output 窗口所显示的最后一行应该是：“exe1. obj - 0 error(s), 0 warning(s)”。

选择“Build | Compile”命令，或直接按 Ctrl + F7 组合键即可直接对当前打开的源程序进行编译，系统在如图 1-16 所示的界面上显示代码中的编译结果。

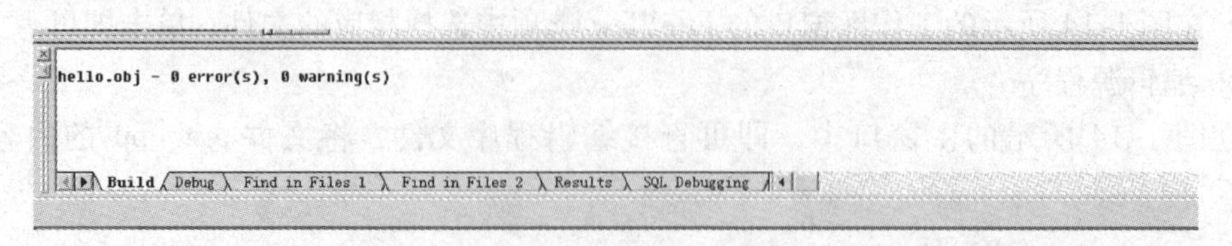

图 1-16　系统输出窗口

(5) 连接程序

编译通过后，可以选择菜单中的第二项 Build 来进行连接生成可执行程序。在连接中出现的错误也将显示到 Output 窗口中。连接成功后，Output 窗口所显示的最后一行应该是：“proj1. exe - 0 error(s), 0 warning(s)”。

选择“Build | Build”命令，或直接按 F7 键即可直接对当前项目进行连接，连接结果如图 1-17 所示。

```
--------------------Configuration: hello - Win32 Debug--------------------
Linking...

hello.exe - 0 error(s), 0 warning(s)
```

Build / Debug / Find in Files 1 / Find in Files 2 / Results / SQL Debugging

图 1-17　链接结果

（6）运行程序

选择“Build | Excute”命令，或直接按 Ctrl + F5 组合键即可直接运行，图 1-18 所示的是程序的运行结果。

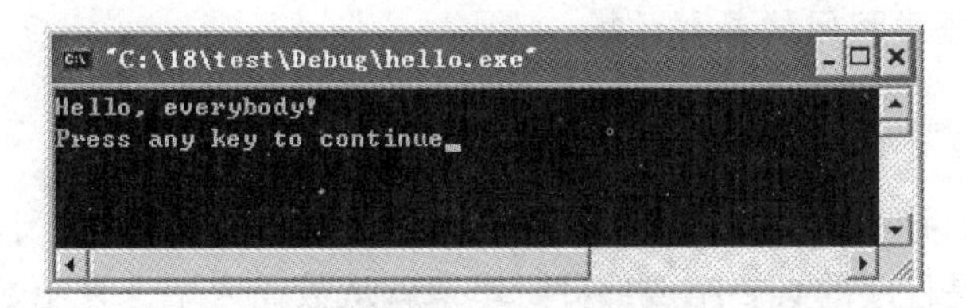

图 1-18　程序运行

VC6 是一个极为庞大的开发工具，我们所介绍的仅仅是一些基本的应用，使用这些应用已经可以完成书中所涉及到的例子和作业，有兴趣的读者可通过参看其他有关介绍 VC6 的资料或书籍来进一步的学习与提高。

1.8　本章小结

本章主要向初学者介绍 C 语言的重要性和应用、C 语言的发展和特点、C 语言的结构特点、C 语言的实例，通过实例让初学者了解 C 语言的构成、功能等。最后介绍了两种 C 语言的开发工具：Turbo C 2.0 和 Visual C++6.0。

练习与自测

一、填空题

1. C 语言既具有（　　　　）的特性，又具有（　　　　）的许多功能。
2. C 语言源程序文件的扩展名为（　　　　）。
3. 构成 C 程序的基本单位是（　　　　）。
4. 一个完整的 C 程序必须有且只能有一个（　　　　）。
5. 用户定义函数一般分为（　　　　）和（　　　　）两部分。

二、编程题

1. 参照例题上机编写一个 C 语言程序，求两数之积。
2. 试用“ * ”字符输出一棵圣诞树。

第2章 数据描述与基本操作

学习目标

1. 理解数据的存储基础知识
2. 掌握常量与变量的使用
3. 掌握基本的数据类型
4. 掌握运算符和表达式的使用
5. 掌握各种数据类型间的混合运算

2.1 数据的存储

对于数据，人们并不陌生，日常生活中会遇到各式各样的数据。计算机程序中也会经常用到数据，数据是程序的必要组成部分。本章就从数据入手，介绍数据的概念、数据在计算机中的存储形式、数据类型以及运算符和表达式等内容。

1. 数据

数据是存储在某一种媒体上能够识别的物理符号，如图形符号、数字、字母等。也可以认为，数据是通过物理观察得来的事实、事件和思想等，是关于现实世界中的地方、事件、其他对象或概念的描述。

在计算机科学中，数据是指所有能输入到计算机中并被计算机程序处理的符号的介质的总称，是对输入计算机进行处理、具有一定意义的数字、字母、符号和模拟量等的通称。例如，下面的形式都是数据：

45，49.87，2011－10－10，E

从数据的概念中，可以分析出数据包含两个方面：一是描述事物特性的数据内容；二是存储在某一种媒体上的数据形式。其中，数据的内容是唯一的；数据的形式是多种多样的。例如：2011年2月28可以写作02/28/11，也可以写作2011-02-28。

数据不仅包括数字、字母、文字等文本形式的数据，还包括图形、图像、动画、影像和声音等多媒体数据。

2. 数据的存储

程序是指令的集合。计算机在执行程序的过程中，构成程序的指令和其操作的数据都存储在内存中。内存就像一个容器，装载着程序中的指令和数据，为了便于处理，内存以字节为单位进行划分，划分成若干个存储单元。为了区别每个存储单元，每个存储单元都有一个数字标记，这个数字标记称为地址。就像宾馆中一个房间对应着唯一的一个房间号码一样，一个存储单元唯一对应着一个内存地址。

由于计算机只能识别和处理0和1构成的二进制数，所以计算机中的数据在内存中都是以二进制的形式存放的。例如：十进制数96，它存储在内存中的实际情况如图2-1所示。

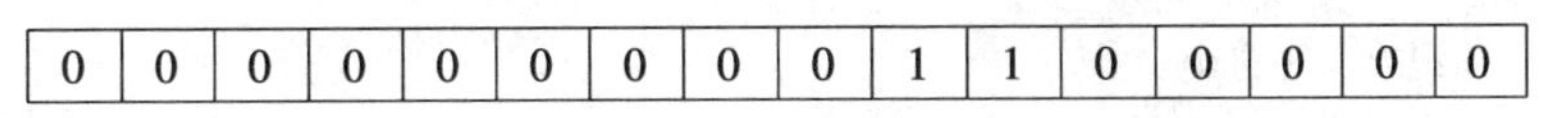

0	0	0	0	0	0	0	0	0	1	1	0	0	0	0	0

图 2-1　十进制数 96 的内存存储形式

不仅是数字，字符、图形等其他的所有数据类型，在计算机的内存中都是以二进制形式存放的。

说明： 数据在内存中以二进制形式进行存放。上例中涉及到二进制数，二进制和十进制数据转换的知识点，在这里就不详细介绍了，需要了解的同学们可以查找相关资料。

3. 数据的存储单位

计算机常用的单位有位、字节和字。

（1）位（bit）：一个二进制位称为比特，用“b”表示，是计算机中存储数据的最小单位。一位可以表示“0”或“1”。

（2）字节（byte）：八个二进制位称为字节，通常用“B”表示，它是数据处理和数据存储的基本单位。计算机存储容量的大小是用字节的多少来衡量的。

（3）字（word）：字是由若干个字节组成的（通常取字节的整数倍），是计算机进行数据处理的运算单位。

（4）字长：一个字所包含的二进制位数，是计算机性能的重要标志、它不仅是表示存储、传送、处理数据的信息单位，也是衡量计算机精度和运算速度的主要技术指标。

小知识： 计算机内存容量通常用 KB、MB 或 GB 表示，它们之间的换算关系如下：

1 B = 8 bit

1 KB = 1024 B

1 MB = 1024 KB = 1024 × 1024B

1 GB = 1024 MB = 1024 × 1024 × 1024B

2.2　常量和变量

1. 常量

常量是指在程序运行过程中，其值不能被改变的量。例如：78，－6.3，d 等。

常量按照数据类型可分为：整型常量、实型常量、字符型常量、字符串常量；按照表示方式可分为：字面常量（直接常量）、符号常量。

（1）直接常量

直接常量是直接以字面形式即可判断的常量，可以在代码中直接输入数值，例如：

```
int  a=6;
float  x=3.14;
```

（2）符号常量

符号常量可以用一个标识符代表一个常量。符号常借助于预处理命令 define 来实现。define 的命令格式如下：

#define　标识符　字符串

例如：#define　PI　3.1415926535；PI 就是符号常量

　　　#define　STRING　"ABCD"；STRING 就是符号常量

在上述代码中，"3.1415926535" 由 PI 符号常量替代，"ABCD" 由 STRING 符号常量所替代。

任务 1：编写代码，实现通过已知半径，求圆的周长和面积。

代码如下：

```
#define  R  30.0
#define  PI 3.1415926535
#include <stdio.h>
main()
{
   float  c,s;
   c=2*PI*R;
   s=PI*R*R;
   printf("周长为%f,面积为%f\n",c,s);
}
```

程序的运行结果如图 2-2 所示。

图 2-2　任务 1 的运行结果

说明：#define 命令行定义 PI 代表常量 3.1415926535；R 代表常量 30.0。

（1）习惯上，符号常量用大写字母表示；

（2）在定义符号常量时，不能以"；"结束；

（3）一个#define 占一行，且要从第一列开始书写；

（4）一个源程序文件中可含有若干个 define 命令，不同的 define 命令中指定的"标识符"不能相同；

（5）符号常量值在其作用域中不能改变，不能再被赋值。

例如：R=40.0；是错误的。

符号常量使用的好处是：含义清楚，在更改一个常量时做到一改全改。例如，在任务 1 中，如果想求半径为 26.4 的圆的周长和面积。只需要将程序中预处理命令"#define　R 30.0"中的"30.0"改成"26.4"即可。这个优点，在大量数据运算中尤为突出。

2. 变量

任何一种编程语言都离不开变量，特别是数据处理型程序，变量的使用非常频繁，没有变量的参与，程序甚至无法编制。变量是编程语言中数据的符号标识和载体，下面就来学习一下变量。

变量是在程序运行过程中，其值会发生变化的量。变量必须有一个名字，使用前必须先定义，并且在内存中占有一定的存储空间。

（1）变量的命名

在C语言中每个变量都必须有一个变量名，此变量名必须是一个合法的标识符。所谓标识符就是用来标识变量名、符号常量名、函数名、数组名等的有效字符序列。在C语言中的标识符必须遵守如下4个原则。

① 有效字符：只能由字母、数字和下划线组成，且以字母或下划线开头。

② 有效长度：随系统而异，但至少前8个字符有效。如果超长，则超长部分被舍弃。

③ C语言的关键字不能用作变量名。

④ C语言对英文字母的大小写敏感，即同一字母的大小写，被认为是两个不同的字符。习惯上，变量名和函数名中的英文字母用小写。

例如：_sun、Mouse、student23、Basketball、FOOTBALL都是合法的标识符。

而23student 、Foot-ball、s. com、int、float都是非法的标识符。

（2）变量的定义

在C语言中，要求对所有用到的变量，必须先定义后使用。

变量定义的一般格式：

数据类型　变量名［，变量名2……］；

例如：`float u;`

是定义变量u为实型变量。其中，关键字float是用来说明这个变量为实型变量；变量的名称为u；在定义同一个数据类型的多个变量时，变量之间可以用逗号进行分隔。

例如：`int a,b,c;` 等价于 `int a; int b; int c;`

说明：变量先定义后使用的目的：

（1）使变量名正确使用，防止书写错误。

（2）每个变量确定类型后分配相应的存储单元。

（3）每一个变量属于一个类型，编译时可以检查变量进行的运算是否合法。

（3）变量名与变量的值

一个变量对应一个变量名，其中可以存放一个值，这个值可以改变，这就是为什么称为变量的原因。实际上，变量名代表内存中的一个地址。在对程序编译、连接阶段，编译系统会给每一个变量名分配对应的内存地址。从变量中取值，实际上是通过变量名找到相应的内存地址，从该存储单元中读取数据。下例中的变量名与变量值的对应关系如图2-3所示。

例如：int e;

　　e=5;

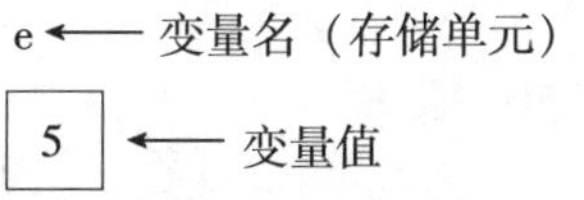

e ← 变量名（存储单元）

5 ← 变量值

图2-3　变量名与变量值的对应关系

在上例中，定义e为整型变量，e为变量名；给e赋值为5，这个5就是e的变量值。

编者手记：其实，变量和常量很容易理解，变量就是可以变化的量，常量就是值不变的量。在程序中，除了字符常量外，常量是可以不经说明而直接引用的，而变量则必须先定义后使用。

2.3 基本数据类型

虽然数据在计算机中都是以二进制数来表示的，但是高级语言对数据的处理更加接近于数学语言。例如：78 和 3.14 在数学中是两种数据类型，即整数和实数。为了接近人们的生活，计算机高级语言也将数据划分为若干种类型。

"类型"这个词语，对人们来说都不陌生。例如：学生可以分为小学生、初中生、高中生、大学生、研究生等。之所以把学生划分为这些类型是因为虽然他们同是学生，但是小学生、初中生、高中生、大学生、研究生等因为学习的内容不同、受教育的方式不同、学生的年龄不同等因素，所以必须分阶段地教育，不同阶段采用不同的方法。

计算机中数据也划分为若干种类型，每种类型都有自身的特点。数据类型其实就是程序给其使用的数据指定的某种数据组织形式，简单来说，就是给数据按类型进行分类。数据类型是按照被说明数据的性质、表示形式、占据存储空间多少、构造特点来划分的。在C语言中，数据类型可分为基本类型、构造数据类型、指针类型和空类型四大类型，基本类型和构造数据类型又可以再次划分，如图 2-4 所示。

（1）基本类型：包括整型、字符型、实型、枚举型。它最主要的特点是，其值不可以再次分解为其他类型。

（2）构造数据类型：包括数组类型、结构体类型、共用体类型。构造数据类型是在基本类型的基础上产生的复合数据类型。也就是说，一个构造数据类型的值可以分解成若干个"成员"或"元素"，每个"成员"都是一个基本数据类型或是一个构造类型。

（3）指针类型：指针是一种特殊的、重要的数据类型，其值用来表示某个变量的地址。虽然指针变量的取值类似于整型量，但这两个类型是完全不同的量，因此不能混为一谈。

（4）空类型：空类型是一种特殊的数据类型，C 语言中空类型用 void 关键字来标示。在调用函数值时，通常应向调用者返回一个函数值。这个返回的函数值是具有一定的数据类型的，应在函数定义及函数说明中给予说明。但是，也有一类函数，调用后并不需要向调用者返回函数值，这种函数可以定义为"空类型"。

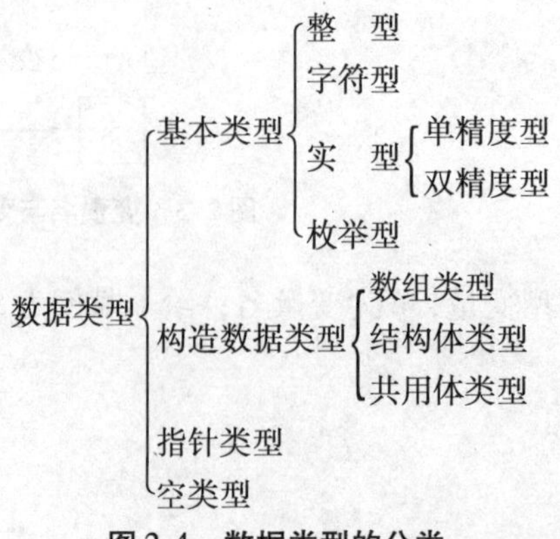

图 2-4　数据类型的分类

本章主要介绍的数据类型为基本数据类型，其他数据类型在后面章中会有详细介绍。

2.3.1 整型数据

整型数据分为整型常量和整型变量两种，整型常量的值在程序执行过程中是不变的。

1. 整型常量

(1) 整型常量的表示

通常，在C语言中整型常量可以分为如下三种表示方式。

① 十进制

十进制整数没有前缀，其数码为0～9，其中，不能用0开头。十进制整数包括有符号数和无符号数两种。

例如：78，-56，0是合法的十进制整数；09，78B，56 8都是非法的十进制整数。

非法的十进制整数中第一个数不能以0开头；第二个数包含B非十进制数据；第三个数有空格，所以三个数据都是非法的十进制整数。

② 八进制

八进制整数以0作为前缀，其数码为0～7。八进制整数通常是无符号数。

例如：023，-051是合法的八进制整数；67，038是非法的八进制整数。

非法的八进制整数中第一个数没有0开头，第二个数中出现8，八进制整数的数码应该在0～7之间。所以这两个数据是非法的八进制整数。

③ 十六进制

十六进制整数前缀为0X或0x，其数码为0～9、A～F或a～f；其中，A～F或a～f表示十进制的10～15。

例如：0x123，-0x12，0xABC是合法的十六进制整数；A3，0XAG是非法的十六进制整数。

非法的十六进制整数中第一个数没有0X，第二个数“G”超出了合法区间。所以这两个数据都是非法的十六进制整数。

(2) 整型常量的类型

整型常量的具体说明如下。

① 一个整数，如果值在-32768～+32767之间，可以认为是int数据类型，可以赋值给int型和long int型变量。

② 一个整数，如果其值超过上述范围而在-2147483648～2147483647之间，则认为是long int数据类型，可以赋值long int型变量。

③ 如果一个计算机系统确定short int与int型数据在内存中占据长度相同，那么一个int型数据等同于short int数据类型，可以赋值int型或short int型。

④ 一个整常量后面加上u或U，认为是unsigned int型，例如123u。

⑤ 一个整常量后面加上l或L，认为是long int型，例如5678L。

2. 整型变量

整型变量的值在程序运行中是可以变化的。

(1) 整型数据在内存中的存放形式

整型数据在内存中以二进制形式存放，每一个基本整型变量在内存中占2个字节。数值以补码的形式表示。

 **小知识**：原码：将任意数制的数转换成二进制数，此二进制数就是原码。
补码：分为正数的补码和负数的补码两种形式。
正数的补码 = 原码；
负数的补码 = 负数绝对值的原码取反 + 1。

例如：定义整型变量 i，并给变量赋初始值 12。

```
int i;
i =12;
```

十进制数 12 的二进制形式为 1100，数据 12 在内存中的实际存储情况如图 2-5 所示。

0	0	0	0	0	0	0	0	0	0	0	0	1	1	0	0

图 2-5　十进制数据 12 的存储格式

十进制数 -12 在内存中实际的存储情况如图 2-6 所示。

12 的原码	0	0	0	0	0	0	0	0	0	0	0	0	1	1	0	0
原码取反	1	1	1	1	1	1	1	1	1	1	1	1	0	0	1	1
加 1	1	1	1	1	1	1	1	1	1	1	1	1	0	1	0	0
-12 的补码	1	1	1	1	1	1	1	1	1	1	1	1	0	1	0	0

图 2-6　十进制数据 -12 的存储格式

(2) 整型变量的分类

① 基本整型：类型说明符为 int，在内存中占 2 个字节。

② 短整型：类型说明符为 short int[short]，在内存中占 2 个字节。

③ 长整型：类型说明符为 long int[long]，在内存中占 4 个字节。

④ 无符号整型：无符号基本整（unsigned　[int]）
　　无符号短整型（unsigned　short）
　　无符号长整型（unsigned　long）

其中，[ ] 内的部分书写时可以省略。各种无符号类型量所占用的内存空间字节数与相应的有符号类型量相同。unsigned 表示无符号数，signed 表示有符号数，系统默认是有符号数。下面介绍一下有符号数和无符号数。

小知识：在计算机中，可以区分正负的数据类型，称为有符号数。不区分正负的数据类型，称为无符号数，有符号数据的最高位数称为“符号位”，符号位为 1 时，表示该数为负值；为 0 时表示为正值。而无符号数据的最高位与其他位一样，用来表示该数据的大小。

在无符号数中，所有的位都用于直接表示该值的大小；在有符号数中，最高位用于表示正负，因此，当为正值时，该数的最大值就会变小。下面，举一个字节的数值进行对比：

无符号数：11111111　　值：255

$1*2^7+1*2^6+1*2^5+1*2^4+1*2^3+1*2^2+1*2^1+1*2^0$

有符号数：01111111　　值：127

$1*2^6+1*2^5+1*2^4+1*2^3+1*2^2+1*2^1+1*2^0$

同样是一个字节，无符号数的最大值是 255；而有符号数的最大值是 127，原因是有符号数中的最高位被挪去表示符号了。并且，我们知道，最高位的权值也是最高的（对于 1 字节数来说是 2 的 7 次方，等于 128），所以仅仅少一位，最大值一下子减半。

不过，有符号数的长处是它可以表示负数。因此，虽然它的最大值缩水了，却在负值的方向出现了伸展。下面，仍以一个字节的数值对比。

无符号数：0 ~ 255

有符号数：-128 ~ 127

同样是一个字节，无符号的最小值是 0，而有符号数的最小值是 -128。所以二者能表达的不同数值的个数都一样是 256 个。只不过前者表达的是 0 到 255 这 256 个数，后者表达的是 -128 到 +127 这 256 个数。

通过上面无符号数和有符号数在一个字节表示的数值范围介绍，我们可以推出无符号数和有符号数在两个字节上表示的数值范围。

无符号数整型变量的取值范围：0 ~ 65 535

有符号数整型变量的取值范围：-32 768 ~ 32 767

对于各种整型数据占多少内存字节，不同编译器规定是不同的。标准 C 语言没有规定各种整型数据所占的内存字节数，只是规定了各种整型数据的最小存储空间大小。规定了 short 类型和 int 类型最少占用 2 个字节，而 long 类型最少占用 4 个字节。而 Visual C++ 规定了 short 类型占 2 个字节，int 类型和 long 类型等长为 4 个字节。表 2-1 列出了 Visual C++ 定义的整型数据的取值范围。

表 2-1 Visual C++ 下整型数据的取值范围

名 称	类型说明符	位 数	范 围
整型	int	32 位	-2 147 483 648 ~ 2 147 483 647
符号整型	usigned[int]	32 位	0 ~ 4 294 967 295
短整型	short[int]	16 位	-32 768 ~ +32 767
无符号短整型	uigned short[int]	16 位	0 ~ 65 535
长整型	long[int]	32 位	-2 147 483 648 ~ 2 147 483 647
无符号长整型	unsigned long[int]	32 位	0 ~ 4 294 967 295

（3）整型变量的定义

整型变量的定义一般形式为：

类型说明符　变量名 1 [，变量名 2]；

例如：

```
int sum;
long int population;
unsigned int sum;
```

在一个语句中定义多个属于同一类型的变量：

```
int withd, height;
```

（4）整型变量初始化方式

在程序开始执行时，一些变量的值会自动设置为 0，此数值称为初始值。然而，大多数的变量都不会自动设置为 0。根据编译器和操作系统的不同，会产生不同的有意义或没意义的值。

如果希望变量有一个初始值的话，则可以在变量定义中加入初始值，这种方式就称为变量的初始化，其一般形式为：

类型说明符　变量名 = 初始值；

其中，“ = ”是赋值运算符，表示将后面的初始值放入变量中。

例如：int withd = 150;

这是对 withd 整型变量进行初始化，初始化值为 150。也可以在同一个定义中对任意数量的变量进行初始化：

```
int  lengt =200,width,hight =350;
```

此定义对变量 lengt，width，hight 进行了定义，对 lengt 和 hight 进行了初始化，初始化值为 200 和 350。对于未被赋值的变量 width，其值可能为 0，也可以是其他数值。

任务 2：编写代码，用整型变量来计算两个整型变量的和与差。

代码如下：

```
#include <stdio.h>
int main()
{
   int a,c,d;
   unsigned b=10;
   a=50;
   c=a+b;
   d=a-b;
   printf("a+b=%d,a-b=%d\n",c,d);
}
```

任务分析：语句“int a，b，c;”是定义 a，b，c 为有符号数整型数据；语句“unsigned b = 10;”是定义 b 为无符号整型数据，并对 b 进行初始化操作。

运行结果：a+b=60,a-b=40。

2.3.2　实型数据

整型是整数，实型可以是实数，即包含小数。C 语言中实型数据分为实型常量和实型变量两种。

1. 实型常量

实型数据也称为浮点型数据，在 C 语言中实数主要采用以下两种表现形式。

（1）十进制小数形式，它由数字和小数点组成。

例如：0.314，.656，0.0，314.，314.0 等都是十进制小数形式。

（2）指数形式

例如：123e3，123E3 代表 123×10^3。

e 前必须有数字，e 后面的指数必为整常数；一个实数可以有多种指数形式。

例如，123.456 句表示为 123.456e0、12.3456e1、0.123456e3 等，其中，将 1.23456e2 称为“规范化指数形式”。即 e 之前的小数部分，小数点左边应有一位非零的数字。

例如：2.3E4；7.8E－3；0.3E8 都是合法的实数。

　　　2334；E2；6E－2.3 都是非法的实数。

非法的实数中第一个数没有小数点，系统会认为它是整型数据；第二个数 E 之前应该有一个非零的数字；第三个数 E 后面应该是一个整型常量。

2. 实型变量

（1）实型变量在内存中的存放形式

因为实型数据有小数部分，所以实型数据会比整型数据占用较多的内存空间。一般情况下，实型数据在内存中占4个字节，并且按照指数形式存储。实型数据在内存中存放形式如图2-7所示。

3.1415926 = 0.31415926e1

+	.31415926	1
数符	小数部分	指数

图2-7　实型数据3.1415926在内存中的存储形式

注意：图2-7是以十进制数来表示的，实际上在计算机中是用二进制数来表示小数部分的。

至于在这32位中，哪些位表示小数部分，哪些位表示指数部分，标准C语言中没有具体规定，而是由编译器决定的。小数部分占位越多，数的有效数字越多，精度高；指数部分占位越多，数的取值范围越大。

（2）实型变量的分类

C语言的实型变量全都是有符号数，可分为以下类型：单精度（float）型、双精度（double）型和长双精度（long double）型三种类型。

标准C语言中没有规定各种实数变量占用的内存和值的取值范围，是由机器和编译器决定的。表2-2所示是典型的C语言编译器对各种类型的实型变量的占用内存和取值范围。

表2-2　典型C语言编译器中的实型变量

类　型	比　特　数	有效数字	数值范围
float	32	6～7	-10^{-37}～10^{38}
double	64	15～16	-10^{-307}～10^{308}
long double	128	18～19	-10^{-4931}～10^{4932}

每个实型变量都应在使用前定义，例如下面的格式：

```
float x,y;  double  z;    long double  t;
```

任务3：编写代码，求实数运算。

代码如下：

```
#include <stdio.h>
int main()
{
   float a;
   double b;
   a =1111111.111;
   b =1111111111111111.111;
   printf("a = % f \ nb = % f \ n",a,b);
   return(0);
}
```

任务分析：从本例可以看出，由于a是单精度浮点型，有效位数只有7位，超过7位随机输出数据；b是双精度浮点型，有效位数是16位，超过16位随机输出数据。这两个变量都是只保留小数点后6位数，其余部分四舍五入。

运行结果：
```
a=1111111.125000
b=1111111111111111.100000
```

若改动a和b的数值为：

```
a=11111.11111;
b=11111.1111111111111;
```

则运行结果：
```
a=11111.111382
b=11111.111111
```

3. 实型常量类型

在C语言进行实型常量运算时，C编译系统将实型常量作为双精度数来处理。

例如：

```
double  f;
f=1.4567*4523.6;
```

系统将1.4567按照双精度存储和运算，结果取前7位赋值给实型变量f。可以在数的后面加上字母F或f，这样编译器就会按单精度数处理。

注意： 在一般情况下，float型取7位有效数字；double型取16位有效数字。但是，不管float型还是double型数据，输出时默认小数点后面保留六位小数。

2.3.3　字符型数据

C语言中字符型数据分为字符常量和字符变量两种类型。

1. 字符常量

用一对单引号括起来的单个字符，称为字符常量。例如，'A'、'1'、'?'等。C语言中一个字符常量占用一个字节，存放的是字符的ASCII码值。C语言中字符常量有以下几个特点。

（1）字符常量只能用单引号括起来，不能用其他的双引号或括号等。

（2）字符常量只能是单个字符，不能是多个字符。

（3）字符常量可以是字符集中任意的字符。但数字定义为字符型常量，就不能参加运算了。例如：'32'代表字符常量，不能参加运算。这是因为'32'与32是不同的数据类型。

字符常量中的单引号只起定界作用并不表示字符本身。单引号中的字符不能是单引号（'）和反斜杠（\），它们特有的表示法将在转义字符中介绍。

转义字符是C语言中表示字符的一种特殊形式。通常使用转义字符表示ASCII码字符集中不可打印的控制字符和特定功能的字符，如用于表示字符常量的单撇号（'），用于表示字符串常量的双撇号（"）和反斜杠（\）等。转义字符用反斜杠（\）后面跟一个字符或一个八进制或十六进制数表示，表2-3给出了C语言中常用的转义字符。

表 2-3 转义字符及其含义

字符形式	含　义	ASCII 码
\ n	换行	10
\ t	水平制表（跳到下一个 tab 位置）	9
\ b	退格，前移一列	8
\ r	回车，移到本行开头	13
\ f	换页，移到下页开头	12
\\	反斜杠字符“\”	92
\ ’	单撇号字符	39
\ ”	双撇号字符	34
\ ddd	1 到 3 位的八进制数所代表的字符	
\ xhh	1 到 2 位的十六进制所代表的字符	

在 C 语言程序中使用转义字符 \ ddd 或者 \ xhh 可以方便灵活地表示任意字符。\ ddd 为斜杠后面跟三位八进制数，该三位八进制数的值即为对应的八进制 ASCII 码值。\ x 后面跟两位十六进制数，该两位十六进制数为对应字符的十六进制 ASCII 码值。例如：‘\ 101’代表‘A’，‘\ 012’代表“换行”，‘\ 0’代表空操作。

注意： 如果反斜杠或单引号本身作为字符常量，必须使用转义字符，例如：‘\\’、‘\’’。

2. 字符串常量

字符常量是由一对单引号括起来的单个字符，字符串常量是指用一对双引号括起来的一串字符，双引号只起定界作用。例如：“China”，“Cprogram”，“YES&NO”，“33312-2341”，“A”等。在 C 语言中，字符串常量在内存中存储时，系统自动在字符串的末尾加一个“串结束标志”，即 ASCII 码值为 0 的字符 NULL，常用 \ 0 表示。因此在程序中，长度为 n 个字符的字符串常量，在内存中占有 n + 1 个字节的存储空间。例如，字符串 China 有 5 个字符，作为字符串常量“China”存储于内存中时，共占 6 个字节，系统自动在后面加上 NULL 字符，其存储形式为：

C	h	i	n	a	NULL

要注意字符常量与字符串常量的区别，除了表示形式不同外，其存储性质也不相同，字符‘A’只占 1 个字节，而字符串常量“A”占 2 个字节。C 语言中没有专门的字符串变量，一般采用字符数组。

3. 字符变量

字符变量用来存放字符常量，只能放一个字符。字符变量的类型说明符是 char，字符变量类型定义格式如下：

char 变量名;

例如：char c1 = ‘a’, c2 = ‘A’;

一个字符变量在内存中占一个字节。将字符常量放到字符变量中，实际上是将其 ASCII 代码放到变量所占的存储单元中。下例中的字符数据表示如图 2-8 所示。

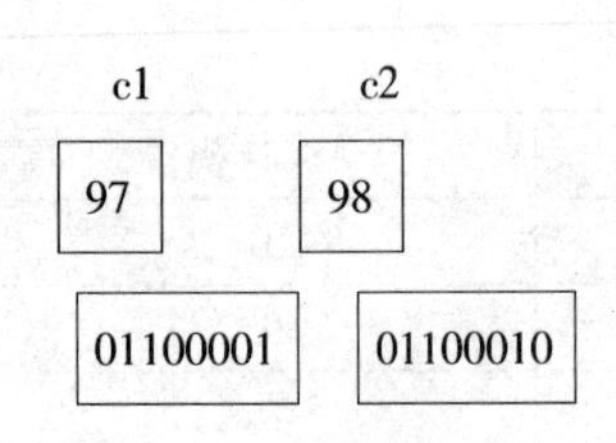

图2-8 字符数据的存储

例：char c1,c2;

c1 = 'a';c2 = 'b';

'a' 在内存存放的是二进制数01100001；

'b' 在内存存放的是二进制数01100010。

因为字符的存储形式与整数的存储形式类似，所以在0～255之间字符型数据和整型数据可以通用。即一个字符数据既可以字符形式输出，也可以整数形式输出，还可以互相赋值。

任务4：编写代码，完成对字符进行数值赋值，然后将结果输出。

代码如下：

```
#include <stdio.h>
main()
{
   char ch1,ch2;
   ch1 =101; ch2 =102;
   printf("ch1 =%c,ch2 =%c\n",ch1,ch2);
   printf("ch1 =%d,ch2 =%d\n",ch1,ch2);
}
```

任务分析：本任务是将整数赋值给字符型变量，然后分别以字符型数据和整型数据形式输出。通过程序的运行，可以知道字符型数据与整型数据可以通用。

运行结果：ch1 =e,ch2 =f

ch1 =101,ch2 =102

任务5：编写代码，将字符的小写形式转化成大写形式。

代码如下：

```
#include <stdio.h>
main()
{
   char c1,c2;  c1 ='e';  c2 ='f';
   c1 =c1 -32;  c2 =c2 -32;
   printf("%c %c\n", c1, c2);
}
```

任务分析：由于字符都是以ASCII码的形式存放在内存中的（当然实际是二进制代码），'e' 和'f'的ASCII的值分别为101和102，因此变量c1和c2分别为101和102。c1 -32的值为69，而这个值恰好是 'E' 的ASCII码的值，所以打印输出以字符格式结果为 'E'。由本例可知英文字母大小写的ASCII码值之间相差32。读者可参考附录A的ASCII码表查看。

运行结果：E F

编者手记：字符型数据和整型数据之间转换非常方便，它们可以相互赋值、可以直接运算。输出数据时两者是通用的，既可以整型输出，也可以字符型数据输出。但是字符型数据占1个字节，整型数据占2个字节。当整型量按照字符型数据处理时，只有低8位参加运算。

2.3.4 整型、实型、字符型数据间的运算

整型、实型、字符型数据间可以混合运算，例如：

```
10 + 'a' + 4 * 2.25 - 'c'
```

不同的数据类型要先转换成同一类型，然后再进行运算，转换的规则如图 2-9 所示。

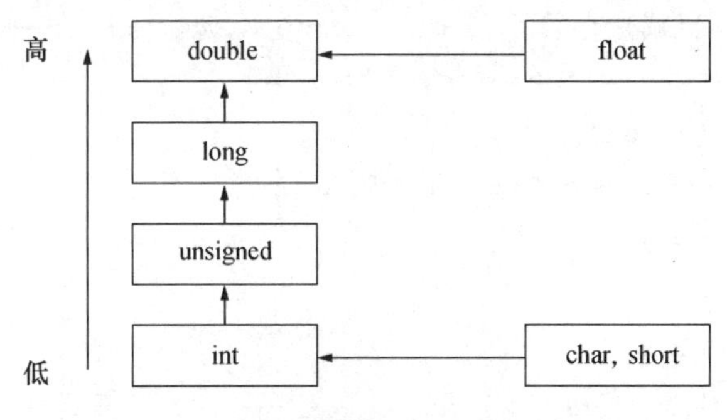

图 2-9　数据类型转换

数据类型之间的转换规则如下：

（1）由低类型向高类型转换；

（2）字符型与 short 必须转成 int；

（3）只要是实型必须转化为 double。

例如：char w; int x; float y; double z;，则表达式 w * x + z - y 值的数据类型是什么？

运算步骤如下。

（1）先进行 w * x 的运算。w 为字符型数据，要参加运算必须先转换成 int 数据类型，然后 w 与 x 进行乘法，运算结果为 int 数据类型。

（2）然后，w * x 的运算结果与 z 进行加法运算。由于 z 为 double 数据类型，而前面运算结果为 int 数据类型，因此按照低类型向高类型转换的原则，前面运算结果要由 int 数据类型转换成 double 数据类型之后，再进行加法运算，加后的运算结果为 double 数据类型。

（3）最后，w * x + z 的运算结果与 y 进行减法运算。y 是 float 数据类型，参加运算前必须转换成 double 数据类型，再与前面的运算结果 double 数据类型进行减法运算，最终的运算结果为 double 数据类型。

注意：此类运算转化是系统自动进行的。

2.4 运算符和表达式

在 C 语言中，只有变量和常量是不能完成数据处理的，它们还要进行必要的运算处理，才能实现特定的功能，这在 C 语言中是通过运算符和表达式来实现的。

运算符和表达式是 C 语言中重要的组成部分，运算符是一种运算方式，表达式是由运算符和数据组成的一个式子。C 语言中存在大量的运算符和表达式，这使得 C 语言功能十分完善，这也是 C 语言的主要特点之一。

2.4.1　运算符的种类、优先级和结合性

1. 运算符的种类

在C语言中，除控制语句和输入、输出函数外，其他所有基本操作都作为运算符处理。C语言的运算符有以下几类：

（1）算术（自增/自减）运算符（+，-，*，/,%、++、--）；

（2）关系运算符（>，<，>=，< =,! =，==）；

（3）逻辑运算符（!，&&，||）；

（4）位运算符（< <、> >、～、|、^、&）；

（5）赋值运算符（=）；

（6）条件运算符（?:）；

（7）逗号运算符（,）；

（8）指针运算符（*，&）；

（9）强制类型转换运算符（type）；

（10）字节数运算符（sizeof( )）；

（11）分量运算符（. 和→）；

（12）下标运算符（[ ]）；

（13）其他运算符（如函数调用运算符（））。

C语言中的运算符都是键盘上的单个符号（+、-、% 等）或若干个符号的组合（++、- =等）。有些运算符包含双层含义，如运算符“*”即表示双目的乘法运算，也可以表示为单目的指针运算。

2. 运算符的优先级

在表达式中遇到多个运算符，那么先算哪个运算符，后算哪个运算符，这需要由运算符的优先级来决定。运算符的优先级表示不同运算符参与运算时的先后顺序，优先级高的先于优先级低的运算符进行运算。比如，算术中经常用到的先乘除、后加减。乘法和除法的优先级高于加法和减法，所以进行混合运算时先进行乘除运算后进行加减运算。

C语言运算符的优先级从高到低排列如下：

初等运算符 >单目运算符 >算术运算符 >关系运算符 >逻辑运算符（不包括!） >条件运算符 > 赋值运算符 >逗号运算符。

在C语言中，运算符的运算优先级共分为15级，15级最高，1级最低。C语言运算符的优先级具体说明见附录C。

3. 结合性

当一个运算量两侧的运算符优先级相同时，则按运算符的结合性所规定的结合方向处理。比如，一个运算量两侧的运算符一个是乘法运算符，一个是除法运算符，则这两个运算符的优先级是同等的，这时候就要看运算符的结合性来确定先执行哪个运算符。

所谓结合性是指，当一个操作数两侧的运算符具有相同的优先级时，该操作数是先与左边的运算符结合，还是先与右边的运算符结合。自左至右的结合方向，称为左结合性；反之，称为右结合性。除单目运算符、赋值运算符和条件运算符是右结合性外，其他运算符都是左结合性。

了解了运算符的优先级和结合性，下面分析一下表达式 -x*(-y+4)/a-1 求值的过程。

（1）求 -x 的值；

（2）求 -y 的值；

（3）求 -y+4 的值；

（4）求步骤（1）和步骤（3）相乘的值；

（5）求步骤（4）/a 的值；

（6）求步骤（5）-1 的值；

2.4.2 算术运算符和算术表达式

算术运算符和算术表达式是编程语言中广泛使用的一种运算符和表达式。

1. 基本算术运算符

基本算术运算符有5种：+、-、*、/、%（求余数）。

注意： 关于除法：两个整数相除，其商为整数，小数部分被舍弃，如5/2=2。当整数中有一个为负数时多数机器采用向0取整方法，如-5/3=-1。

关于求余数运算%，要求两侧的操作数均为整型数据，否则出错，如8%3=2。

如果参加+、-、*、/运算有一个数为实数，则结果为double型，因为实数都按照double型运算。

任务6： 编写代码，完成算术运算符的使用。

代码如下：

```
#include <stdio.h>
main()
{
   int a,b,c,d;
   a = -12;
   b =5;
   c =a/b;
   d =a% b;
   printf("a/b =% d,a% b =% d",c,d);
}
```

任务分析：本任务中除法运算符和求余运算符的左边数据为负数，右边数据为正数。除法运算结果为负值，取-2还是-3，取决于运行的操作系统和编译器。同理，求余运算的结果为负数还是正数，也取决于运行的操作系统和编译器。本书中例题运行都采用VC6环境。

运行结果：a/b = -2,a% b = -2。

2. 算术表达式

用算术运算符和括号将运算对象连接起来的，并符合C语法规则的式子称为算术表达式。

例如：-x、1+x、(x+y)等都是合法的算术表达式。

算术表达式的值是算术运算后的结果。例如：算术表达式2+8/5，运算结果为3，则该算术表达式的值为3。

2.4.3　赋值运算符和赋值表达式

1. 赋值运算符

在 C 语言中，符号“ = ”不代表相等，而是一个赋值运算符，下面的语句将值 45 赋给名字为 wo 的变量“wo =45;”。

也就是说，符号“ = ”的左边是一个变量名，右边是赋给改变量的值，符号“ = ”称为赋值运算符。

> **注意：**不要把这条语句读成“变量 wo 等于45”，而应该读做“将值45 赋给变量 wo”。赋值运算符的动作是从右到左。

2. 赋值中的类型转换

如果表达式值的类型，与被赋值变量的类型不一致，但都是数值型或字符型时，系统自动地将表达式的值转换成被赋值变量的数据类型，然后再赋值给变量。即把赋值运算符右边表达式的数据类型转换成左边对象的类型。具体规则如下。

（1）float、double 型赋值给 int 型，舍弃小数部分。

例如：
```
int i;
float f =3.7;
i =f;
```

赋值表达式右边数据是 float 型数据，被赋值的变量 i 为 int 型数据，根据转换原则，直接舍弃小数，所以 i 的值为 3。

（2）int、char 型赋值给 float、double 型，补足有效位以进行数据类型转换。

例如：
```
float f;
int i =7;
f =i;
```

赋值表达式右边的数据是 int 型数据，被赋值的变量 f 为 float 型数据，由于 float 型数据的有效数字为 7 位，所以根据上述转换原则，f 的值为 7.000000。

（3）char 型（1 个字节）赋值给 int 型（2 个字节），数值赋给 int 的低 8 位，高 8 位补 0。

例如：
```
int i;
char c ='e';
i =c;
```

赋值表达式右边数据是 char 型数据，被赋值的变量 i 为 int 型数据，根据转换原则，c 变量数据赋值给整型数据 i 的低 8 位，高 8 位补 0。该变量 i 如果按照整型数据格式输出，结果应为 101。

（4）long int 型赋值给 int 型，long int 截取低 16 位给 int 型。

例如：
```
long int f =65536;
int m;
m =f;
```

赋值表达式右边数据是 long 型数据，被赋值的变量 m 为 int 型数据，根据转换原则，f 变量的低 16 位赋值给变量 m，m 的值为 0。

（5）int 型赋值给 long int，把低 16 位赋给 long int。如果 int 的最高位是 0，则 long int 的高 16 位全为 0；如果 int 的最高位是 1，则 long int 的高 16 位全为 1（称为“符号扩

展”)。

例如:
```
int i = -1;
long m;
m = i;
printf("% d,% u,% ld",i,i,m);
```

赋值表达式右边的数据是int型数据，被赋值的变量m为long int型数据，根据上述转换原则，由于变量i为负数，所以符号位为1，赋值给long型数据，它的高16位也要全部补1。运行结果的十进制输出i值为-1，无符号十进制输出i值为65535，长整型输出的m值为-1。

(6) unsigned int型赋值给int型，直接传送数值。

(7) 非unsigned数据型赋值给位数相同的unsigned数据，直接传送数值。

任务7：编写代码，完成赋值运算符的类型转换。

代码如下：

```
#include <stdio.h>
void main()
{
   int a,d,b =322;
   float x,y =7.88;
   char c1 = 'e',c2;
   d =y;
   x =b;
   a =c1;
   c2 =b;
   printf("% d,% f,% d,% c",d,x,a,c2);
}
```

任务分析：本任务表明了上述赋值运算中类型转换的规则。d为整型，赋予实型量y值7.88后只取整数7。x为实型，赋予整型量b的值为322，后增加了小数部分。字符型量c1赋予a变为整型，整型量b赋予c2后取其低8位成为字符型（b的低8位为01000010，即十进制66，按ASCII码对应于字符B）。

运行结果：7,322.000000,101,B

编者手记：赋值运算符的数据类型转换，书上主要介绍了整型数据和实型数据之间、整型数据和字符型数据之间进行的部分类型转换。除此之外，还有float型与double型转换方式，没有逐一的介绍。由于该类型的转换都是系统自动完成的，本书就不花费时间于复杂的转换中，读者只需了解基本类型转换，知道结果是怎么出来的即可。需要了解这部分内容的读者，可以查阅一下相关资料。

---

3. 复合的赋值运算符

复合赋值运算符是由赋值运算符之前再加一个双目运算符构成。

复合赋值运算的一般格式为：

变量　双目运算符 =表达式

（其中“双目运算符 =”合称为：复合赋值运算符）

它等价于：变量 = 变量　运算符（表达式）。

例如：x+ =y 等价于 x=x+y，a% =b+c/d 等价于 a=a%（b+c/d）。

C 语言中的 10 种复合赋值运算符是 + =、- =、* =、/ =、% =、<< =、>>=、& =、^ =、| =。

使用这种运算符的好处是可以简化程序、提高编译效率并产生质量较高的目标代码。

4. 赋值表达式

由赋值运算符或复合赋值运算符，将一个变量和一个表达式连接起来的表达式，称为赋值表达式。

（1）赋值表达式的一般格式为：

变量（复合）赋值运算符 表达式

例如：
```
a = b+7;
a + = b;
```

（2）赋值表达式的值

被赋值变量的值，就是赋值表达式的值。

例如，“b = 5;”，变量 b 的值“5”就是它的值。

赋值运算符的运算顺序是自右向左。

例如：
```
a = (b =5);            表达式的值为5
a =5 + (c =6);         表达式的值为11
a = (b =10)/(c =2);    表达式的值为5
a+ = a- =a*a;          当a =10 时,表达式的值 -180
```

第 1 个表达式的计算过程是：先计算括号内表达式的值，值为 5；然后将 5 赋值给变量 a；a 的值为 5，则整个表达式的值为 5。

第 2 个表达式的计算过程是：先从右边计算括号内表达式的值，值为 6；然后计算 5+(c=6) 的值，值为 11；将 11 赋值给变量 a；a 的值为 11，则表达式的值为 11。

第 3 个表达式的计算过程是：先计算两个括号内的值，分别为 10 和 2；然后计算两者的除法，值为 5；将 5 赋值给变量 a；a 的值为 5，则表达式的值为 5。

第 4 个表达式计算过程：先从右边计算 a- =a*a，即 a=a-a*a=10-10*10= -90，a 的值为 -90；然后计算 a+ = -90，即 a=a+(-90) = -90+(-90) = -180。

注意：赋值运算符在运算过程中会改变运算对象的值，如上例中第 4 个表达式中右边的一次运算后，将 a 原来的值由 10 改为 -90；所以接下来运算时，a 的值采用的是 -90。

赋值表达式也是表达式的一种，可以表达式的方式出现在语句中。如 printf（“%d”，a=b）。

任务 8：编写代码，完成赋值表达式的使用。

代码如下：

```
#include <stdio.h>
void main()
{
   int a,b,c;
```

```
    a=b=c=10;
    a+=c;
    b*=c;
    printf("%d,%d,%d\n",a,b,c);
    printf("a+=b*=b-c is %d\n",a+=b*=b-c);
    printf("(a=(b=5)+(c=7)) a=%d \n",a=(b=5)+(c=7));
}
```

任务分析：(1) 由于 a=b=c=10 的赋值，变量 a，b，c 都为 10；a+=c，即打印输出的结果为 20，100，10；

(2) 表达式 a+=b*=b-c 的运算过程是：先计算 b*=b-c，即 b=b*(b-c)=100*(100-10)=9000；然后计算 a+=9000，即 a=a+9000=20+9000=9020；所以第二个打印输出结果为 9020；

(3) 由于 (2) 中运算后 b 值与 a 值都发生改变，现在 a，b，c 3 个变量的值分别为 9020，9000，10。现在开始计算表达式 a=（b=5）+（c=7）的值，先计算括号内的值，两个括号内表达式的值分别为 5 和 7；然后计算 a=5+7=12，即第 3 个打印输出的结果为 12。

运行结果如图 2-10 所示。

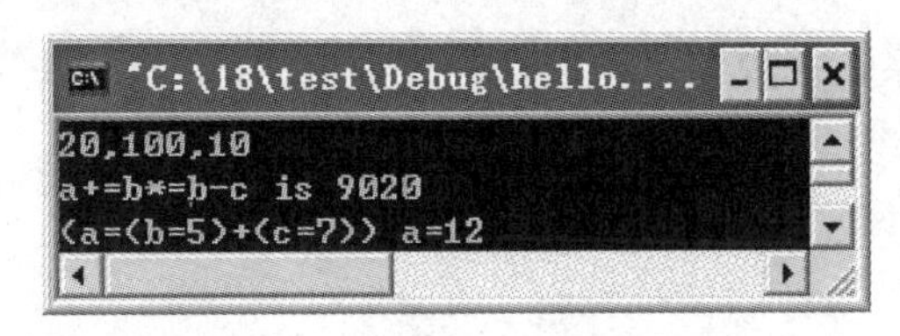

图 2-10　任务 8 的运算结果

2.4.4　关系运算符和关系表达式

所谓“关系运算”实际上就是“比较运算”. 即将两个数据进行比较，判定两个数据是否符合给定的关系。例如，“a > b”中的“>”表示一个大于关系运算符。如果 a=5，b=3，则关系表达式的结果为”真”；如果 a=2，b=3，则关系表达式的结果为“假”。

1. 关系运算符及其优先次序

关系运算符有以下 6 种：

<，>，<=，>=　　　　　　优先级高

==（等于），!=（不等于）　　优先级低

(1) <，>，<=，>=　这 4 个关系运算符为同级，==（等于），!=（不等于）这两个关系运算符为同级，前 4 个运算符的优先级高于后两个运算符的优先级。

(2) 综合运算时的优先级：算术运算符 > 关系运算符 > 赋值运算符

例如：c>a+b 等效于 c>(a+b);

　　　a=b>c 等效于 a=(b>c);

　　　a==b<c 等效于 a==(b<c);

2. 关系表达式

用关系运算符将两个表达式连接起来，进行关系运算的式子叫做关系表达式。

例如：a>b, a+b>c-d, (a=3)<=(b=5), 'a'>='b'。

任何一个类型的表达式都有一个值，关系表达式也不例外。C语言规定，关系表达式的值只有两个，分别用“真”和“假”来表示。由于C语言没有逻辑型数据，所以用整数1表示“逻辑真”，用整数0表示“逻辑假”。

例如：x=3,y=4,z=5
　　x>y 的值为假,表达式的值是0;
　　x+y>z 相当于(x+y)>z，表达式的值是1;
　　a=x<y 相当于a=(x<y),x<y 的值是1,a的值是1。

任务9：编写代码，完成关系表达式运算。

代码如下：

```
#include <stdio.h>
main()
{
   int i, a=8,b=6;
   printf("i=(a>b)\n i=%d \n", i=(a>b));
   printf("i=(a<b)\n i=%d \n", i=(a<b));
   printf("i=(a==b)\n i=%d \n", i=(a==b));
   printf("i=(a!=b)\n i=%d \n", i=(a!=b));
}
```

任务分析：通过关系运算规则，判定真假，真为“1”，假为“0”。

运行结果：

```
i=(a>b)
i=1
i=(a<b)
i=0
i=(a==b)
i=0
i=(a!=b)
i=1
```

注意：关系表达式的结果只可能有两种值：0或1。

2.4.5　逻辑运算符和逻辑表达式

关系表达式只能描述单一条件，例如“x>=0”。如果需要描述“x>=0”并且“x<10”，就要借助于逻辑表达式了。

1. 逻辑运算符及其优先次序

C语言提供三种逻辑运算符：&&（逻辑与），||（逻辑或），!（逻辑非）。具体如表2-4所示。

表2-4　逻辑运算真值表

运 算 符	名　称	说　明	例　子
&&	逻辑与	两个条件都为真，结论为真	a&&b
||	逻辑或	两个条件只要有一个为真，结论为真	a||b
!	逻辑非	对其后的条件取反	! a

其中，“&&” 和 “ || ” 是双目运算符，“!” 是单目运算符。

例如，假定 x =5,则(x >=0) && (x <10)的值为“真”;

(x < -1) || (x >5)的值为“假”.

在一个逻辑表达式中如果包含多个逻辑运算符，应按以下优先级运算。

(1)! > && > || ;

(2) 综合运算时的优先级:! >算术运算符>关系运算符>&&> || >赋值运算符。

2. 逻辑表达式

用逻辑运算符将关系表达式或逻辑量连接起来的式子就是逻辑表达式。

例如：a&&b-c,7 >4x!=y&&9,'d'&&'A', ! (x!=0)

(year% 4 ==0)&&(year% 100! =0) || (year% 400 ==0)是判断年份是否是闰年的逻辑表达式。

逻辑表达式的值也可以像关系表达式一样，也有“真”和“假”两种情况，用0和1来表示。

注意：(1) 逻辑量的真假判定——0和非0，C语言用数值1表示“逻辑真”、用数值0表示“逻辑假”。但在判断一个“真”或“假”时，却以0和非0为根据，即如果为0，则判定为“假”；如果为非0，则判定为“真”。

例如，假设 num =10，则 ! num 的值是0;

num >=1 && num < =31 的值是1;

num || num >31 的值是1。

(2) 逻辑运算符两侧的操作数，除可以是0和非0的整数外，也可以是其他任何类型的数据，如实型、字符型等。

(3) 在计算逻辑表达式时，只有在必须执行下一个表达式才能求解时，才可以求解该表达式。

① 对于&&运算，如果第1个操作数被判定为“假”，系统不再判定或求解第2个操作数。

② 对于||运算，如果第1个操作数被判定为“真”，系统不再判定或求解第2操作数。

例如：假设n1，n2，n3，n4，x，y的值分别为1，2，3，4，1，1，则求解表达式“ (x =n1 >n2) && (y =n3 >n4)”后，x的值为0，而y的值不变，仍等于1。

任务10：编写代码，完成逻辑表达式运算。

代码如下：

```
#include <stdio.h>
void main()
{
   int a,b,c;
   float x,y;
   char ch;
   a =3;b =6;c =9;
   x =26.8;y =5.6;
```

```
    ch = 'b';
    printf("% d,% d\n",x * !y,!!!x);
    printf("% d,% d\n",x || a&&b < c,a + 3 > b&&x < y);
}
```

任务分析：第 1 个输出求 x *！y 和!!! x 这两个表达式的值。在 x *！y 这个表达式中！运算符优先级别最高，先求！y，结果为 0；0 乘任何值都为 0，所以最终 x *！y 的值为 0。!!! x 这个表达式是对 x 变量 3 次求反，x 是个非 0 值，3 次取反后结果为 0。

第 2 个输出求 x || a&&b < c 和 a + 3 > b&&x < y 这两个表达式的值。x || a&&b < c 关系表示中优先级最高的是 <，所以先执行 b < c，结果为 1；由于 && 运算符高于 || 运算符，所以先执行 a&&1，值为 1；最后执行 x || 1，由于任何值与 1 进行“或”运算结果都为 1，所以该表达式结果为 1。

a + 3 > b&&x < y 表达式的运算符有 3 种，优先级由高到低是 + 、> 和 < 、&&。先做 a + 3 运算，结果为 6；然后做 6 > b 运算，结果为 0；这时，下面本应计算 x < y 运算，但是看到 && 运算符，它的特性是两边都为真结果才为真，因为有一边为假值了，所以不用再计算；这个表达式的结果就为假，即 0。

运行结果：
```
0,0
1,0
```

2.4.6 逗号运算符和逗号表达式

C 语言提供一种用逗号运算符“,”连接起来的表达式，称为逗号表达式。

1. 逗号运算符

在 C 语言中逗号有两种用法：一个是作为分隔符，另一个是作为运算符。在变量声明语句，函数调用等场合，逗号作为分隔符使用，例如：

```
printf("% d,% d",a,b);
```

C 语言还允许逗号作为运算符连接表达式，例如：

```
3 +2,5 -2,7 *3
```

逗号运算符又称为顺序求值运算符，逗号运算符的优先级别是所有运算符中最低的。

2. 逗号表达式

逗号表达式的一般形式为：

表达式 1，表达式 2，……表达式 n

例如：3 * 6，a = 8，6&&7。

逗号表达式的值：自左向右依次求各个表达式的值，最后一个表达式的值作为整个逗号表达式的值；

例如：逗号表达式　a = 3 * 5，a * 4　　　　表达式的值为 60

例如：逗号表达式（a = 3 * 5，a * 4），a + 5　　　　表达式的值为 20

第 1 个表达式中先计算 a = 3 * 5，值为 a = 15；然后计算 a * 4，由于 a 的值变成 15 了，因此 a * 4 = 15 * 4 = 60，这个逗号表达式的值就是最后表达式的值，即该表达式结果为 60。

第 2 个表达式中先计算（a = 3 * 5，a * 4），结果为 60；然后计算 a + 5，结果为

20，即这个逗号表达式的结果为20。

任务11：编写程序，完成逗号表达式运算。

代码如下：

```
#include <stdio.h>
void main()
{
   int a,b,c,x,y;
   a=3;b=6;c=9;
   x=a+b,b+c;
   y=(a+b,b+c);
   printf("%d,%d\n",x,y);
}
```

任务分析：本任务的关键是求x变量和y变量。x=a+b，b+c；话句中x=a+b是赋值表达式，b+c是算术表达式。逗号表达式从左向右运算，所以先做x=a+b=3+6=9，即x=9；然后做b+c=6+9=15；最后该逗号表达式的值为15。

y=（a+b，b+c）；语句为赋值表达式，括号内是逗号表达式。上面已经分析出（a+b，b+c）的值为15，所以y=15，该表达式的值为15。

运行结果：9,15

说明：做表达式运算时，首先要确定它是哪种类型的表达式，确定了表达式的类型，那么对于表达式值的类型也就确定了。然后确定表达式中运算符的优先级，按照由高到低的顺序进行运算。最后对于同级的运算符按照结合性进行运算。

2.4.7 强制类型转换运算符

类型转换有两种：系统自动转换和强制转换。

强制类型转换运算符将一个表达式转换成所需的类型。

C语言强制类型转换格式如下：

(类型名)(表达式)

例如：(double)a　　　(int)(x+y)% (int)p

第1个表达式是将a变量强制转换成double型；第2个表达式是将x+y和p这两个运算值强制转换成int型，然后参加%运算。

注意：强制转换类型得到的是一个所需类型的中间量，原表达式类型并不发生变化。大家在使用该运算符时要特别注意类型名上的括号不能省略，否则编译时出现语法错误。

任务12：编写代码，完成强制类型转换运算。

代码如下：

```
#include <stdio.h>
main()
{
   float x;
   int  i;
   x=2.6;  i=(int)x;
```

```
    printf("x = % f,i = % d",x,i);
}
```

任务分析：本例中虽然 x 通过强制转换成 int 型，并把值赋给变量 i，但是变量本身并不发生变化。

运行结果：x =2.600000,i =2

2.4.8　自增、自减运算符

C 语言提供了两种自增、自减运算符。

1. 自增运算符

自增运算符的符号是“ ++”，它是单目运算符，结合性从右向左，经常与变量结合使用。

例如： ++i; i++ ; 等价于 i = i + 1;

自增运算符的功能是使变量增 1。自增运算符分为前置运算和后置运算两种，如下所示。

(1) 前置运算： ++i;　　　即先增加、后运算。

例如：i =3; j = ++i;

由于 ++i 是前置运算，所以 i 先自增变为 4，然后再进行赋值运算，结果 j =4。

(2) 后置运算：i++ ;　　　即先运算、后自增。

例如：i =3; j =i++ ;

由于 i++ 是后置运算，所以 i 先参加赋值运算，结果为 j =3，变量 i 自增为 4。

2. 自减运算符

自减运算符的符号是“ --”，它是单目运算符，结合性从右向左，经常与变量结合使用。

例如： --i; i-- ; 等价于 i = i - 1;

自减运算符的功能是使变量减 1。自减运算符分为前置运算和后置运算两种，如下所示。

(1) 前置运算： --i 即先减少、后运算。

例如：i =3; k = --i;

由于 --i 是前置运算，所以 i 先自减变为 2，然后再进行赋值运算，结果 k =2。

(2) 后置运算：i-- 即先运算、后增减少。

例如：i =3; k =i-- ;

由于 i-- 是后置运算，所以 i 先参加赋值运算；结果为 k =3，变量 i 自减为 2。

使用自增自减运算符应注意以下几点。

(1) ++和 --只能用于变量，不能用于表达式或常量。

例如：2 ++或 (i+j) -- 都是非法的。

(2) ++、--运算符的结合方向是“右结合”。

例如： -i++; 等于 - (i++);

printf(“%d”, -i++);　　如果 i =4，则运算后 i =5，输出 -4。

由于“ --”和“ ++”优先级别相同，并且单目运算符是右结合性，因此先计算i++；但是i++特性是先运算后自增，故i以4的值与“-”结合，最后输出值为-4；然后i自增，i的值为5。

(3) i+++j应理解为（i++）+j。

(4)（i++）+（i++）+（i++）的值是多少？i的值呢？

对于不同的编译系统，答案各不相同。如果假设i=3，有的系统按照自左向右顺序求解：结果相当于3+4+5=12，i=6；还有的系统把3当做所有表达式中的i，结果相当于3+3+3=9，i=6。最好避免这种书写方式，应该分段书写。

(5) printf(“%d, %d”, i, i++)；　i的值是多少？输出值是多少？

在有的系统中，是按照从左向右求值的，结果为3，3；有的系统是按照从右向左求值的，结果为4，3。最好写成分段语句 j=i++；printf(“%d,%d”, i, j)；

任务13：编写代码，完成自增、自减运算。

代码如下：

```
#include <stdio.h>
main()
{
  int i,j,m,n;
  i =3;
  j =6;
  m = ++i;
  n =j ++;
  printf("% d,% d,% d,% d", i,j,m,n);
}
```

任务分析：本任务中的关键是m=++i和n=j++的运算。对于m=++i这个表达式，变量i先自增后运算，结果为m=4，i=4。对于n=j++这个表达式，变量j先运算后自增，结果为n=6，j=7。

运行结果：4,7,4,6

注意：做这种自增自减运算时，抓住以下两点，不管多复杂的表达式或语句都会迎刃而解。

(1) 牢记前置运算和后置运算的特点；

(2) 观察优先级和结合性。

2.4.9 条件运算符

条件运算符是C语言中唯一的三目运算符，也是C语言特有的运算符，条件运算符的格式如下：

```
表达式1?表达式2:表达式3
```

条件运算符的求值过程为：如果“表达式1”的值为非0，则运算结果为“表达式2”的值；否则，运算结果为“表达式3”的值。

例如：a>b？a：b　如果a=3，b=2，则值为3；如果a=4，b=6，则值为6。

使用条件表达式还应该注意以下几点。

(1) 从优先级角度来说：关系运算符>条件运算符>赋值运算符运算符。

例如：s = x >= 0？1：-1 等价于 s = (x >= 0)？1：-1

(2) 条件表达式的结合性为"从右到左"(即右结合性)。

例如：x > 0？1：x == 1？0：1　等价于 x > 0？1：(x == 1？0：1)

(3) 在条件表达式中，表达式 1 的类型可以与表达式 2 和表达式 3 的类型不同。

```
int x;
x ? 'a':'b'   若 x =5,则条件表达式的值为 a'.
```

任务 14： 编写代码，实现输入一个字符。如果是大写字符，则将大写字符转换成小写字符；如果是小写字符，则不变；最后输出对应的字符。

代码如下：

```
#include <stdio.h>
main()
{
   char ch;
   scanf("% c",&ch);
   ch = (ch >= 'A'&&ch < = 'Z')?(ch +32):ch;
   printf("% c",ch);
}
```

任务分析：本任务的关键是 (ch >= 'A' &&ch < = 'Z')？(ch +32)：ch 这个表达式，(ch >= 'A' &&ch < = 'Z') 这个括号内的内容含义是判断输入的数据是否为大写字母，如果是大写，则小写输出；如果是小写，则原样输出。

运行结果：A

　　　　　a

2.4.10　其他运算符

C 语言提供的运算符很丰富，除了上面介绍的运算符外，还有几类运算符没有介绍，由于后面章中会详细介绍，在这里只是简单说明其含义。

1. 位运算符

C 语言之所以能像汇编语言一样快速，并能开发系统软件，最重要的原因在于它可以直接对位进行操作。C 语言提供了 6 种位运算符：按位与、按位或、按位异或、取反、左移、右移（如表 10-1 所示）。位运算符的运算量只能是整型或字符型数据，不能为实型数据，其中，取反运算符为单目运算符，其他都为双目运算符。关于位运算符将在第 10 章具体介绍，这里为了便于读者的了解，只作简单介绍。

2. 长度运算符——sizeof

sizeof 是 C 语言中求字节数的运算符，它是单目运算符，使用格式如下：

```
sizeof(type);
```

其中，"type" 是数据类型。例如：

```
sizeof(short int);
```

相当于求 short int 类型所占字节数，结果为 2。

3. 指针运算符——*

指针是 C 语言中广泛使用的一种数据类型，运用指针编程是 C 语言最主要的风格之一。以前学习变量，变量内存储的是字符型、整型、实型等数据，当一个变量内存储的是地址时，这个变量称为指针变量。当定义一个指针变量时，就要用到"*"，例如：

```
char *p;
```

说明变量 p 是一个指针变量，变量里存储的是字符型数据的地址。

关于指针运算符的用法还有很多，在第 7 章会详细讲解，这里就不一一叙述了。

2.5 本章小结

本章主要介绍了 C 语言程序中用到的基本数据类型：整型、实型、字符型；C 语言中大部分的运算符和表达式如下：算术运算符和算术表达式、赋值运算符和赋值表达式、关系运算符和关系表达式、逻辑运算符和逻辑表达式、逗号运算符和逗号表达式、条件运算符和条件表达式。其中，不同类型的运算符的功能及其表达式的执行过程是本章的重点内容。

练习与自测

一、填空题

1. 已知：int a = 5, b = 25, x = 4；表达式 a + b% x * (int)(2.5/0.7) 的值为（　　），表达式 (float)(a + 3)/2 + a% b 的值为（　　）。

2. 已知：int a = 5, b = 25, x = 5；表达式 (b - a)% 6 + a/b 的值为（　　），表达式 (int)((float)(a + b) /4) 的值为（　　）。

3. 已知：int a = 5, b = 24, x = 5；表达式 x + = a + b 的值为（　　），表达式 x * = 5 + 3 的值为（　　）。

4. 已知：x = 2.5, a = 7, y = 5.3；表达式 x + a% 3 * (int)(x + y)% 2/4 的值为（　　）。

5. 已知：a = 2, b = 3, x = 4.5, y = 2.5；表达式 (float)(a + b) /2 + (int) x% (int) y 的值为（　　）。

6. 已知：a = 3, b = 2, c = 1，表达式 f = a > b > c 的值是（　　）。

7. 已知：a = 6, b = 4, c = 2，表达式! (a - b) + c - 1&&b + c/2 的值是（　　）。

8. 已知：w = 1, x = 2, y = 3, z = 4，则条件表达式 w < x? w: y < z? y: z 的值是（　　）。

二、选择题

1. 下列用户定义标识符合法的是：（　　）。

   A. sum. u　　B. int　　C. ds3　　D. 3D

2. 下列定义变量正确的是：（　　）。

   A. int j = 2.7　　B. float a; e; f　　C. char c = " h"　　D. double q, n

3. 下列表达式合法的是：（　　）。

   A. x = 2y + k　　B. m = n = a * b　　C. x ++ = 5　　D. "a" + 5 - c

4. 以下选项中正确的实型常量是：（　　）。

   A. 0　　B. 3.1415　　C. 0.329×10^2　　D. 871

5. C 语言中运算对象必需是整型的运算符是：（　　）。

   A. %　　B. /　　C. !　　D. * *

6. C 语言中不合法的字符常量是：（　　）。

   A. '\0xff'　　B. '\65'　　C. '&'　　D. '\27'

7. 以下程序段的输出结果是：（　　）。

```
main( )
{  char  x = 'A';
   x = (x >= 'A'&&x < = 'Z')?(x + 32):x;
   printf("% c \n",x);
}
```

A. A　　B. a　　C. Z　　D. z

8. 以下程序的输出结果是：（　　）。

```
main( )
{  char  ch1,ch2;
   ch1 = 'A' + '5' - '3';
   ch2 = 'A' + '5' - '3';
   printf("% d,% c \n",ch1,ch2);
}
```

A. 67，C　　B. B，C　　C. C，D　　D. 不确定的值

9. 已知 x =43，ch = ‘A’，y =0;，则表达式（x > = y&&ch < ’B’ &&!y）的值是（　　）。

A. 0　　B. 语法错　　C. 1　　D. “假”

10. 若运行时给变量 x 输入 12，则以下程序的运行结果是（　　）

```
main()
{  int x,y;
   scanf("% d",&x);
   y = x > 6 ?x + 10 :x - 12
   printf("% d \n",y);
}
```

A. 0　　B. 22　　C. 12　　D. 10

第3章　C语句和数据的输入、输出

学习目标

1. 了解C语句分类
2. 掌握简单的格式输入、输出函数
3. 掌握字符输入、输出函数
4. 掌握字符串输入、输出函数

程序需要与外界进行交互，也就是用户与计算机之间的交互。人机交互最简单的形式就是通过数据输入、输出来实现。C语言的数据输入、输出主要是通过标准输入、输出函数来实现的。本章主要介绍各种输入、输出函数，此外，还要介绍C语句的相关知识。

3.1　C语句

C语言程序的组成元素有很多，小到变量和常量，大到函数、数组和语句。但是从整体上看，C语言的程序结构比较清晰，C语言程序的基本结构如图3-1所示。

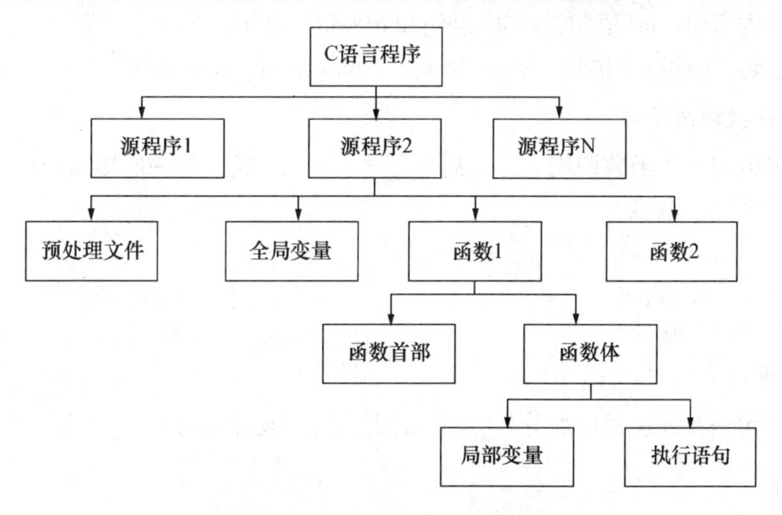

图3-1　C语言程序的基本结构

由图3-1可知，C语言程序可由若干个C语言源程序构成，而C语言源程序由若干个函数构成，函数由函数首部和函数体构成，函数体由局部变量和执行语句构成。也就是说，C程序是由一条条C语句组成的，程序通过执行C语句实现其功能，可以说C语句是C程序的基本组成元素。

C语句负责向计算机发出指令，只要语句合乎文法，计算机就会顺利执行。C语言规定所有的语句都要以分号作为结束符。例如：

```
i =2
```

这是一个表达式，可能是一个较大语句的一个组成部分，但不是一条语句。而

```
i =2;
```

这是一个语句。一条语句必须是条完整的计算机指令。如上面的例子，C 语言将任何后面带分号的表达式看成一条语句，准确地说是表达式语句。因此，下面也是语句：

```
78;
29/3;
```

但是，这些语句对程序没有什么实质的作用。

既然所有的语句都要以分号作为结束符，那么是不是所有带分号的都是语句呢？例如：

```
int  a;
```

答案是否定的。此处需要说明的是，程序包括数据描述和数据操作。数据描述主要定义数据结构和数据初值，由数据定义来实现。数据操作是对已提供的数据进行加工，这部分才是由语句来实现的。那么 int a；属于数据描述部分，所以不能称为语句，应该叫数据的定义；只有出现在数据操作部分的带有分号的完整的指令才能叫做语句。

C 语句可以分为 5 种：控制语句、函数调用语句、表达式语句、空语句和复合语句。

3.1.1　控制语句

控制语句是完成一定控制功能的语句，是 C 语句中最重要的部分。

C 语言共有 9 种控制语句，又可分成以下 3 类。

- 选择结构语句：if 语句，switch 语句。
- 循环结构语句：for 语句，while 语句和 do-while 语句。
- 转向语句：continue 语句，break 语句，return 语句，goto 语句。

3.1.2　函数调用语句

函数调用语句是在函数调用表达式后加分号“;”组成，其一般形式为：

函数名（实际参数表）;

例如：

```
printf("Please input a number:");
scanf("y = % f",&x);
```

3.1.3　表达式语句

表达式语句是在表达式后加分号“;”组成，其一般形式为：

表达式;

例如：

```
n =6                        表达式
n =6;                       表达式语句
```

说明：有些表达式语句合乎文法，但是没有实际意义，编程时并不采用。

3.1.4　空语句

空语句是只有分号“;”组成的语句，表示什么操作也不执行。

在程序设计中，如果某个位置在语法上需要一条语句，但不需要执行任何操作，这时就可以采用空语句。

3.1.5 复合语句

复合语句是指把多个语句用一对大括号 { } 括起来的一组语句。

复合语句在形式上是多个语句的组合，但在语法上又可以看作是一个简单语句，可以出现在程序的任何位置。

例如：`{ t =a; a =b; b =t; }`

说明： 复合语句中的每个语句都要以分号“;”结尾，但是大括号外不能再加分号“;”。

3.2 数据的输入和输出

计算机需要处理各种数据，需要不断地把数据从计算机内部传输到计算机外部设备，即“数据输出”，还要不断地把数据从计算机外部设备传输到计算机内部，即“数据输入”。

C 语言本身不提供输入、输出语句，输入和输出操作是由函数来实现的。这些函数都被包含在 stdio. h（标准输入、输出）头文件中。

如果程序调用输入、输出函数，就要在程序中用文件包含命令：

```
#include <stdio.h>
```

或

```
#include "stdio.h".
```

在 C 语言中，常用的输入、输出函数有：printf( ) 函数、scanf( ) 函数、putchar( ) 函数、getchar( ) 函数、puts( ) 函数、gets( ) 函数等。其中，scanf( ) 函数和 printf( ) 函数称为格式输入/输出函数；getchar( ) 函数和 putchar( ) 函数称为字符输入/输出函数；gets 函数和 puts 函数称为字符串输入/输出函数。

3.2.1 简单的格式输入、输出函数

1. 格式化输出函数——printf( )

函数 printf( ) 称为格式输出函数，其中名称最末一个字母 f 即为“格式”（format）之意，它的功能是将各种数据类型的数据按照指定的格式在标准输出设备——显示器中显示出来。

（1）printf( ) 函数概述

printf( ) 函数是一个标准库函数，其函数原型在头文件“stdio. h”中。由于该函数使用频繁，在一些编译器中（如 Turbo C）不用包含头文件” stdio. h”；但是还有一些编译器（如：Visual C++ 6.0，GCC）要求使用头包含文件“stdio. h”。因此，建议使用printf( ) 函数时要包含头文件“stdio. h”。

① printf( ) 函数调用的一般形式为：

```
printf("格式控制字符串",输出表列);
```

② printf( ) 函数调用形式的解释

“格式控制字符串”：用于指定输出格式。格式控制字符串由格式说明字符、转义字符和普通字符组成。

“输出列表”：列出各个输出项，用逗号“,”分隔，要求格式控制字符串和各个输出

项在数量和类型上一一对应。

例如：

```
printf("x=%d,y=%d,z=%d\n",x,y,z);
```

③ printf()函数的功能：向计算机外部设备输出各种类型的数据，一个printf函数可以负责输出多个数据。

(2) 格式说明字符

不同类型的数据要使用不同的格式说明符，即格式说明字符用来规定各个输出项的输出格式。C语言中格式说明符的一般形式为：

```
%[标志][输出最小宽度][.精度][长度]类型
```

其中，方括号 [ ] 中的项为可选项，各项的意义介绍如下。

• 类型字符用以表示输出数据的类型，其格式符和意义如下所述。

① d格式符。用来输出带符号十进制整数。

例如：
```
int x=42;
printf("%d",x);
```

%d即按照十进制有符号整型数据的实际长度输出，输出结果为42。

② o格式符。用来输出八进制无符号整数。

例如：
```
int x=42;
printf("%o",x);
```

%o即按照八进制数输出，十进制数42转换成八进制数为52，因此输出结果为52。

③ x（X）格式符。用来输出十六进制无符号整数。

例如：
```
int x=42;
printf("%x",x);
```

%x即按照十六进制数输出，十进制数42转换成十六进制数为2A，因此输出结果为2A。

④ u格式符。用来输出十进制无符号整数。

例如：
```
int x=-1;
printf("%u",x);
```

%u即按照十进制无符号整数输出，由于-1的无符号数据表示为65535，因此输出结果为65535。

⑤ f格式符。用来输出小数形式单、双精度实数。

例如：
```
float x=34.78;
printf("%f",x);
```

%f可以输出数据类型float型或double型数据，小数点后默认保留六位，因此输出结果为34.780000。

⑥ e（E）格式符。用来输出指数形式单、双精度实数。

例如：
```
int x=56;
printf("%e",x);
```

%e即按照规范化指数形式输出数据，可以输出float型或double型数据，因此输出结果为5.600000e+001。

⑦ g（G）格式符。选择%f或%e中位宽较短的一种格式输出，且不输出无意义的零。

例如：
```
float x=34.5;
```

```
printf("% g",x);
```

如果以%f格式输出，结果为34.500000，输出占9位位宽；如果以%e格式输出，结果为3.450000e+001，输出占13位位宽。比较而言，%f输出所占位宽较少，因此本题%g是按照%f格式输出，输出结果为34.5。

⑧ c格式符。用来输出单个字符。

例如：
```
char c =101;
printf("% c",c);
```

%c按照字符形式输出，且只能输出一个字符，输出结果为e。

⑨ s格式符。用来输出字符串。

例如：
```
stati char c[ ] = "bye";
printf("% s",c);
```

%s按照字符串形式输出，输出结果为bye。

⑩ %格式符。用来输出%本身。

例如：
```
printf("% % ");
```

输出结果为%。

任务1：编写程序，打印输出各种数据类型数据。

代码如下：

```
#include "stdio.h"
#include "conio.h"
main()
{
  printf(" print data! \n");
  printf("% d \n % d \n \n" , 98, -244);
  printf("% o \n% o \n  \n" , 98, -244);
  printf("% x \n% x \n  \n" , 98, -244);
  printf("% u \n% u \n  \n" , 98, -244);
  printf("% f \n% f \n % f \n % f \n  \n" , 98.13,244.11111111, - 98.13, -
  244.11111111);
  printf("% e \n% e \n % e \n % e \n  \n" , 98.13,244.11111111, - 98.13, -
  244.11111111);
  printf("% g \n% g \n % g \n % g \n  \n" , 98.13,244.11111111, - 98.13, -
  244.11111111);
  printf("% c \n,% c \n \n " , 'e',65);
  printf("% s \n" , "very well!");
  printf(" \n");
  getch();
}
```

任务分析：此程序是将数据按照各种类型说明符打印输出。其中，当以%f格式输出时，小数点后面要保留六位小数，不足补0，多余删除。当以%g格式输出时，系统会自动对%e和%f这两个格式输出位宽进行比较，将按照输出位宽较小的格式输出。

运行结果如图3-2所示。

对于以上的用法，归纳如表3-1所示。

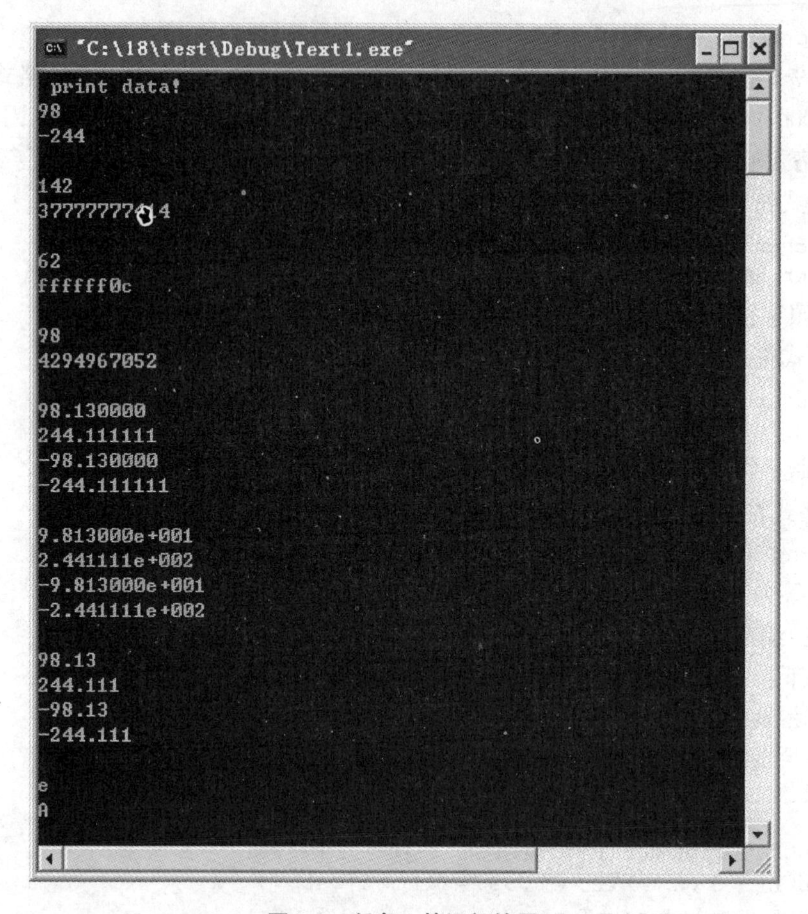

图 3-2　任务 1 的运行结果

表 3-1　printf( ) 函数的格式说明字符

类　型	格式符	输出形式	实　例	
			程　序	输出结果
整型	d	十进制带符号整数 (正数前不输出 + 号)	int x = 42; printf("% d",x);	42
	o	八进制无符号整数 (不输出前缀 0)	int x = 42; printf("% o",x);	52
	x, X	十六进制无符号整数 (不输出前缀 0x)	int x = 42; printf("% x",x);	2A
	u	十进制无符号整数	int x = 42; printf("% u",x);	42
实型	f	小数形式单、双精度实数 (隐含输出 6 位小数)	float x = 34.78; printf("% f",x);	34. 780000
	e, E	指数形式单、双精度实数 (隐含输出 6 位小数)	int x = 56; printf("% e",x);	5. 600000e + 001
	g, G	选择%f 或%e 中宽带较短的一种。 (输出的是单、双精度实数；省略无效的 0)	float x = 34.6; printf("% g",x);	34. 6

续表

类　型	格式符	输出形式	实　例	
			程　序	输出结果
字符型	c	单个字符	char c=101; printf("% c",c);	e
	s	字符串	char c[ ]="bye"; printf("% s",c);	bye
其他	%	%本身	printf("% % ");	%

①［标志］

标志参数表示输出数据的一些特征，例如对齐方式、正负号、前缀等，而不影响数据的值。如果希望输出的数据带有某种固定的特征或者格式，就应该根据需要加入各种标志。标志字符为 -、+、#、空格，其意义如下所示。

-：结果左对齐，右边填空格。例如：

若 a=135,b=13.579,则 printf("a=% -5d,b=% -7.2f,c=% -7.2s",a,b,"HAPPY");的

输出结果为：

a=135□□,b=13.58□□,c=HA□□□□□　　　　/*"□"表示空格 */

+：输出符号（正号或负号）。

#：对 c，s，d，u 类无影响；对 o 类，在输出时加前缀 0；对 x 类，在输出时加前缀 0x 或者 0X；对 g，G 类，防止尾随 0 被删除；对于所有的浮点形式，#保证了即使不跟任何数字，也打印一个小数点字符。

空格：输出值为正时冠以空格，为负时冠以负号。

②［输出最小宽度］

用十进制整数来表示输出的最少位数。若实际位数多于定义的宽度，则按实际位数输出；若实际位数少于定义的宽度，则补以空格。

例如：若 a=135,b=13579,则 printf("% 4d,% 4d",a,b);语句的输出结果为：

□135,13579

对于变量 a 来说，位宽为 3，%4d 说明变量 a 输出宽度为 4，由于数据的位数小于数据输出宽度，因此左端补一个空格。对于变量 b 来说，位宽是 5，而%4d 说明变量 b 输出宽度为 4，由于数据的位数大于数据输出宽度，因此数据按照实际位数输出。

③［精度］

精度格式符以"."开头，后跟十进制整数。本项的意义是：对实数表示输出几位小数；对字符串，表示截取左端的字符个数。例如：

若：float　f=13.579;则 printf("f=% 7.2f,c=% 7.2s",f,"HAPPY");语句的输出结果为：

f=□□13.58,c=□□□□□HA

对于实数 f 来说，%7.2f 表示数据输出位宽占 7 位，而小数点后面保留两位，所以输出后不够 7 位的左端补空格。对于字符串来说，%7.2s 表示字符串输出占 7 位，从字符串左端取两个字符，所以输出不够 7 位的左端补空格。

④［长度］

长度格式符为h，l两种，h表示按短整型量输出，l表示按长整型量输出。

例如：

```
long a =245631;
printf("% ld",a);
```

如果用 %d 输出，就会发生错误，因为整形数据的取值范围为 -32768 ～ 32767。对于long型数据应该以%ld格式输出。

说明：(1) 格式字符串以%开头，后接格式说明字符。例如%d,%f等。

(2) 格式说明字符除了x、e、g可以用大写字母或小写字母，其他的格式字符为小写字母。

任务2：编写代码，实现格式输出函数的不同格式输出。

代码如下：

```
#include <stdio.h>
void main()
{
    int n1 =101;
    char ch ='c';
    unsigned n2 =12;
    long n3 =123456789;
    double n4 =123.456789;
    float n5 =123.456;
    printf("n1 =% d,% c\n",n1,n1);      /* 用两种不同的数据格式输出 n1 */
    printf("ch =% d,% c\n",ch,ch);      /* 用两种不同的数据格式输出 ch */
    printf("n2 =% u\n",n2);
    printf("n3 =% ld,n3 =% 12ld\n",n3,n3);
    printf("n4 =% 12f,n4 =% 12.2f,n4 =% -12.2f,n4 =% .2f\n",n4,n4,n4,n4);
    printf("n5 =% e\n",n5);
    printf("n5 =% g\n",n5);
}
```

任务分析：本任务第1个输出函数是将整型变量n1用两种不同的数据格式输出，由于101是e的ASCII码，所以输出为n1 =101，e；第2个输出函数是将字符型变量ch用两种不同的数据格式输出，由于字符c的ASCII码值为99，所以输出为ch =99，c；第3个输出函数是将无符号整型数据输出，输出结果为n2 =12；第4个输出函数是将长整型数据按照规定宽度的长整型输出，由于规定宽度为12，实际占9位，因此左端补充3个空格；第5个输出函数是按照科学计数法输出；第6个输出是按照“%f”格式输出的，因为和科学计数法比较，此法宽度较短。

注意：第4个输出函数是将double型实数按照4种不同规定输出：

(1) 宽度规定为12，由于n4的值所占位数（包括小数点）为10，所以左端补2个空格；

(2) 规定了宽度为12，精度为小数点后2位四舍五入，整数+小数点+小数有6位，所以左端补6个空格；

(3) 宽度和精度的规定同上，但是“-”代表位数不够时，右端补空格，所以右端补了6个空格；

(4) 只保留小数点后面2位即可，宽度不限，则数据整数原样输出，小数点后补充2位。

运行结果如图3-3所示。

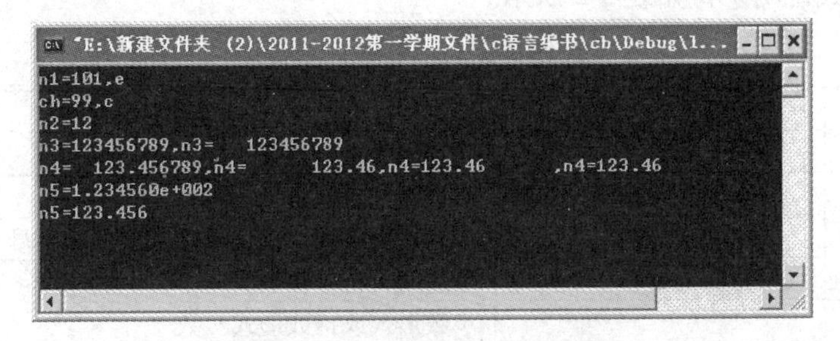

图3-3 任务2的运行结果

编者手记： printf()函数的格式输出说明符没有做更多的介绍，格式说明符的使用可以使结果更为标准，更为灵活；但同时种类太多，对于初学者来说不是很好理解，太拘泥于细节，反而忘了printf()函数的主要功能。本书中只介绍了一部分内容，想要更深层次理解，可以查阅C语言的相关资料。

(3) 普通字符

格式控制字符串中除了格式说明字符和转义字符外，其余都是普通字符，和输出项无关，原样输出。

例如：`printf("the max is % d",x);`

运行结果：`the max is 5`

这个输出函数中的“the max is”就是普通字符，执行时字母原样输出。

2. 格式化输入函数——scanf()

scanf()函数为格式输入函数，与printf()函数一样，名称最后一个字母f表示格式（format）之意。其功能是从键盘上将用户输入的字符转换成用户预定类型的数据，并赋值给变量。

(1) scanf()函数格式

scanf()函数是一个标准库函数，其函数原型在头文件“stdio. h”中。scanf()函数使用频繁，在一些编译器中（如：Turbo C）不用包含头文件“stdio. h”；但是还有一些编译器（如：Visual C++ 6.0，GCC）要求使用头包含文件“stdio. h”。因此，建议使用scanf()函数时要包含头文件“stdio. h”。

- scanf()函数调用的一般形式为：

```
scanf("格式控制字符串",地址表列);
```

- scanf()函数调用形式的解释

“格式控制字符串”的含义同printf()函数的格式字符串，以%开头，后接格式说明字符。例如，%d,%f等。

“地址表列”是由多项地址组成，每个地址以 & 开头，后接变量名。例如，&x，&a 等。

• scanf( )函数的功能

C 语言中大部分输入操作都是通过 scanf( )函数来完成的，该函数可以按照规定的格式从键盘读入多项数据。例如：

```
scanf("% d % d % d",&x,&y,&z);
```

(2) scanf( )函数的格式说明符

scanf( )格式说明字符如表 3-2 所示。

表 3-2 scanf( )格式说明字符

类 型	格 式 符	输入形式
整型	d	十进制带符号整数
	o	八进制整数（前面不加数字 0）
	x，X	十六进制整数（前面不加数字 0 和字母 x 或 X）
	u	十进制无符号整数
实型	f	小数形式或指数形式实数
	e，E，g，G	小数形式或指数形式实数
字符型	c	单个字符（“%c%c%c”输入数据间无分隔符）
	s	字符串（以非空格字符开始，以空格、回车结束）

scanf( )格式字符的说明如下。

① 长度问题：长度格式符为 l 和 h，l 表示输入长整型数据（例如%ld）和双精度浮点数（例如%lf），h 表示输入短整型数据。

② 宽度问题：

例如：`scanf("% 4d",&a);`

如果输入 12345678，那么 a = 1234。

例如：`scanf("% 4d% 4d",&a,&b);`

如果输入 98765432，那么 a = 9876，b = 5432。

③ 赋值抑制字符“*”：用来表示对应输入项在读入后不赋予相应的变量，即跳过该输入值。

例如：`scanf("% d % *d % d",&a,&b);`

如果输入 423，那么 a = 4，b = 3。

注意：“%d % *d %d”不加任何符号分隔。

④ 输入数据不能规定实型数据精度。

例如：`scanf("% 7.4f",&a);     /* 错误语句 */`

⑤ 输入数据时，遇到下述情况，系统认为该数据输入结束。

• 遇到空格、回车或者 Tab 键。

• 遇到输入域宽度结束。

例如“%5d”，只取 5 位。

• 遇到非法输入。

例如，在输入数值数据时，遇到字母等非数值符号（数值符号仅由数字字符 0 ～ 9 小数点和正负号构成）。

⑥ 使用格式说明符“%c”输入单个字符时，空格、回车、Tab 键和转义字符均可作为有效字符输入。

任务3：编写代码，实现 scanf( )函数的格式输入。

代码如下：

```
#include <stdio.h>
main()
{
   int n1,n2,n3,n4;
   printf("Please input four numbers:");
   scanf("% d% d% d% d",&n1,&n2,&n3,&n4);
   printf("% 4d% 4d% 4d% 4d\n",n1,n2,n3,n4);
}
```

任务分析：上述程序合法的输入形式包括以下几种（其中，空格用“□”表示）。

（1）1□2□3□4↙

（2）1□2□□3□□□4↙

（3）1↙

2□3□4↙

（4）1（按下 Tab 键）2↙

3□4↙

不合法的输入形式是：

3，4，5↙

运行结果：□□□1□□□2□□□3□□□4

3.2.2 字符输入、输出函数

介绍完格式输入、输出函数 printf( )和 scanf( )函数，现在开始介绍非常容易理解的字符输入、输出函数 putchar( )和 getchar( )。

1. 单字符输出函数——putchar( )

putchar( )函数的功能是向标准输出设备（显示器）输出一个字符，其函数的原型包含在头文件 stdio. h 中，在使用前必须包含头文件 stdio. h，其调用格式为：

```
putchar(字符参数);
```

其中，该“字符参数”可以是字符变量，也可以是字符常量。

例如：

```
putchar('a');      /* 输出小写字母 a */
putchar(a);        /* 输出字符变量 a 的值 */
putchar('\n');     /* 换行,对于控制字符执行控制功能,不显示在显示屏上. */
```

putchar( )函数作用和 printf(“%c\n”，c）相同。但是 putchar( )函数功能比较单一，只能输出一个字符。

说明：（1）字符变量可以是字符型、整型，也可以是一个转义字符。

（2）putchar( )函数只能用于单个字符的输出。

（3）printf( )函数完全可以代替 putchar( )函数。

任务4：编写程序代码，实现用 putchar( )函数输出字符。

代码如下：

```
#include <stdio.h>
main()
```

```
{
   char ch1,ch2,ch3;
   ch1 = 'Y';ch2 = 'E'; ch3 = 'S';
   putchar(ch1);
   putchar(ch2);
   putchar(ch3);
   putchar('\n');
}
```

任务分析：由于该函数一次只能输出一个字符，因此本任务用 3 个 putchar( ) 函数分别输出 3 个字符。

运行结果：YES

2. 单字符输入函数——getchar( )、getche( ) 和 getch( )

（1） getchar( )

getchar( ) 函数的功能是从标准输入设备（键盘）上输入一个字符，其函数原型包含在头文件 stdio. h 中，在使用前必须包含头文件 stdio. h，其调用格式为：

```
getchar();
```

在应用中通常把输入的字符赋予一个字符变量，构成赋值语句，例如：

```
char c;
c = getchar();
```

说明：（1） 只接收单个字符，输入多于一个字符，只接收第一个字符。

（2） 如果输入数字，也按字符处理。例如：输入数字 7，接收后按 '7' 处理。

（3） 如果调用正常，则返回读取值；否则返回 EOF （ -1）。

（4） scanf( ) 函数完全可以代替 getchar( ) 函数。

任务 5：编写代码，完成单个字符的输入。

代码如下：

```
#include <stdio.h>
main()
{
   char ch;
   printf("Please input a character:");
   ch = getchar();
   printf("The character is %c.\n",ch);
}
```

任务分析：用 getchar( ) 函数接收字符并将该字符输出。注意：getchar( ) 函数只能接收一个字符。

运行结果如图 3-4 所示。

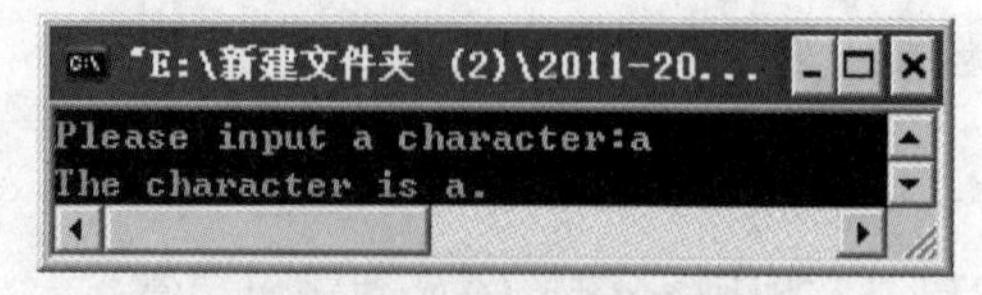

图 3-4　任务 5 运行结果

（2） getche( ) 和 getch( )

getche( ) 和 getch( ) 是 getchar( ) 的两个重要变形，3 个函数的情况表如表 3-3 所示。

表 3-3　函数 getchar( )、getche( )和 getch( )

函数名	函数操作	屏幕显示情况	何时进入编辑状态
getchar( )	从键盘上读取一个字符	回显字符	按回车键返回编辑状态
getche( )	从键盘上读取一个字符	回显字符	按任意键返回编辑状态
getch( )	从键盘上读取一个字符	不回显字符	按任意键返回编辑状态

任务 6：编写代码，显示 7 以下各个偶数的立方，按任意键结束程序的运行。

代码如下：

```
#include <stdio.h>
main()
{
   int i=2;
   while(i<7)/*第5章涉及while循环语句*/
   {printf("%d*%d*%d=%d\n\n",i,i,i,i*i*i);
   i=i+2;}
   getche();/*程序运行时回显示输入字符,按任意键返回编辑状态*/
}
```

任务分析：在这里，程序按任意键返回编辑状态。假设按了键盘上的“q”键，那么字符“q”就会显示在输出屏上，再返回编辑状态。

程序运行结果如图 3-5 所示。

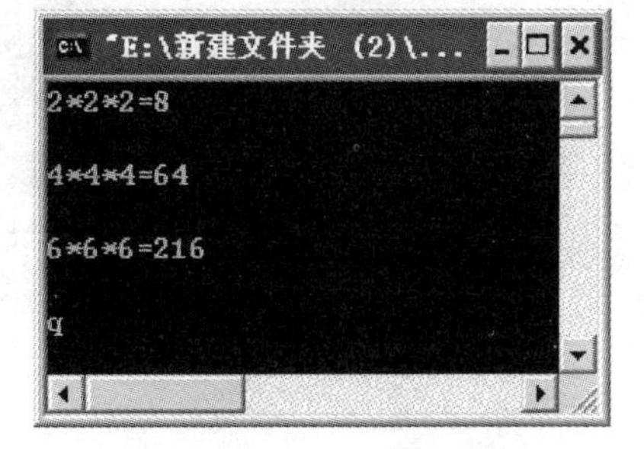

图 3-5　任务 6 运行结果

程序中“getche( )”可以换成“getch( )”，当按某键返回编辑状态时，某键对应的字符不会回显在输出屏上。这时屏幕的输出结果为：

```
2*2*2=8
4*4*4=64
6*6*6=216
```

3.2.3　字符串输入、输出函数

1. 字符串输出函数——puts( )

puts( )函数是用于向标准输出设备（显示器）输出字符串并进行换行的函数，其函数的原型包含在头文件 stdio. h 中，在使用前必须要包含头文件 stdio. h。其调用格式为：

```
puts(字符串参数);
```

其中，“字符串参数”可以是字符串数组名或字符串指针，也可以是字面字符串。

例如：
```
char str1[]={"hello everybody!"};
puts(str1);
puts("JACK");
```

运行结果为：
```
hello everybody!
JACK
```

puts( )函数的作用和 printf（“%s\n”，s）相同。需要强调的是，puts( )函数的功能比较单一，只能输出字符串，不能输出数值或进行格式变换。

例如：
```
int a;
puts(a);      /*错误的书写*/
```

说明：(1) puts()函数中可以使用转义字符起控制作用。

(2) 在输出时将字符串结束标记‘\0’转换为‘\n’，即输出完一个字符串后自动换行。

(3) puts()函数完全可以由printf()函数取代。

任务7：编写代码，完成字符串输出。

代码如下：

```
#include <stdio.h>
void main()
{
   puts("Monday \n Tuesday");
   puts("Wednesday");
}
```

任务分析：本任务采用puts()函数输出，所以每个字符串结尾都有换行，输出结果为3行。

运行结果如图3-6所示。

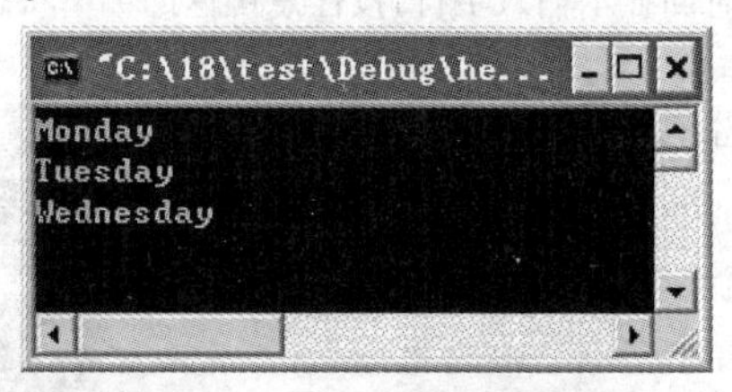

图3-6　任务7的运行结果

如果这里的输出采用printf()函数，结果为两行。

```
Monday
TuesdayWednesday
```

2. 字符串输入函数——gets()

gets()函数用来从标准输入设备（键盘）读取字符串直到回车符结束，并将其存储到字符数组中，从而得到一个函数值，即为该字符数组的首地址。其函数的原型包含在头文件stdio.h中，在使用前必须要包含头文件stdio.h。其调用格式为：

```
gets(字符串变量);
```

例如：`gets(s1);`

其中，s1为字符串数组名或字符串指针。

gets()函数和scanf()函数功能类似，两者的区别是，gets()函数输入的字符串中可以包含“空格”，而scanf()函数则不能。原因是scanf()函数将“回车”、“空格”看成字符串结束标记；而gets()函数只将“回车”看成结束标记，“空格”看成字符串的一部分。

注意：使用puts和gets函数一次只能输入和输出一个字符串。

gets(s1, s2); /* 错误的书写 */

任务8：编写代码，完成字符串输入。

代码如下：

```
#include <stdio.h>
void main()
```

```
{
   char str1[20],str2[30];
   printf("what's your name?\n");
   gets(str1);
   puts(str1);
   puts("where are you from?");
   gets(str2);
   puts(str2);
}
```

任务分析：本任务中使用了字符数组的定义，数组内容将在后面章中介绍，此处读者将重点放在 gets( )函数和 puts( )函数的使用上即可。本任务通过“What's your name?”和“Where are you from?”这两个问题，观察 gets( )函数和 puts( )函数的使用、puts( )函数和 printf( )函数的区别。注意：puts( )输出自动带换行符。

运行结果如图 3-7 所示。

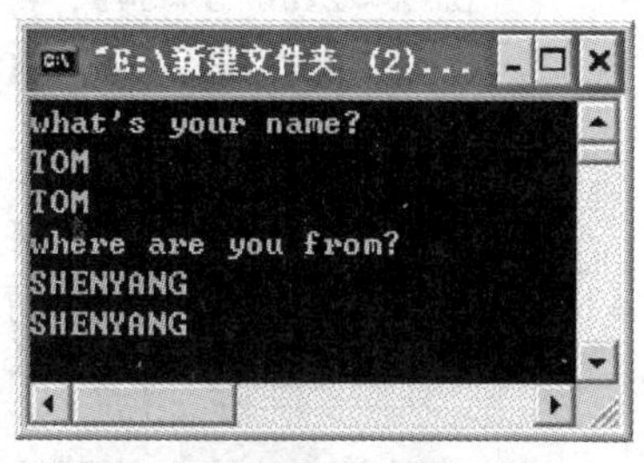

图 3-7　任务 8 的运行结果

3.3　本章小结

本章主要介绍了 C 语句的 5 种类型、基本的输入、输出格式。因为 C 语言不提供输入与输出语句，所以输入与输出功能都靠函数来完成。本章重点介绍了 printf( )和 scanf( )这两个函数的用法和格式。有了本章的学习，读者可以进行简单的输入、输出编程。

练习与自测

一、选择题

1. 若 a、b、c、d 都是 int 类型变量且初值为 0，以下选项中不正确的赋值语句是：(　　)。

   A. a = b = c = 400;　　B. d --;

   C. c - b;　　D. d = (c = 22) - (b --);

2. 以下选项中不是 C 语句是：(　　)。

   A. { int i; i ++; printf ("%d\n", i); }

   B. ;

   C. a = 5, c = 10

   D. {　;　}

3. 以下合法的 C 语言赋值语句是：(　　)。

   A. a = b = 58　　B. k = int (a + b);

   C. a = 42, b = 56　　D. -- i;

4. 若变量已正确说明为 int 类型，要给 a、b、c 输入数据，以下正确的输入语句是：(　　)。

   A. read (a, b, c);

   B. scanf ("%d%d%d", a, b, c);

   C. scanf ("%D%D%D", &a,%b,%c);

   D. scanf ("%d%d%d", &a, &b, &c);

5. 若变量已正确定义，要将 a 和 b 中的数进行交换，下面不正确的语句是：(　　)。

A. a = a + b, b = a - b, a = a - b;　　B. t = a, a = b, b = t;

C. a = t;　t = b;　b = a;　　D. t = b; b = a; a = t;

6. 当运行以下程序时，从键盘的第一列开始输入 9876543210 <CR>（此处 <CR> 代表 Enter），则程序的输出结果是：(　　)。

A. a = 987, b = 654, c = 3210

B. a = 210, b = 543, c = 9876

C. a = 987, b = 654.000000, c = 3210.000000

D. a = 987, b = 654.0, c = 3210.0

```
main( )
{ int a; float b,c;
  scanf("% 3d% 3f% 4f",&a,&b,&c);
  printf("\na = % d,b = % f,c = % f \n",a,b,c);
}
```

7. 以下程序的输出结果是：(　　)。

```
#include <stdio.h>
main()
{
  int a =7,b =8;
  printf("a = % % d,b = % % d \n",a,b);
}
```

A. a = %7, b = %8　　B. a = 7, b = 8

C. a = %%d, b = %%d　　D. a = %d, b = %d

8. 以下程序段的输出是：(　　)。

```
float a =57.666;
printf("*% 010.2f* \n",a);
```

A. *0000057. 66*　B. *57. 66*　C. *0000057. 67*　D. *57. 67*

二、阅读下列各程序，按题意要求将程序补充完整

1. 从键盘上接收任意两个整数，求和并输出。

```
main()
{ intm,n;
  printf("Enter m, n:");
  scanf(_______);
  _______;
  printf("sum = % d",m);
}
```

2. 读入一个字符，输出这个字符的 ASCII 码值。

```
main ()
{ charch;
  ________________;
  printf(________________);
}
```

3. 读入一个两位的正整数，按字符型形式输出。

```
main()
{ int n;
  scanf(___________);
  printf(___________);
}
```

三、写出下列程序的运行结果

```
main()
{
   int a=8,b=12;
   float x=78.3654,y=-258.456;
   char c='F';
   printf("%3d%3d\n",a,b);
   printf("%8.2f,%8.2f,%.4,f%.4f,%3f,%3f\n",x,y,x,y,x,y);
   printf("%c,%d,%o,%x\n",c,c,c,c);
}
```

四、编程题

1. 假设圆锥体的底面半径为 r，高为 h，求圆锥体的底面周长，圆锥体的表面积以及圆锥体的体积。要求：

（1）利用 scanf()函数输入数据；

（2）输出结果精确到小数点后两位；

（3）程序中的输入、输出要有文字说明。

2. 输入两个实型数，求它们的和、差、积和商。要求：

（1）利用 scanf 函数输入数据；

（2）所有输出结果精确到小数点后两位。

（3）程序中的输入、输出要有文字说明。

第4章　结构化程序设计方法

学习目标

1. 掌握顺序结构设计
2. 掌握选择结构设计
3. 掌握循环结构设计

C语言属于面向过程的编程语言，C语言通过函数来封装解决某一问题的代码，也就是说，C语言使用函数来封装解决问题的过程，本章重点掌握C程序的基本结构以及用函数封装代码的思想。

一个函数包含声明部分和执行部分，执行部分即由语句组成。C程序结构如图3-1所示。一个C程序可以由若干个源程序文件组成，一个源文件可以由若干个函数和预处理命令以及全局变量声明部分组成。从程序流程的角度来看，程序可以分为3种基本结构，即顺序结构、分支结构、循环结构。这3种基本结构可以组成各种复杂程序。

4.1　顺序结构程序设计方法

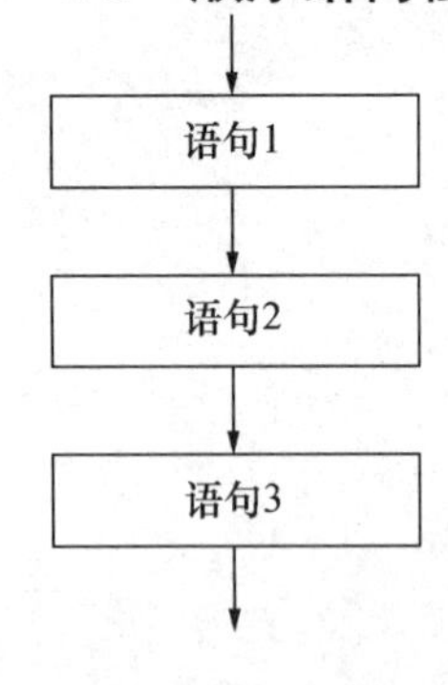

图4-1　顺序结构

顺序结构程序是指在程序的每次执行过程中，程序中的各条语句按照在程序中的先后顺序依次执行。每个顺序结构程序中的可执行语句在每一次程序执行的过程中，执行且只执行一次，所以顺序程序称为最简单的程序。设计一个程序，首先要将问题分析清楚，然后用适当的方法将问题描述出来，再根据问题的描述编成程序，最后调试运行。描述问题的方法有很多，有各种流程图、层次图、伪代码等，更多的时候是多种手段混合使用。如图4-1所示就是典型的顺序结构流程图，先执行语句1的操作，再执行语句2的操作，最后执行语句3的操作，三者是按照顺序执行的关系。

注意： C语言把系统函数放在扩展名为“.h”的磁盘文件中，称为“头文件”。当程序中用到某个系统函数时，就需要在程序开头写一个包含命令，即#include“头文件名”以指明该函数在哪一个头文件里。一般头文件放在文件的开始，系统在编译时，会自动将头文件嵌入源程序中。

main()函数（又称主函数）是C语言程序的入口函数，在任何的C语言程序中，都有一个main()函数，且只能有一个main()函数。程序从main()函数开始执行，然后在main()函数中结束。注意，main()函数只能是小写，不能大写。

前面几章介绍了常量和变量、运算符、表达式和语句的概念，读者对它们的使用有了一个大概的了解，下面根据任务的要求编写C语言程序。

任务1： 编程实现输入半径的值，求圆的面积。

代码如下：

```
#include"stdio.h"
#define PI 3.14
main()
{
   float r,a;
   scanf("% f",&r); /* 输入半径的值 * /
   a = PI * r * r;
   printf("% f \n",a); /* 输出圆的面积 * /
}
```

任务分析：一个C语言程序，通常由带有#号的编译预处理语句开始。关于预处理在以后会介绍，这里的“#define PI 3. 14”是定义PI为符号常量，PI代表3. 14；如果在程序中遇到PI，就用3. 14替代。定义两个变量r和a，一个代表半径，一个代表面积，然后输入半径的值，列出公式求面积，调用输出函数输出面积。

运行结果：
```
1
3.140000
```

任务2：编写代码，实现顺序输出文本信息。

代码如下：

```
main()
{
   printf("* * * * * * * * * * * * * * * * * * * * * * * * * * * * * * * * * * * * * * * * *");
   printf("\t1 输入学生资料 \t \t \t \t \t2 删除学生资料 \n");
   printf("\t3 查询学生资料 \t \t \t \t \t4 修改学生资料 \n");
   printf("\t5 显示学生资料 \t \t \t \t \t6 统计学生成绩 \n");
   printf("\t7 排序学生成绩 \t \t \t \t \t8 保存学生资料 \n");
   printf("\t9 获取帮助信息 \t \t \t \t \t0 退出系统 \n");
   printf("* * * * * * * * * * * * * * * * * * * * * * * * * * * * * * * * * * * * * * * \n");
}
```

任务分析：本任务是学生成绩管理系统的主菜单输出，是顺序结构的程序段，星号和字符串按顺序输出。

运行结果如图1-1所示。

4.2 选择结构程序设计方法

顺序结构的程序虽然能解决计算、输出等问题，但不能做判断再次选择处理。对于要先做判断再选择的问题就要使用选择结构。选择结构的执行是依据一定的条件选择执行路径，而不是严格按照语句出现的物理顺序。选择结构程序设计方法的关键在于构造合适的分支条件和分析程序流程，根据不同的程序流程选择适当的分支语句。选择结构适合于带有逻辑或关系比较等条件判断的计算，设计这类程序时往往都要先绘制其程序流程图，然后根据程序流程写出源程序，这样做把程序设计分析与语言分开，使得问题简单化，易于理解。

选择结构是3种基本结构之一，它的作用是，根据所指定的条件是否满足，决定从给定的操作中选择其一执行。在C语言程序中，实现选择结构的手段，一是用if语句，一是用switch语句。其中if语句有3种形式：if单分支选择，if-else双分支选择，以及if-else if多分支选择。

编者手记： 前面提到了流程图，这里就简单介绍一下流程图的概念。流程图有时也称作输入－输出图。该图直观地描述一个工作过程的具体步骤。流程图对准确了解事情是如何进行的，以及决定应如何改进过程极有帮助。这一方法可以用于整个项目，以便直观地跟踪和图解项目的运作方式。

流程图使用一些标准符号代表某些类型的动作，如决策用菱形框表示，具体活动用方框表示。但比这些符号规定更重要的是，必须清楚地描述工作过程的顺序。流程图也可用于设计改进工作过程，具体做法是先画出事情应该怎么做，再将其与实际情况进行比较。

流程图的优点主要包括：

（1）采用简单规范的符号，画法简单；

（2）结构清晰，逻辑性强；

（3）便于描述，容易理解。

传统流程图采用的符号如图 4-2 所示，主要分为分为 7 种。

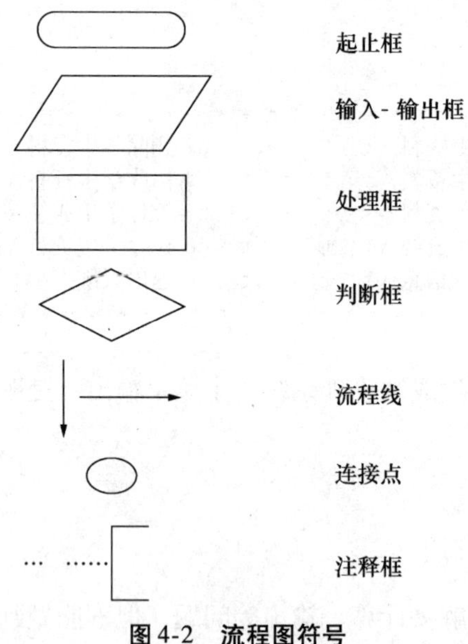

图 4-2　流程图符号

4.2.1　条件判断

一个表达式的返回值都可以用来判断真假，除非没有任何返回值的 void 型和返回无法判断真假的结构。当表达式的值不等于 0 时，它就是“真”；否则就是假。一个表达式可以包含其他表达式和运算符，并且基于整个表达式的运算结果可以得到一个真/假的条件值。因此，当一个表达式在程序中被用于检验其真/假的值时，就称为一个条件。

判断给定的条件，根据判断的结果判断某些条件，根据判断的结果来控制程序的流程。使用条件判断语句时，要用条件表达式来描述条件；例如，当 x = 5 时，输出 y = x + 1；或当 a >1 并且 b < >0 时，输出 x = 1。

4.2.2 单分支选择结构

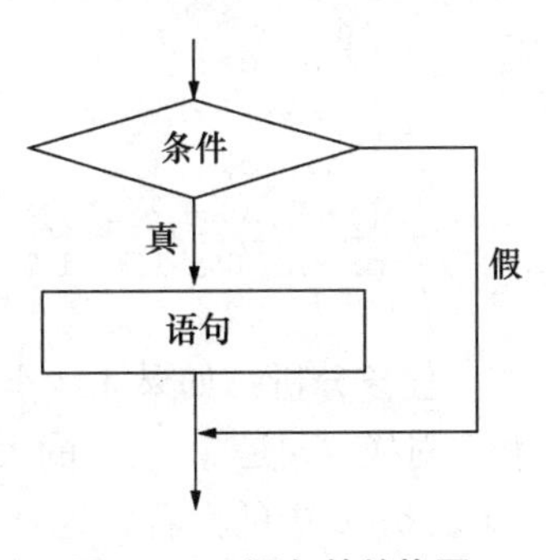

图 4-3 if 语句的结构图

在 C 语言中，用 if 语句实现单分支选择结构。对于单分支结构的 if 语句，是对一个表达式进行计算，根据计算的结果决定是否执行 if 后面的语句。

if 语句的一般格式是：

```
if (<条件>)
  <语句>;
```

if 语句的执行过程是：当条件成立时，便执行指定的语句，执行完后执行 if 后面的下一条语句；如果条件不成立，则不执行该语句，转去执行 if 后面的下一条语句，如图 4-3 所示。

注意： 当条件取值为非 0 的常数时，条件判断为成立；当条件取值为 0 时，条件判断为不成立。如果 if 后要执行的语句是多个时，要用 {} 括起来，形成复合语句。

任务 3：编写 if 语句，从键盘输入一个整数，然后输出其绝对值。

代码如下：

```
#include "stdio.h"
main()
{
   int num;
   printf ("Input:\n");
   scanf ("% d", &num);
   if (num <0)
   num = -num;
   printf ("% d\n", num);
}
```

任务分析：本任务中当条件 num <0 成立时，就执行单分支语句"num = - num;"。这样，在变量 num 里，总保持是一个正数，即它的里面存放的是输入数据的绝对值。打印语句 printf("The absolute value is %d\n", num)，是单分支语句的后续语句，无论是否执行"num = - num;"，这条打印语句总是要执行的。在具体编写程序时，常用 printf()给出提示信息。比如，程序一开始给出语句：printf("Input： \n")；即是提示用户输入数据。这样的做法，使得编写的程序具有人性化，界面更为显友好。

运行结果：
```
input:-6
6
```

任务 4：输入 3 个成绩 a，b，c，要求按由高到低的顺序输出。

代码如下：

```
#include <stdio.h>
main()
{
   int a,b,c,t;
   printf("please input a,b,c:");
   scanf("% d,% d,% d",&a,&b,&c);
   if(a<b)
   {t=a;a=b;b=t;}              /* 实现 a 和 b 的互换 */
```

```
    if(a<c)
    {t=a;a=c;c=t;}              /* 实现a和c的互换 */
    if(b<c)
    {t=b;b=c;c=t;}              /* 实现b和c的互换 */
    printf("%d,%d,%d\n",a,b,c);
}
```

任务分析：如果 a < b，则将 a 和 b 对换（a 是 a、b 中的大者）；如果 a < c，则将 a 和 c 对换（a 是 a、c 中的大者，因此 a 是三者中最大者）；如果 b < c，则将 b 和 c 对换（b 是 b、c 中的大者，也是三者中次大者），最后输出 a，b，c 的值。

运行结果：please input a,b,c:12,31,8

31,12, 8

4.2.3 双分支选择结构

在C语言中，对一个表达式进行计算，根据计算结果（真或假）选择给出的两种操作之一去执行。一般实现方法是用 if-else 语句和条件运算符两种。

1. if语句的实现

if-else 双分支选择语句的一般形式是：

```
if (<条件>)
    <语句1>;
else
    <语句2>;
```

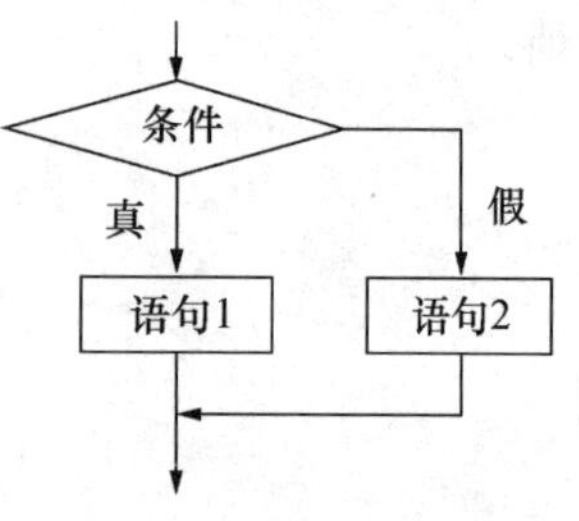

图4-4 if-else 的结构图

if-else 语句的执行过程是：如果条件成立，则执行指定的语句1，执行完后接着执行 if 后的下一条语句；如果条件不成立，则执行指定的语句2，执行完后接着执行 if 后的下一条语句，如图4-4所示。

if 和 else 是关键字，语句的格式中包括3部分。

（1）if 后面的一对小括号中的表达式，称为 if-else 语句中的条件表达式。

（2）if 和 else 之间的一条语句，习惯使用复合语句（使用大括号），是 if-else 语句根据条件表达式的值决定是否执行的操作，称作 if-else 语句中的 if 操作。

（3）else 之后的一条语句，习惯使用复合语句（使用大括号），是 if-else 语句根据条件表达式的值决定是否执行的操作，称作 if-else 语句中的 else 操作。

任务5：实现输入两个整数，若第1个数大于第2个数，则显示信息 first is greater than second!，否则显示信息 first is not greater than second!。

代码如下：

```
#include "stdio.h"
main()
{
    int a, b;
    printf ("Please enter two numbers:");
    scanf ("%d%d",&a, &b);                /* 输入两个整数 */
    if (a > b)                            /* 判断第1个数是否大于第2个数 */
      printf ("first is greater than second! \n");
    else
      printf ("first is not greater than second! \n");
}
```

任务分析：这是典型的双分支选择结构，可根据条件“a > b”作为判断条件。

运行结果：5,8

first is not greater than second!

任务6：编写程序，实现求 $ax^2+bx+c=0$ 方程的根。

代码如下：

```
#include <stdio.h>
#include<math.h>
main ( )
{
  float a,b,c,i,x1,x2,p,q;
  scanf("% f% f% f",&a,&b,&c);
  i=b*b-4*a*c;
  if (i<0)
    printf("is not quadratic \n");
  else
  {  p=-b/(2.0*a);
     q=sqrt(i)/(2.0*a);
     x1=p+q;
     x2=p-q;
     printf("x1=% 7.1f \nx2=% 7.1f \n",x1,x2);
  }
}
```

任务分析：由键盘输入 a，b，c。假设 a，b，c 的值是任意数，并不保证 $b^2-4ac\geqslant 0$。需要在程序中进行判别，如果 $b^2-4ac\geqslant 0$，就计算并输出方程的两个实根；否则就输出“is not quadratic”的信息。任务流程图如图 4-5 所示。

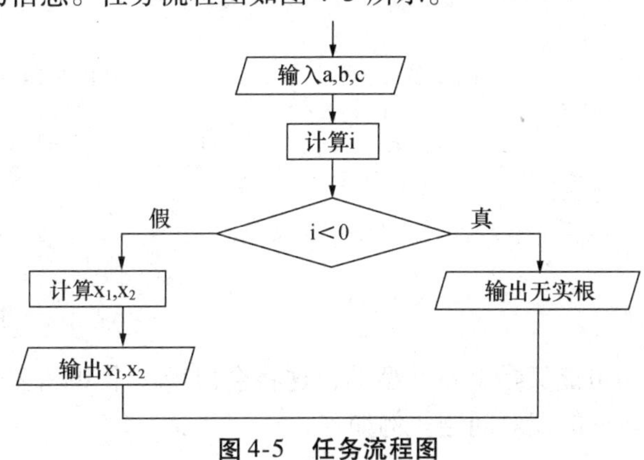

图 4-5　任务流程图

运行结果：2,5,2

x1 =　　-0.5

x2 =　　-2.0

2. 条件语句的实现

如果在条件语句中，只执行单个的赋值语句时，常可使用条件表达式来实现。不但使程序简洁，也提高了运行效率。

条件运算符为？和:，它是一个三目运算符，即有三个参与运算的量。条件表达式的格式是：

条件?表达式 1:表达式 2;

它的含义是如果条件成立，就执行表达式 1 并返回结果；否则就执行表达式 2 并返回结果。条件表达式的结果不是表达式1就是表达式2，因条件而定。

条件表达式因其结构简单，计算方便，在程序中广泛使用。例如，计算2月份的最大天数的语句：

```
if(y% 4 ==0&&y% 100!=0 ||y% 400 ==0)
d2 =29;
else d2 =28;
```

就可以简单写成：

```
d2 = (y% 4 ==0&&y% 100!=0 ||y% 400 ==0)?29:28;
```

注意：

（1）优先次序：关系运算符 > 条件运算符 > 赋值运算符。

如：s = (x >= 0)? 1: -1 等价于 s = x >= 0? 1: -1

（2）其结合性为“从右到左”（即右结合性）。

如：x > 0? 1: x == 1? 0: 1 等价于 x > 0? 1: (x == 1? 0: 1)

（3）在条件表达式中，表达式1的类型可以与表达式2和表达式3的类型不同。

4.2.4 多分支选择结构

多分支选择结构通常有n个操作，根据对指定条件的判断，程序决定执行哪种操作。通过分析前面的例子可知，使用嵌套的双分支语句可以实现多分支结构。

1. 嵌套的if语句实现

当if语句中执行的语句本身又是if语句时，则构成了if语句嵌套的情形。其一般形式有如下三种。

```
if(<条件>)
  if 语句;
```

或者为

```
if(<条件>)
  if 语句1;
  else
    语句2;
```

或者为

```
if(<条件>)
  if 语句1;
  else
    语句2;
else
  if 语句3;
  else
    语句4;
```

在嵌套内的if语句可能又是if-else型的，这将会出现多个if和多个else重叠的情况，这时要特别注意if和else的配对问题。例如：

```
if(<条件1>)
if(<条件1>)
  语句1;
else
  语句2;
```

其中的else究竟是与哪一个if配对呢？

应该理解为：

```
if(<条件1>)
  if(<条件2>)
    语句1;
else
    语句2;
```

还是应理解为：

```
if(<条件1>)
  if(<条件2>)
    语句1;
  else
    语句2;
```

为了避免这种二义性，C 语言规定，else 总是与它前面最近的未配对过的 if 配对，因此对上述例子应按后一种情况理解。

任务 7：编写代码，实现比较两个数的大小。

代码如下：

```
#include "stdio.h"
main()
{
   int a,b;
   printf("please input A,B: ");
   scanf("% d% d",&a,&b);
   if(a! =b)
     if(a >b)  printf("A >B \n");
     else      printf("A <B \n");
   else printf("A =B \n");
}
```

任务分析：这个任务使用了 if 语句的嵌套结构，采用嵌套结构实质上是为了进行多分支选择，实际上有 3 种选择，即 A > B、A < B 或 A = B。这种问题用 if-else-if 语句也可以完成，而且程序更加清晰。因此，在一般情况下较少使用 if 语句的嵌套结构，以使程序更便于阅读理解。

运行结果：
```
please input A,B:10,20
A <B
```

前面形式的 if 语句一般都用于较少分支的情况。当有多个分支选择时，可采用 if-else-if 语句，其一般形式为：

```
if(<条件 1 >)          <语句 1 >;
else if(<条件 2 >)    <语句 2 >;
…
else if(<条件 m >)    <语句 m >;
else    <语句 n >;
```

if-else-if 语句是依次判断表达式的值，当出现某个值为真时，则执行其对应的语句。然后跳到整个 if 语句之外继续执行程序。如果所有的表达式均为假，则执行语句 n，然后继续执行后续程序。if-else-if 语句的执行过程如图 4-6 所示。

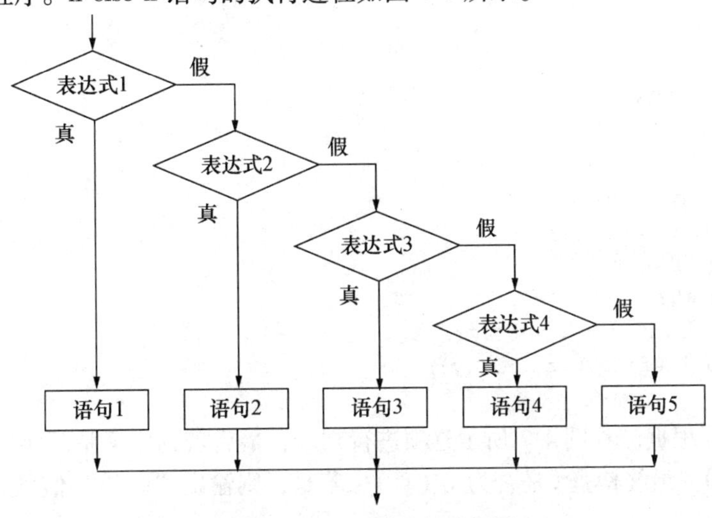

图 4-6　if-else-if 的执行流程图

任务8：编写代码实现判别键盘输入字符的类别。

代码如下：

```
#include "stdio.h"
main()
{
   char c;
   printf("input: ");
   c =getchar();
   if(c <32)
     printf("This is a control character \n");
   else if(c >= '0'&&c < = '9')
     printf("This is a digit \n");
   else if(c >= 'A'&&c < = 'Z')
     printf("This is a capital letter \n");
   else if(c >= 'a'&&c < = 'z')
     printf("This is a small letter \n");
   else
     printf("This is an other character \n");
}
```

任务分析：本任务要求判别键盘输入字符的类别。可以根据输入字符的ASCII码来判别类型。由ASCII码表可知ASCII值小于32的为控制字符。在“0”和“9”之间的为数字，在“A”和“Z”之间为大写字母，在“a”和“z”之间为小写字母，其余则为其他字符。这是一个多分支选择的问题，用if-else-if语句编程，判断输入字符ASCII码所在的范围，分别给出不同的输出。例如，如果输入为“g”，则输出显示它为小写字符。

运行结果：
```
input:a
This is a small letter
```

任务9：编写程序判断某一年是否是闰年。

代码如下：

```
#include <stdio.h>
main()
{
   int y, l;
   scanf("% d",&y);
   if (y% 4 ==0)
   {  if (y% 100 ==0)
      {  if (y% 400 ==0)  l =1;
         else l =0;  }
      else  l =1;  }
   else  l =0;
   if (l)  printf("% d yes ",y);
   else  printf("% d is not ",y);
}
```

任务分析：根据流程图4-7所示逐项进行判断，最后若判定y是闰年，就令l=1；若非闰年，令l=0。最终检查l是否为1（真），若是，则输出“闰年”信息。

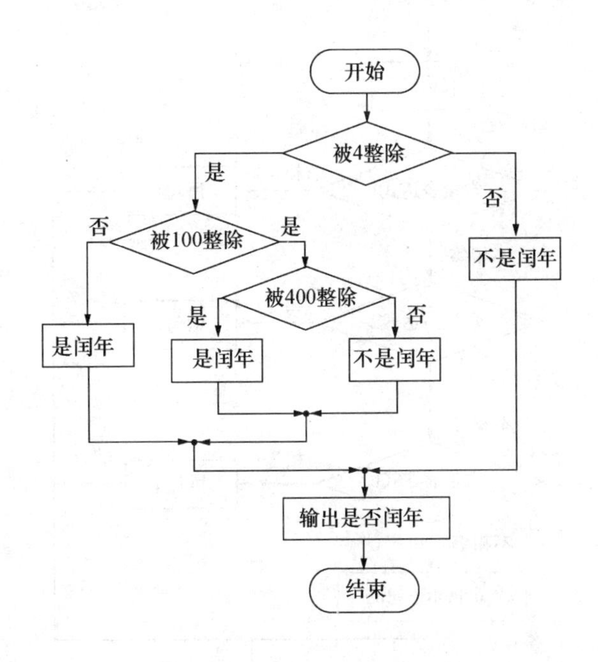

图 4-7 任务流程图

运行结果：2004
　　　　　2004 yes

2. switch 语句实现

C 语言还提供了另一种用于多分支选择的 switch 语句，其一般形式为：

```
switch(表达式)
{
   case 常量表达式 1:  语句 1;
   case 常量表达式 2:  语句 2;
   …
   case 常量表达式 n:  语句 n;
   default:  语句 n+1;
}
```

多分支语句结构通常有 n 个操作，首先计算表达式的值，并逐个与其后面的常量表达式的值相比较。如果表达式的值与某个常量表达式的值相等，则执行其后的语句；然后不再进行判断，继续执行 switch 结构后面的语句；如果表达式的值与所有 case 后的常量表达式均不相同时，则执行 default 后面的语句，直至 switch 结构的结束。如果在某个分支的执行过程中遇到 break 语句，则终止整个 switch 语句的执行。多个 case 语句可以共用一组执行语句，图 4-8 为 switch 语句执行流程图。

switch 后面括弧内的“表达式”可以是任意类型的表达式。case 后面紧跟的表达式必须是常量表达式，且必须是整型常量表达式或是与整型兼容的表达式，每一个常量表达式必须互不相同。

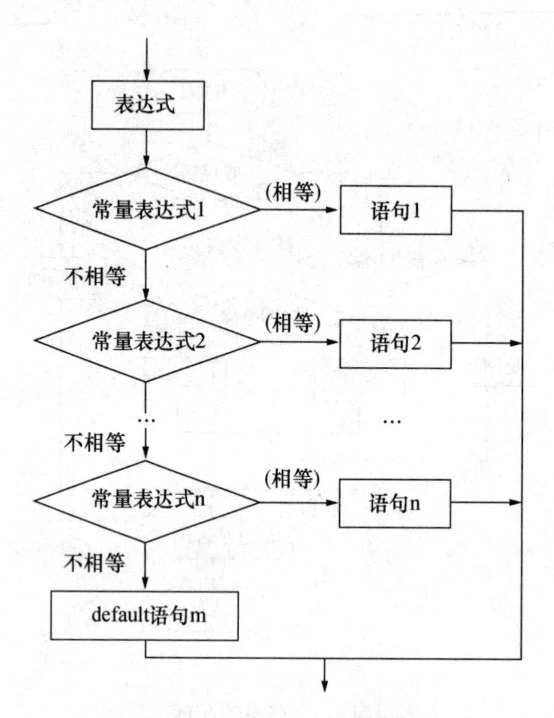

图4-8　switch语句执行流程

任务10：编写代码，实现从键盘输入任意一个数字，判断是星期几。

代码如下：

```
#include "stdio.h"
main()
{
   int a;
   printf("input: ");
   scanf("% d",&a);
   switch (a)                 /* 对 a 进行判断 * /
   {
      case 1:printf("Monday \n");break;
      case 2:printf("Tuesday \n");break;
      case 3:printf("Wednesday \n");break;
      case 4:printf("Thursday \n");break;
      case 5:printf("Friday \n");break;
      case 6:printf("Saturday \n");break;
      case 7:printf("Sunday \n");break;
      default:printf("error \n");
   }
}
```

任务分析：这个程序是输入数值进行判断，再输出对应的星期。比如，如果输入1，则输出Monday；如果输入的数值范围不在1～7之间，则判断不成功，输出error。

运行结果：
```
input:1
Monday
```

任务11：元旦期间，某商店以每张1元的价格卖贺卡，如果批发可根据数量给予优惠。

购买10张以下，无优惠。

购买 10 张以上，优惠 1%。

购买 20 张以上，优惠 2%。

购买 30 张以上，优惠 3%。

购买 40 张以上，优惠 4%。

购买 50 张以上，优惠 5%。

购买 60 张以上，优惠 6%。

购买 70 张以上，优惠 7%。

购买 80 张以上，优惠 8%。

购买 90 张以上，优惠 9%。

根据不同的购买数量，输出应付的价格。

代码如下：

```
main()
{
   int n;
   float p;
   printf("number");
   scanf("% d",&n);
   switch(n/10)
   {
      case 0:p=0;break;
      case 1:p=0.01;break;
      case 2:p=0.02;break;
      case 3:p=0.03;break;
      case 4:p=0.04;break;
      case 5:p=0.05;break;
      case 6:p=0.06;break;
      case 7:p=0.07;break;
      case 8:p=0.08;break;
      default:p=0.09;
   }
   printf("price=% 7.2f\n",n*(1-p));
}
```

任务分析：当购买数量小于 10 张的时候，p 值为 0 表示没有折扣，所以价格为 n*1 原价购买。当购买数量大于 10 张的时候，p 值为对应的折扣，价格为 n*(1-p)。

运行结果：

```
number
15
price = 14.85
```

注意： case 后面必须是常量表达式，因此不能是包含变量的表达式。case 和常量之间要有空格，case 后面的常量之后有“:”，且所有 case 包含在“{}”里。

编者手记：（1）switch 后面括号内的“表达式”，ANSI 标准允许它为任何类型。

（2）当表达式的值与某一个 case 后面的常量表达式的值相等时，就执行此 case 后面的语句；若所有的 case 中的常量表达式的值都没有与表达式的值匹配的，就执行 default后面的语句。

(3) 每一个case的常量表达式的值必须互不相同，否则就会出现互相矛盾的现象。

(4) 各个case和default的出现次序不影响执行结果。

(5) default和"语句n+1"可以同时省略。

(6) 执行完一个case后面的语句后，流程控制转移到下一个case继续执行。"case常量表达式"只是起到语句标号的作用，并不是在该处进行条件判断。在执行switch语句时，根据switch后面表达式的值找到匹配的入口标号，就从此标号开始执行下去，不再进行判断。因此，应该在执行一个case分支后，使流程跳出switch结构，即终止switch语句的执行，可以用一个break语句来达到此目的，最后一个分支default可以不加break语句。

4.2.5　if语句的说明

在使用if语句中还应注意以下问题。

(1) 在3种形式的if语句中，在if关键字之后均为表达式。该表达式通常是逻辑表达式或关系表达式，但也可以是其他表达式，如赋值表达式等，甚至也可以是一个变量。例如：if(a=5) 语句；if(b) 语句；都是允许的。只要表达式的值为非0，即为"真"。例如，在if(a=5) …；中表达式的值永远为非0，所以其后的语句总是要执行的，当然这种情况在程序中不一定会出现，但在语法上是合法的。

又如，有程序段：

```
if(a=b)
printf("% d",a);
else
printf("a=0");
```

本语句的语义是，把b值赋予a，如为非0，则输出该值；否则输出a=0字符串。这种用法在程序中是经常出现的。

(2) 在if语句中，条件判断表达式必须用括号括起来，在语句之后必须加分号。

(3) 在if语句的3种形式中，所有的语句应为单个语句，如果要想在满足条件时执行一组（多个）语句，则必须把这一组语句用 { } 括起来组成一个复合语句。但要注意的是，在} 之后不能再加分号。

4.3　循环结构程序设计方法

在不少实际问题中有许多具有规律性的重复操作，因此在程序中就需要重复执行某些语句。当条件成立的时候，执行循环体的代码；当条件不成立的时候，跳出循环，执行循环结构后面的代码循环结构可以减少源程序重复书写的工作量，用来描述重复执行某段算法的问题，这是程序设计中最能发挥计算机特长的程序结构。循环结构可以看成是一个条件判断语句和一个向回转向语句的组合。循环结构的3个要素：循环变量、循环体和循环终止条件。

C语言中提供4种循环，即goto循环、while循环、do-while循环和for循环。4种循环可以用来处理同一问题，一般情况下它们可以互相代替换，但一般不提倡用goto循环，因为强制改变程序的顺序经常会给程序的运行带来不可预料的错误，本书主要介绍while、do-while、for3种循环。常用的3种循环结构重点在于弄清它们相同与不同之处，以便在不同场合下使用，这就要清楚3种循环的格式和执行顺序，将每种循环的流程图理解透彻后就会明白如何替换使用。

4.3.1 while 语句

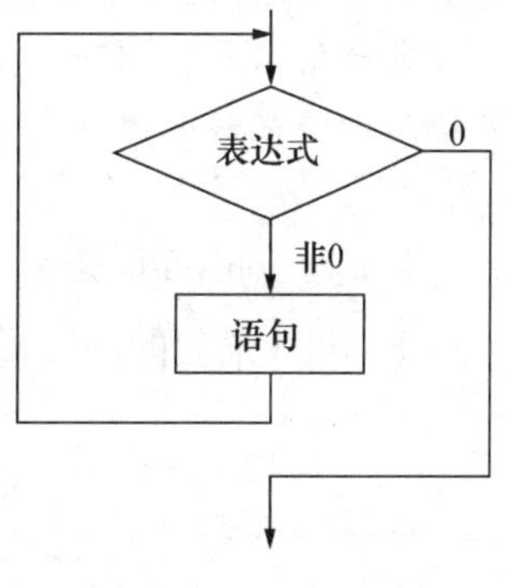

图4-9 while 结构

while 语句的一般形式为：

```
while(表达式)
  语句;
```

其中，表达式是循环条件，语句为循环体。

while 语句的语义是：计算表达式的值，当值为真（非0）时，执行循环体语句。其执行过程如图4-9所示。

程序中遇到 while 时，先查 <条件> 是否成立。若成立，就去做一次 <语句>（即"循环体"），然后再去查 <条件> 是否成立，以此形成循环；若 <条件> 不成立，则终止循环，去执行 while 语句的后续语句。在程序设计中使用 while 循环语句时，要注意两个问题：一是在进入循环前，必须为控制循环的条件赋初值，否则无法检验条件是否成立；二是在循环体中，应该含有修改循环条件的语句，否则就可能造成死循环。

任务12：编写代码，实现统计从键盘输入一行字符的个数。

代码如下：

```
#include "stdio.h"
main()
{
   int n=0;
   printf("input:\n");
   while(getchar()!='\n') n++;
   printf("%d",n);
}
```

任务分析：本任务的循环条件为只要从键盘输入的字符不是回车，就继续循环。循环体 n++完成对输入字符个数计数，使程序实现了对输入一行字符的字符个数计数。

运行结果：
```
input:
abcd
4
```

任务13：编程实现用 while 语句求 1+2+3+…+100 的总和。

代码如下：

```
#include <stdio.h>
int main()
{
   int i=1,s=0;
   while(i<=100)
   {  s=s+i;
      i++;
   }
   printf("s=%d\n",s);
}
```

任务分析：这是累加问题，需要先后将100个数相加，要重复100次加法运算，可用循环实现，后一个数是前一个数加1而得，加完上一个数 i 后，使 i 加1可得到下一个数。

运行结果：s=5050

> **注意**：while 语句中的表达式一般是关系表达或逻辑表达式，只要表达式的值为真（非 0），就可继续循环。循环体如果包含一个以上的语句，应该用花括弧括起来，以复合语句形式出现。在循环体中应有使循环趋向于结束的语句；如果无此语句，则循环的值始终不改变，循环永不结束。

4.3.2 do-while 语句

do-while 语句的一般形式为：

```
do
    <语句>
while(表达式);
```

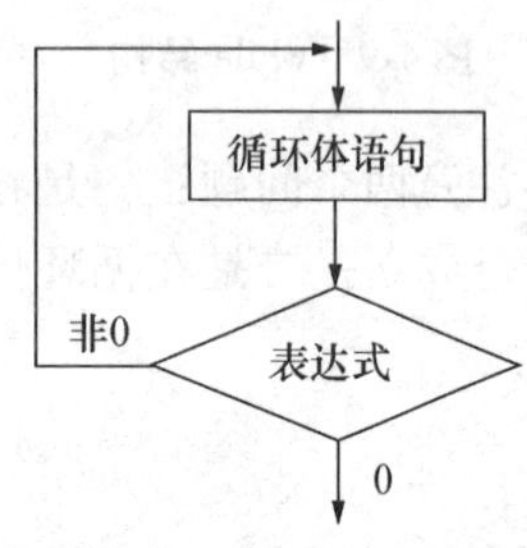

图 4-10 do-while 语句结构

do-while 循环与 while 循环的不同在于，它先执行循环中的语句，然后再判断表达式是否为真，如果为真，则继续循环；如果为假，则终止循环。因此，do-while 循环至少要执行一次循环语句，其执行过程如图 4-10 所示。

程序中遇到 do 时，就执行 <语句>（即循环体），然后去检查 while 后圆括号内的 <条件> 是否成立。若 <条件> 成立，则再次执行 <语句>；若不成立，则终止该循环，去执行 do-while 语句的后续语句。do-while 语句要注意以下几点：一是编写程序时，无论循环体是否为复合语句，最好都用花括号括起来；二是 do-while 语句的最后要安排分号结束，不能忽略不写；三是 while 和 do-while 这两种循环语句的最大差别是，前者的循环体有可能一次也不做（例如，当进入循环时，条件就为假），后者的循环体至少要做一次，因为它的判定条件被安排在做完一次循环体之后。

任务 14：编程实现利用 do-while 语句求 1 + 2 + 3 + … + 100 的总和。

代码如下：

```
#include "stdio.h"
main()
{
   int i,s =0;
   i =1;
   do
   {
      s =s +i;
      i ++;
   } while(i < =100);
   printf("s =% d \n",s);
}
```

任务分析：先进入循环进行累加，再判断 i 值是否大于 100。

运行结果：s =5050

任务 15：编程实现用 do-while 语句编写程序，连续输入若干字符，直到回车符结束。统计并输出所输入的空格、大写字母、小写字母，以及其他字符（不含回车符）的个数。

代码如下：

```
#include "stdio.h"
main()
```

```
{
   char ch = ' ';
   int i =0, j =0, k =0, m = -1;
   do
   {
      if (ch >= 'a' && ch < = 'z')
      i ++;
      else if (ch >= 'A' && ch < = 'Z')
      j ++;
      else if (ch == ' ')
      m ++;
      else
      k ++;
   }while((ch = getchar())! = '\n');
   printf ("small letter = % d, capital letter = % d\n", i, j);
   printf ("space = % d, other = % d\n", m, k);
}
```

任务分析：do-while 循环是先做一次循环体后，才去测试循环控制条件，循环体里是分情况对变量 ch 里的内容进行多分支处理。所以在进入循环前，必须为 ch 赋一个初值，程序里把它赋为空格。由于变量 ch 里的初值（空格），并不是通过键盘输入的，因此不能对它进行计数，因此所以记录空格数的变量 m 的初值，应该设置为 -1。控制循环的条件是：(ch = getchar())! = '\n'，即先通过函数 getchar()读入一个字符，并赋予变量 ch，然后去测试 ch 里是否为回车符。因为 ch = getchar()是一个赋值语句，所以要在它的外面用圆括号括起来，才能对 ch 里的内容进行测试。运行结果如图 4-11 所示。

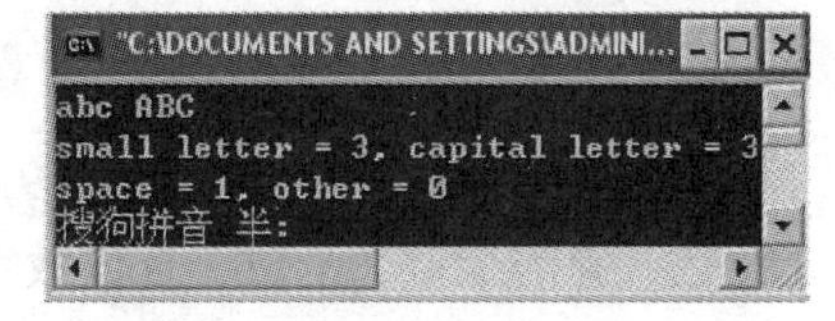

图 4-11　任务 15 的运行结果

4.3.3　for 语句

在 C 语言中，for 语句使用最为灵活，它完全可以取代 while 语句，它的一般形式为：

```
for (表达式 1;表达式 2;表达式 3)
    语句;
```

for 语句的执行过程如下。

(1) 先求解表达式 1。

(2) 求解表达式 2，若其值为真（非 0），则执行 for 语句中指定的内嵌语句，然后执行下面的第（3）步；若其值为假（0），则结束循环，转到第（5）步。

(3) 求解表达式 3。

(4) 转回上面第（2）步继续执行。

(5) 循环结束，执行 for 语句的下一个语句。

其执行过程可用图 4-12 表示。

例如：

```
main()
{
   int i,sum =0;
   for(i =1; i < =100; i ++)
   sum = sum + i;
   printf("% d\n",sum);
}
```

先给i赋初值1，判断i是否小于等于100，若是则执行语句，之后值增加1。再重新判断，直到条件为假，即i>100时，结束循环。

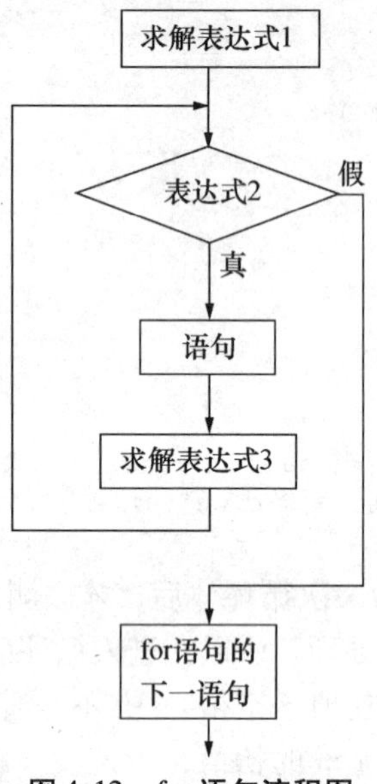

图4-12　for语句流程图

任务16：编写程序求100～999之间所有的水仙花数。所谓“水仙花数”，即是一个3位数，它的个位、十位、百位数字的立方和，恰好等于该数本身。

代码如下：

```
#include "stdio.h"
main()
{
   int i, j = 1;
   int nf, ns, nt;
   for(i =100; i< =999; i ++)
   {
      nf = i - i/10 *10;              /* 个位数 */
      ns = (i - i/100 *100)/10;       /* 十位数 */
      nt = i/100;                     /* 百位数 */
      nf = nf * nf * nf;
      ns = ns * ns * ns;
      nt = nt * nt * nt;
      if ((nf + ns + nt) == i)
      {
         printf("The %d's number is %d\n", j, i);
         j ++;
      }
   }
}
```

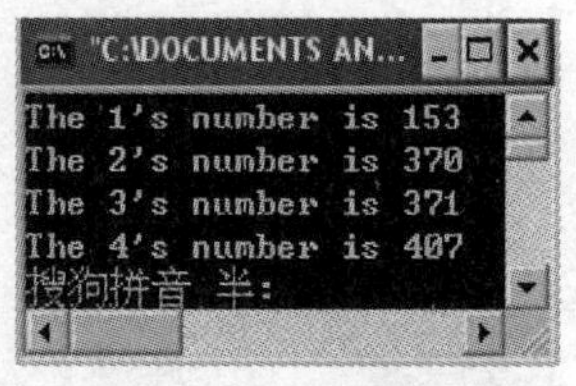
The 1's number is 153
The 2's number is 370
The 3's number is 371
The 4's number is 407

图4-13　任务16的运行结果

任务分析：用for循环时，循环从100开始，到999止，每次加1。对该区间里的每个数进行测试，看是否满足“个位、十位、百位数字的立方和，恰好等于该数本身”的要求。如果满足，就是所求，运行结果如图4-13所示。

4.3.4 跳转语句

1. break 语句

break 语句通常用在循环语句和开关语句中。当 break 用于开关语句 switch 中时，可使程序跳出 switch 语句而执行 switch 以后的语句。

当 break 语句用于 do-while、for、while 循环语句中时，可使程序终止循环而执行循环后面的语句。通常，break 语句总是与 if 语句联在一起，即满足条件时便跳出循环。

break 语句的一般形式如下：

```
break;
```

任务 17：编写代码，实现键盘输入字符，按 Esc 或回车结束。

代码如下：

```
#include "stdio.h"
main()
{
   int i =0;
   char c;
   while(1)                        /* 设置循环,循环条件始终为真 */
   {
      c = '\0';                    /* 变量赋初值 */
      while(c! =13&&c! =27)        /* 键盘接收字符直到按回车或 Esc 键,退出内层循环 */
      {
         c =getch();
         printf("% 2c", c);
      }
      if(c ==27)
      break;             /* 判断若按 Esc 键,则退出外层循环 */
      i ++;
      printf(" \nThe No. is % d\n", i);
   }
   printf("The end \n");
}
```

任务分析：本程序使用 while 语句设置了两重循环，其中内层循环结束条件是字符变量 c 的值是回车或 Esc 键。内层循环实现键盘接收字符，外层循环条件始终为真（1）。这里要注意，需要在循环体中设置强行退出循环的语句，否则容易造成死循环。例如，判断变量 c 是否是 Esc 键，若是则执行 break 语句强行退出外层循环；若不是，则继续循环。也就是说，程序的结束条件是按 Esc 键。

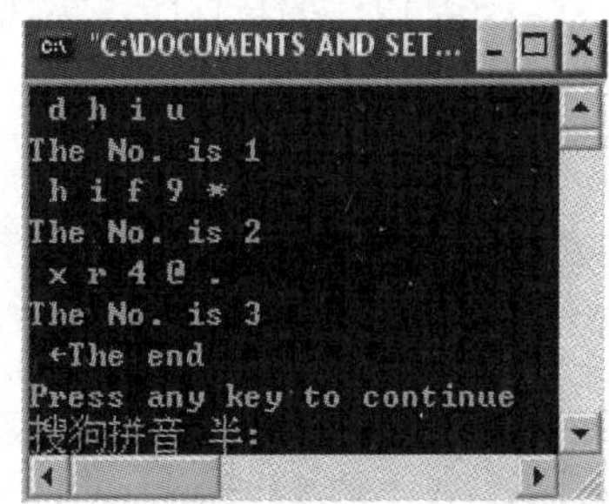

图 4-14 任务 17 的运行结果

运行结果如图 4-14 所示。

> **注意**：（1）break 语句对 if－else 的条件语句不起作用。
> （2）在多层循环中，一个 break 语句只向外跳一层。

2. continue 语句

continue 称为接续语句，它专用于循环结构中，表示本次循环结束，开始下一次循环。continue 语句的一般形式如下：

```
continue;
```

continue语句的作用是跳过循环体中剩余的语句而强行执行下一次循环。continue语句只用在for、while、do-while等循环体中，常与if条件语句一起使用，用来加速循环。

任务18：编写代码，实现显示输出从键盘键入的字符，按回车键结束。

代码如下：

```
#include "stdio.h"
main()
{
    char c;
    while(c!=13)              /*若不是回车符,则循环*/
    {
        c=getch();
        if(c==27)
        continue;             /*若按Esc键不输出,则进行下次循环*/
        printf("%c ",c);
    }
}
```

任务分析：用ASCII码判断输入的值，若非回车键，则进入循环。if语句判断是否为Esc键；如果为真，则不输出进入下次循环。回车键的ASCII码为13，Esc键的ASCII码为27。

运行结果：h i h j m

3. goto语句

goto语句是一种无条件转移语句，与BASIC语言中的goto语句相似，goto语句的使用格式为：

goto　语句标号;

其中，标号是一个有效的标识符，这个标识符加上一个“:”一起出现在函数内某处，执行goto语句后，程序将跳转到该标号处并执行其后的语句。另外，标号必须与goto语句同处于一个函数中，但可以不在一个循环层中。

任务19：编写程序，实现用goto语句和if语句构成1到100的累加循环。

代码如下：

```
#include "stdio.h"
main()
{
    int i,sum=0;
    i=0;
    loop: if(i<=100)
    {  sum=sum+i;
       ++i;
       goto loop;
    }
    printf("%d\n",sum);
}
```

任务分析：用goto语句与if条件语句连用，当满足某一条件时，程序跳到标号处运行。

编者手记：通常不用goto语句，主要是因为goto语句将使程序层次不清，且不易读，但在多层嵌套退出时，用goto语句则比较合理。

4.3.5 多重循环的实现

多重循环实际上是一个循环体内又包含了另一个完整的循环结构，称为循环的嵌套。3 种循环可以互相嵌套，层数不限。外层循环可包含两个以上内循环，但不能相互交叉，即在一个循环体内必须完整地包含另一个循环。

任务 20：编程实现输出如下的图形。

```
         *
       * * *
     * * * * *
   * * * * * * *
```

代码如下：

```
#include "stdio.h"
main()
{  int i,j;
   for(i=1;i<=4;i++)
   {
      for(j=1;j<=4-i;j++)
        printf(" ");
      for(j=1;j<=2*i-1;j++)
        printf("*");
      printf("\n");
   }
}
```

任务分析：可以通过循环嵌套来完成，外循环控制输出的行数，内循环控制每行要输出的 * 号数。运行结果见图 4-15。

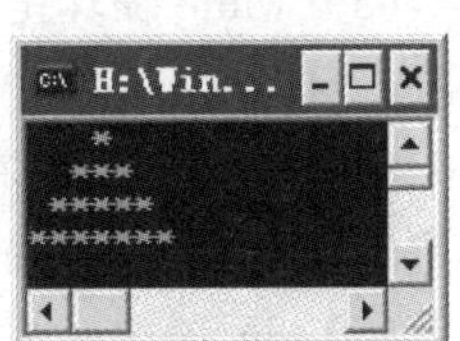

图 4-15 任务 20 的运行结果

任务 21：编程实现 for 循环嵌套。

代码如下：

```
#include "stdio.h"
main()
{
   int i, j, n = 0;
   for (i = 1; i<100; i++)
   {
      for (j = i; j <=100; j++)
      {
         n = n + 1;
      }
   }
   printf("%d\n",n);
}
```

任务分析：因控制外循环的变量 i 是从 1 变到小于 100，一共 99 次，所以内循环这个整体将被执行 99 次。内循环 for 每次的执行次数（由变量 j 控制）与外循环变量 i 的当前值有关，是一个不定的数。进行第 1 次内循环时，其循环控制变量 j 的初值为 1，所以它的循环体将执行 100 次；进行第 2 次内循环时，其循环控制变量 j 的初值为 2，所以它的循环体将执行 99 次……当进行第 99 次内循环时，它的循环控制变量 j 的初值为 99，所以它的循环体将执行 2 次。因此，内循环体共执行：100 + 99 + … + 2 = 5049 次。

运行结果：5049

注意：(1) 内外循环的循环控制变量不能重名。

(2) 同类循环可以多层嵌套，不同类的循环也可以相互嵌套。

(3) 循环嵌套的结构中每一层的循环在逻辑上必须是完整的。

(4) 嵌套循环的跳转禁止从外层跳入内层，禁止跳入同层的另一个循环，禁止向上跳转。

4.4 本章小结

C语言有两种语句来实现选择结构，一种是if语句，另一种是switch语句。C语言中常用的3种循环语句：while语句、do-while语句和for语句，三种循环结构可以相互嵌套组成多重循环，循环之间可以并列但不能交叉。

知识点：(1) if语句的形式主要有单分支if语句和双分支if语句，可以通过if语句的嵌套来实现多分支问题。

(2) switch语句用于多个分支情况，根据表达式的值选择执行不同的语句块。

(3) while循环是“当型循环”，是先判断后执行，故循环体可能执行，也可能不执行。while循环多用于描述次数未知的循环。

(4) do-while循环是“直到型循环”，是先执行后判断，循环体至少被执行一次，多用于描述次数未知的循环。

(5) for循环也是一种“当型循环”，也是先判断后执行，多用于描述循环次数已知的情况。

在学完这3个循环后，应明确它们的异同点，用while和do-while循环时，循环变量初始化的操作应在循环体之前，而for循环一般在语句1中进行的；while循环和for循环都是先判断表达式，后执行循环体；而do-while循环是先执行循环体后再判断表达式，也就是说，do-while的循环体至少被执行一次，而while循环和for就可能一次都不执行。另外还要注意的是，这3种循环都可以用break语句跳出循环，用continue语句结束本次循环；而goto语句与if构成的循环，是不能用break和continue语句进行控制的。顺序结构、分支结构和循环结构彼此并不孤立，在循环中可以有分支、顺序结构，分支中也可以有循环、顺序结构，其实不管哪种结构，均可广义地把它们看成一个语句。在实际编程过程中，常将这3种结构相互结合以实现各种算法，设计出相应程序。

练习与自测

一、填空题

1. 若变量x、y、z都是int型的。现有语句：

```
scanf ("% 3d% 4d% 2d", &x, &y, &z);
```

假定在键盘上输入123456789↙。那么变量x是__________，y是__________，z是________。

2. 若变量x、y、z都是int型的。现有语句：

```
scanf ("% d,% d,% d", &x, &y, &z);
```

为了使 x 是 12，y 是 345，z 是 187，应该在键盘上键入________。

3. 程序填空

```
#include <stdio.h>
main()
{
   int x, y;
   scanf ("% d", &x);
   y = x% 2;
   switch( _______)
   {
      case 0:
      printf ("It is a even integer. \n");
      _______;
      default:
      printf ("It is a odd integer. \n");
   }
}
```

二、选择题

1. 设有变量说明：int x = 3, y = 4;，那么执行语句：

```
printf("% d, % d\n", (x,y), (y,x));
```

后，输出的结果是（　　）。

A. 3，4　　B. 3，3　　C. 4，3　　D. 4，4

2. 设有变量说明：int x = 010, y = 10;，那么执行语句：

```
printf ("% d, % d\n", ++x, y-- );
```

后，输出的结果是（　　）。

A. 11，10　　B. 9，10　　C. 010，9　　D. 10，9

3. break 语句不能出现在（　　）语句中。

A. switch　　B. for　　C. while　　D. if-else

4. 若有如下程序段：

```
a = b = c = 0; x = 35;
if (!a)
x --;
else if(b)
;
if (c)
x = 3;
else
x = 4;
```

执行后，变量 x 的值是（　　）。

A. 34　　B. 4　　C. 35　　D. 3

5. 有 switch 语句如下：

```
switch(k)
{
   case 1: s1; break;
   case 2: s2; break;
   case 3: s3; break;
```

```
    default: s4;
}
```

与它的功能相同的程序段是（　　）。

A.
```
if(k = 1)s1;
if(k = 2 )s2;
if(k = 3)s3;
else s4;
```

B.
```
if(k == 1)s1;
if(k == 2)s2;
if(k == 3)s3;
else s4;
```

C.
```
if(k == 1)s1; break;
if(k == 2)s2; break;
if(k == 3)s3; break;
else s4;
```

D.
```
if(k == 1)s1;
if(k == 2)s2;
if(k == 3)s3;
if( !((k == 1) || (k == 2) || (k == 3)))s4;
```

三、程序阅读题

1. 若变量j、m和n是int型的，m和n的初值均为0，则下面程序段运行后，m和n的最终取值是多少？

```
for(j = 0; j < 25; j ++)
{
    if((j% 2) && (j% 3) )
    m ++;
    else
    n ++;
}
```

2. 若变量a、b都是int型的，当b分别取值1、2、3、4、5、6时，试问以下程序段运行后变量a的取值分别是多少？

```
if(b > 3)
{
    if(b > 5)
    a = 10;
    else
    a = -10;
}
else
a = 0;
```

3. 阅读下面的程序，解释其功能：

```
#include <stdio.h>
main()
{
    int x =1, total =0, y;
    while(x < =10)
    {
        y = x*x;
        printf("% d  ", y);
        total + = y;
        ++x;
    }
    printf("\nTotal is % d\n", total);
}
```

四、编程题

1. 利用switch语句编写一个程序，用户从键盘输入一个数字。如果数字为1～5，则打印信息："You entered 5 or below!"；如果数字为 6 ～ 9，则打印信息："You entered 6 or higher!"；如果输入其他数字，则打印信息："Between 1 ～ 9，please!"。

2. 利用 while、do-while、for 循环语句，分别编写程序，求：$1+2+3+\cdots+99+100$ 之和，并打印输出。

3. 接收键盘输入的一个个字符，并加以输出，直到键入的字符是'#'时终止。

4. 求以下算式的近似值：

$$1+\frac{1}{2}+\frac{1}{3}+\frac{1}{4}+\cdots+\frac{1}{n}\cdots$$

要求至少累加到 1/n 不大于 0.00984 为止，输出循环次数和累加和。

5. 编写一个程序，求出所有各位数字的立方和等于 1099 的 3 位整数。例如，379 就是这样的一个满足条件的 3 位数。

第5章 数组与字符串

学习目标

1. 掌握数组的概念及数据存储特点。
2. 掌握一维、二维数组的定义、引用和初始化。
3. 掌握字符数组及字符串的概念。

在程序设计中，为了处理方便，把具有相同类型的若干变量按有序的形式组织起来，这些按序排列的同类数据元素的集合称为数组。在C语言中，数组属于构造数据类型。一个数组可以分解为多个数组元素，这些数组元素可以是基本数据类型或是构造类型。因此按数组元素的类型不同，数组又可分为数值数组、字符数组、指针数组、结构数组等各种类别。

数组是一组具有相同数据结构的元素组成的有序的数据集合，一个数组中可以包含若干个相同类型的数据。组成数组的数据统称为数组元素，数组用一个统一的名称来标识这些元素，这个名称就是数组名。

5.1 一维数组

在C语言程序设计中，数组可以具有多个下标，数组下标的个数称为数组的维数。只有一个下标的数组称为一维数组。

5.1.1 一维数组的定义

在C语言中使用数组必须先进行定义。

一维数组的定义是通过数据定义语句进行的，具体语句格式为：

类型 数组名［常量表达式］;

注意：类型是任一种基本数据类型或构造数据类型，例如，char、int、long、float、double等。数组名是用户定义的数组标识符与普通变量名称一样。常量表达式是数组在内存中的单元数，在定义时必须是一个常数，不能是变量，数组中每个单元占的字节数就是对应类型占的字节数。

例如：

```
char s[20];/* 定义20个字符的数组 */
int n[20];/* 定义能存储20个整数的数组 */
float f[10];/* 定义能存储10个实数的数组 */
int a[5]; /* 定义能存储5个整数的数组 */
```

例如，语句int a[5]；说明一个名为a的整型数组，它有5个元素，每个元素都是int型的变量。数组下标从0开始，这5个元素各自的名称是：a[0]，a[1]，a[2]，a[3]，a[4]。

C语言数组元素下标从0开始，称a[0]为第1个元素，a[1]为第2个元素，a[2]为第3个元素，如此等等。C语言规定，数组名就是分配给该数组存储区的起始地址。也就是说，一维数组的名字不是变量，而是一个内存地址常量（无符号数），只有它的元素才是变量。

对于数组类型说明应注意以下几点

（1）数组的类型实际上是指数组元素的取值类型。对于同一个数组，其所有元素的数据类型都是相同的。

（2）数组名的书写规则应符合标识符的书写规定。

（3）数组名不能与其他变量名相同。

（4）方括号中常量表达式表示数组元素的个数。

（5）不能在方括号中用变量来表示元素的个数，但是可以是符号常数或常量表达式。

（6）允许在同一个类型说明中，说明多个数组和多个变量。

例如：int a，b，c，d，a1[5]，a2[10]；

5.1.2 一维数组元素的引用

数组定义好之后，便可使用它了。但是，数组是一种构造类型，它的使用与简单类型的使用是不一样的。C语言中数组名实质上是数组的首地址，是一个常量地址，不能对它进行赋值，因而不能利用数组名来整体引用一个数组，只能单个地使用数组元素。数组元素的描述与引用是由数组名加方括号中的下标组成。

数组元素的一般形式为：

数组名[下标]；

其中，下标可以是整型常量、整型变量或整型表达式，要求变量和表达式要有确定的值，并且其起始值最小为0，最大为元素总个数减1。例如：a[3] = a[2] + a[1] + a[2 - 2]。

数组元素通常也称为下标变量。必须先定义数组，才能使用下标变量。在C语言中只能逐个地使用下标变量，而不能一次引用整个数组。

例如，输出有10个元素的数组必须使用循环语句逐个输出各下标变量：

```
for(i =0; i <10; i ++)
  printf("% d",a[i]);
```

而不能用一个语句输出整个数组，下面的写法是错误的：

```
for(i =0; i <10; i ++)
  printf("% d",a);
```

一个数组元素实质上等同于一个变量，代表内存中的一个存储单元。它具有和相同类型单个变量一样的属性，可以对它进行赋值和参与各种运算。一个数组占有一串连续的存储单元，而变量即使连续定义，其存储位置不一定连续。在C语言中，数组作为一个整体，不能参与运算，只能对单个的元素进行处理。

任务1：编写代码，实现定义一个数组并输出。

```
main()
{
 inti,a[5];
 for(i =0;i < =4;i ++)
```

```
 a[i]=i;
 for(i=0;i<=4;i++)
 printf("% d",a[i]);
}
```

任务分析：这个程序首先定义了一个包含5个整数的数组，再用for循环语句为数组赋值，再用for循环语句把数组的5个元素逐个输出。

运行结果：0 1 2 3 4

任务2：编写代码，实现对10个数组元素依次赋值为0，1，2，3，4，5，6，7，8，9，要求按逆序输出。代码如下：

```
#include <stdio.h>
main()
{  int i,a[10];
   for (i=0; i<=9;i++)
   a[i]=i;
   for(i=9;i>=0; i--)
   printf("% d ",a[i]);
   printf("\n");
}
```

任务分析：定义一个长度为10的数组，数组定义为整型，要赋的值是从0到9，可以用循环来赋值，用循环按下标从大到小输出这10个元素。

运行结果：9 8 7 6 5 4 3 2 1 0

注意： 在引用时，下标不要超过数组的范围。例如，a数组的长度为5，则下标值只能在0～4之间。特别需要强调的是，由于C语言对程序设计的语法限制不太严格，因此C编译不做下标越界检查，即使引用a［5］，编译时系统也不会提示错误，而是把a［4］后面的一个单元中的内容作为a［5］来引用，如图5-1所示。而a［4］后面的单元并不是我们想要引用的数组元素，如果我们对其进行修改，有可能会造成数组以外的其他变量的值无法使用。因此，必须保证使用的下标值在数组定义的范围内。

1	2	3	4	5	
a［0］	a［1］	a［2］	a［3］	a［4］	a［5］

图5-1　一维数组元素的引用

5.1.3　一维数组的初始化

给数组赋值的方法除了用赋值语句对数组元素逐个赋值外，还可采用初始化赋值和动态赋值的方法。

数组初始化赋值是指在数组定义时给数组元素赋予初值。数组初始化是在编译阶段进行的。这样将减少运行时间，提高效率。

初始化赋值的一般形式为：

类型　数组名[常量表达式]={值……}；

其中在｛｝中的各数据值即为各元素的初值，各值之间用逗号间隔。

一维数组的初始化有以下几种方式。

① 对数组的全部元素赋初值。例如：

```
static int a[5]={1,2,3,4,5};
```

用花括号把要赋给各元素的初始值括起来，数据之间用逗号分隔。关键字 static 是“静态存储”的含义，可以省略，但意义不同，对于静态存储将在第6章介绍。

该语句执行之后有：

a[0]=1,a[1]=2,a[2]=3,a[3]=4,a[4]=5。

② 对数组的部分元素赋初值。例如：

```
int a[5]={1,2,3};
```

该语句执行之后有：

a[0]=1,a[1]=2,a[2]=3,a[3]=0,a[4]=0。

③ 对数组的全部元素赋初值时，可以省略数组长度说明，C编译系统会根据元素实际个数自行确定。若定义数组长度大于元素个数，则不能省略数组长度的定义，例如：

```
int a[]={1,2,3,4,5};
```

该语句执行之后 num 数组的长度自动确定为5，并有：

a[0]=1,a[1]=2,a[2]=3,a[3]=4,a[4]=5。

5.2 二维数组

前面介绍的数组只有一个下标，称为一维数组，其数组元素也称为单下标变量。在实际问题中有很多量是二维的或多维的，因此C语言允许构造多维数组。多维数组元素有多个下标，以标识它在数组中的位置，所以也称为多下标变量。本节只介绍二维数组，多维数组可由二维数组类推而得到。

5.2.1 二维数组的定义

二维数组定义的一般形式是：

类型 数组名[常量表达式1][常量表达式2]

其中，常量表达式1表示第一维下标的长度，常量表达式2表示第二维下标的长度。

例如：

```
int a[3][5];
```

说明了一个3行5列的数组，数组名为a，其下标变量的类型为整型。该数组的下标变量共有15个，即：

```
a[0][0],a[0][1],a[0][2],a[0][3],a[0][4]
a[1][0],a[1][1],a[1][2],a[1][3],a[1][4]
a[2][0],a[2][1],a[2][2],a[2][3],a[2][4]
```

二维数组在概念上是二维的，也就是说，其下标在两个方向上变化，下标变量在数组中的位置也处于一个平面之中，而不是像一维数组只是一个向量。但是，实际的硬件存储器却是连续编址的，也就是说，存储器单元是按一维线性排列的。如何在一维存储器中存放二维数组，可有两种方式：一种是按行排列，即放完一行之后顺次放入第二行；另一种是按列排列，即放完一列之后再顺次放入第二列。在C语言中，二维数组是按行排列的，即按行顺次存放，先存放a[0]行，再存放a[1]行，最后存放a[2]行。上例中由于数组a说明为int类型，该类型占两个字节的内存空间，所以每个元素均占两个字节。

可以把a看成是一个有3个元素的一维数组，而每个一维数组中的元素又是一个大小为5的一维数组。如图5-2所示，即定义了一个3×5（3行5列）的二维数组a。

a[0]	→	1 2 3 4 5
a[1]	→	6 7 8 9 10
a[2]	→	11 12 13 14 15

图5-2　二维数组的含义

注意：二维数组中元素的顺序是按行存放的，即在内存中先顺序存放第一行的元素，再存放第二行的元素，依此类推。从二维数组的排列顺序可以计算数组元素在数组中的顺序号。假设为n×m的二维数组，其中第i行第j列元素在数组中的位置公式为i×m+j+1。二维数组可看成是一个特殊的一维数组，它的元素又是一维数组。

5.2.2　二维数组元素的引用

二维数组的元素也称为双下标变量，其表示的形式为：

数组名[下标1][下标2]

其中，下标应为整型常量或整型表达式。下标变量和数组说明在形式中有些相似，但这两者具有完全不同的含义。数组说明的方括号中给出的是某一维的长度，即可取下标的最大值；而数组元素中的下标是该元素在数组中的位置标识。数组说明的方括号中的只能是常量，数组元素中的下标可以是常量，变量或表达式。例如：

a[3][4]

表示a数组3行4列的元素。但要区别定义数组a[3][4]和引用a[3][4]的含义，前者表示定义数组的维数和各维的大小；后者a[3][4]中的3和4是下标值。a[3][4]形式上代表某一个元素，但对于给定定义int a[3][4]而言，引用a[3][4]是不合法的。

多维数组的引用方式和二维数组元素的引用方式相似。例如：

array[1][2][0]

注意：每一维的下标都用方括号括起来，每一维的下标值都不能超过定义时的范围。

任务3：编写代码，实现程序的功能，有5个人，每个人有3门课的考试成绩，输入5个人的3门成绩，求每科的平均成绩和各科的总平均成绩。

代码如下：

```
#include <stdio.h>
main()
{
  int i,j,s=0,x,v[3],a[5][3];
  printf("input the score:\n");
  for(i=0;i<3;i++)
  {
    for(j=0;j<5;j++)
    { scanf("%d",&a[j][i]);
      s=s+a[j][i];
    }
    v[i]=s/5;
```

```
        s=0;
    }
    x = (v[0]+v[1]+v[2])/3;
    printf("one=% dtwo=% dthree=% d\n",v[0],v[1],v[2]);
    printf("% d\n",x);
}
```

任务分析：可设一个二维数组a[5][3]存放5个人3门课的成绩。再设一个一维数组v[3]存放所求的各分科平均成绩，设变量x为各科总平均成绩。程序中首先用了一个双重循环，在内循环中依次读入某一门课程的各个学生的成绩，并把这些成绩累加起来，退出内循环后再把该累加成绩除以5送入v[i]之中，这就是该门课程的平均成绩。外循环共循环3次，分别求出3门课各自的平均成绩并存放在v数组之中。退出外循环之后，把v[0]，v[1]，v[2]相加除以3即得到各科总平均成绩。最后按题意输出各个成绩，运行结果如图5-3所示。

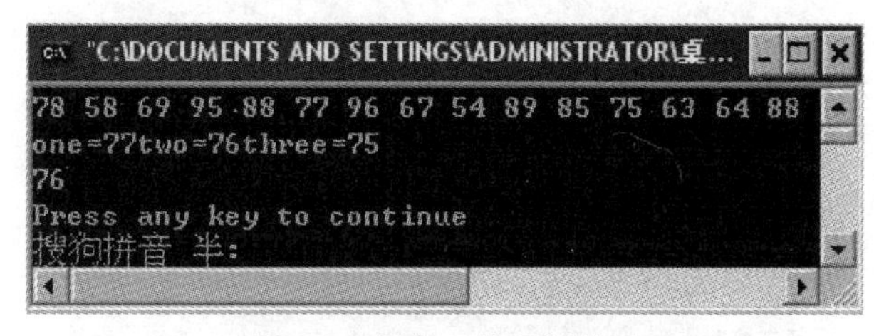

图5-3 任务3的运行结果

5.2.3 二维数组的初始化

二维数组的初始化也是在类型说明时给各下标变量赋予初值，二维数组可按行分段赋值，也可按行连续赋值。二维数组的初始化有如下几种方式。

（1）分行给二维数组赋初值，例如：

```
int a[2][3]={{1,2,3},{4,5,6}};
```

把第1个花括弧内的数据赋给第1行元素，把第2个花括弧内的数据赋给第2行元素，依次按行赋值。

该语句执行之后为：

```
a[0][0]=1,a[0][1]=2,a[0][2]=3
a[1][0]=4,a[1][1]=5,a[1][2]=6
```

（2）按数组在实际存储时的排列顺序赋初值，例如：

```
int a[2][3]={1,2,3,4,5,6};
```

该语句执行之后为：

```
a[0][0]=1,a[0][1]=2,a[0][2]=3
a[1][0]=4,a[1][1]=5,a[1][2]=6
```

（3）允许省略第一维长度的说明，但第二维的长度不能省。例如：

```
int a[][3]={1,2,3,4,5,6};
```

该语句执行之后为：

```
a[0][0]=1,a[0][1]=2,a[0][2]=3
a[1][0]=4,a[1][1]=5,a[1][2]=6
```

（4）分行给二维数组部分元素赋初值时，也可以省略第一维长度的说明，但第二维的长度不能省。例如：

```
int a[][3]={{1,2 },{4,5 }};
```

该语句执行之后，系统会根据内部花括号的个数确定为 2 行。并且未被赋值的元素自动赋 0 值，因此有：

```
a[0][0]=1,a[0][1]=2,a[0][2]=0
a[1][0]=4,a[1][1]=5,a[1][2]=0
```

任务 4：编写代码，实现以下要求：一个 3 行 3 列的二维数组，元素顺序取值为 1，2，3，4，5，6，7，8，9；把该数组的行、列元素对调，构成一个新的二维数组；打印输出新、老数组的各个元素。

代码如下：

```
#include <stdio.h>
main()
{
   int j, k;
   int new[3][3], old[3][3]={1, 2, 3, 4, 5, 6, 7, 8, 9};
   printf ("The old array: \n");
   for (j=0; j<3; j++)
   {
      for (k=0; k<3; k++)
      {  printf ("% 4d", old[j][k]);
         new[k][j] = old[j][k]; }
           printf (" \n");
           }
           printf ("The new array: \n");
           for (j=0; j<3; j++)
           {  for (k=0; k<3; k++)
              printf ("% 4d", new[j][k]);
              printf (" \n");
           }
   }
```

任务分析：程序中应说明两个 3×3 的二维数组。对调后的结果，存放在名为 new 的二维数组里。运行结果见图 5-4。

图 5-4　任务 4 的运行结果

5.3　字符数组与字符串

字符数组就是数组元素类型为字符型的数组，它主要用于存储一串连续的字符。

5.3.1　字符数组的定义

所谓"字符数组"，是指各元素是字符的数组。说明时，<数组名>前的<类型>应该是 char，例如语句：char a[15], b[5]；说明了两个字符数组：数组 a 有 15 个元素，它需要15个字节的存储空间；数组b有5个元素，它需要5个字节的存储空间。

5.3.2 字符数组的引用

字符数组的引用与普通数组的引用完全相同，也是用数组下标来指定要引用的数组元素，再对单个字符进行引用。

任务5：编写程序完成将字符数组的元素逐个输入与输出。

代码如下：

```
#include <stdio.h>
main()
{
    int i;
    char a[5];
    for(i=0;i<=4;i++)
    scanf("%c",&a[i]);
    for(i=0;i<=4;i++)
    printf("%c",a[i]);
    printf("\n");
}
```

任务分析：从键盘上输入字符时，无须输入字符的定界符单引号，输出时，系统也不会输出字符的定界符。

运行结果：abcde

abcde

5.3.3 字符数组的初始化

字符数组也允许在定义时作初始化赋值。例如：

```
char a[10]={'c',' ','p','r','o','g','r','a','m'};
```

赋值后各元素的值为：

a[0]的值为'C'，a[1]的值为' '，a[2]的值为'p'，a[3]的值为'r'，a[4]的值为'O'，a[5]的值为'g'，a[6]的值为'r'，a[7]的值为'a'，a[8]的值为'm'。

其中，a[9]未赋值，系统自动赋予'\0'值。当对全体元素赋初值时也可以省去长度说明，例如：

```
char a[]={'c','','p','r','o','g','r','a','m'};
```

这时，a数组的长度自动定为9。

也可以用字符串常量或花括号对字符数组初始化，例如：

```
char a[3]="abc";
char a[10]={"abc"};
```

注意：用字符串常量或花括号括住字符串常量的办法对字符数组初始化时，所说明数组的<长度>必须比字符串拥有的字符个数大1，以便能在末尾安放字符串结束符"\0"。

任务6：编程实现用字符串"Hell!"对数组str元素赋初值，然后打印出该数组各个元素及所对应的ASCII码值。

代码如下：

```
#include <stdio.h>
main()
{
   char str[] = "Hell!";
   int k = 0;
   while(str[k] != '\0')
   {
      printf("% c = % d\t", str[k], str[k]);
      if((k+1)% 4 == 0)
        printf("\n");
      k++;
   }
   printf ("% c = % d\n", str[k],str[k]);
}
```

任务分析：任务要求用字符串对数组初始化，数组的最后会有一个字节用于存放字符串结束符。因此，在用循环打印数组元素时，该循环将在遇见字符串结束符时停止。字符在内存中是以其ASCII码值的形式存放的。因此，让数组元素以“%c”格式打印时，就是打印出字符本身；以“%d”格式打印时，就是打印出该字符对应的ASCII码值。因为空格和字符串结束符都不能直接打印出来，所以输出中有“ =33”、“ =0”的情况。运行结果如图5-5所示。

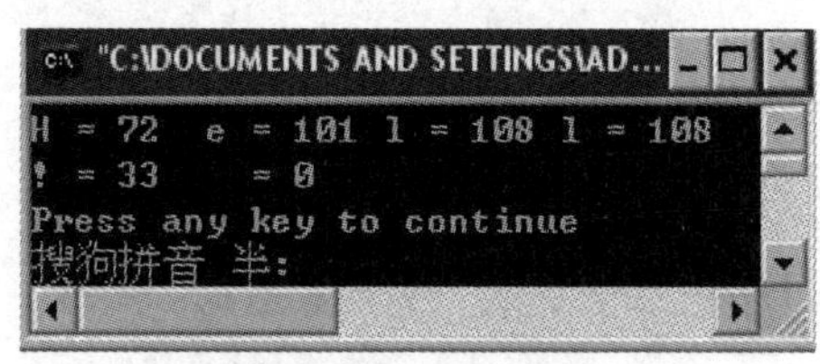

图5-5　任务6的运行结果

5.3.4　字符串和字符串结束标志

C语言里只有字符串常量，没有字符串变量，这是由字符串的长度不能确定所致的。前面介绍字符串常量时，已说明字符串总是以‘\0’作为串的结束符，因此，当把一个字符串存入一个数组时，也把结束符‘\0’存入数组，并以此作为该字符串是否结束的标志。有了‘\0’标志后，就不必再用字符数组的长度来判断字符串的长度了。

C语言允许用字符串的方式对数组做初始化赋值，例如：

```
char a[] = {'c','','p','r','o','g','r','a','m'};
```

可写为：

```
char a[] = {"C program"};
```

或去掉{}写为：

```
char a[] = "C program";
```

用字符串方式赋值比用字符逐个赋值要多占一个字节，用于存放字符串结束标志‘\0’。上面的数组a在内存中的实际存放情况如图5-6所示。

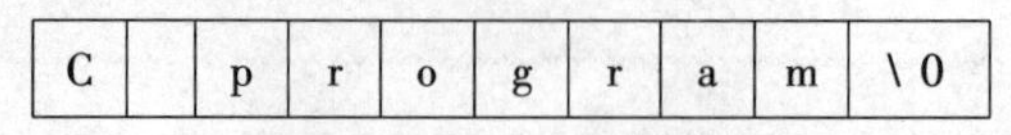

C		p	r	o	g	r	a	m	\0

图5-6　字符串存放情况

“\0”是由C编译系统自动加上的。由于采用了“\0”标志，所以在用字符串赋初值时一般无须指定数组的长度，而由系统自行处理。

5.3.5 字符串处理函数

C语言提供了丰富的字符串处理函数，大致可分为字符串的输入、输出、合并、修改、比较、转换、复制、搜索几类，使用这些函数可大大减轻编程的负担。用于输入、输出的字符串函数，在使用前应包含头文件“stdio. h”，使用其他字符串函数则应包含头文件“string. h”。

下面介绍几个最常用的字符串函数。

（1）字符串输出函数 puts( )

格式：puts (字符数组名)

功能：把字符数组中的字符串输出到显示器，即在屏幕上显示该字符串。

从程序中可以看出 puts( )函数中可以使用转义字符，因此输出结果成为两行。puts( )函数完全可以由 printf( )函数取代。当需要按一定格式输出时，通常使用 printf( )函数。

（2）字符串输入函数 gets( )

格式：gets(字符数组名)

功能：从标准输入设备键盘上输入一个字符串。

本函数得到一个函数值，即为该字符数组的首地址。可以看出当输入的字符串中含有空格时，输出仍为全部字符串。说明 gets( )函数并不以空格作为字符串输入结束的标志，而只以回车作为输入结束；这是与 scanf 函数不同的。

（3）字符串连接函数 strcat( )

格式：strcat (字符数组名1,字符数组名2)

功能：把字符数组2中的字符串连接到字符数组1中字符串的后面，并删去字符串1后的串标志“\0”。本函数返回值是字符数组1的首地址。

（4）字符串拷贝函数 strcpy( )

格式：strcpy (字符数组名1,字符数组名2)

功能：把字符数组2中的字符串拷贝到字符数组1中，串结束标志“\0”也一同拷贝。字符数组名2，也可以是一个字符串常量，这相当于把一个字符串赋予一个字符数组。

（5）字符串比较函数 strcmp( )

格式：strcmp(字符数组名1,字符数组名2)

功能：按照 ASCII 码顺序比较两个数组中的字符串，并由函数返回值返回比较结果。

字符串1=字符串2，返回值=0；

字符串2>字符串2，返回值>0；

字符串1<字符串2，返回值<0。

本函数也可用于比较两个字符串常量，或比较数组和字符串常量。

（6）测字符串长度函数 strlen( )

格式：strlen(字符数组名)

功能：测字符串的实际长度（不含字符串结束标志‘\0’）并作为函数返回值。

（7）将字符串中大写字母改为小写字母的函数 strlwr( )

格式：strlwr(<字符数组名>);

功能：将由<字符数组名>所指数组中字符串里的大写字母全改为小写字母。

（8）将字符串中小写字母改为大写字母函数 strupr( )

格式：strupr（<字符数组名>）；

功能：将由<字符数组名>所指数组中字符串里的小写字母全改为大写。

任务7：编写程序，接收用户输入的字符串，统计字符串中字符的个数、小写字母的个数、大写字母的个数，并将小写字母改为大写字母；最后输出这些信息。

代码如下：

```
#include "stdio.h"
#include "string.h"
main()
{
   int k, ln, low = 0, up = 0;
   char str1[80], str2[80];
   printf ("Please enter a string:");
   gets (str1);
   ln = strlen (str1);
   for (k=0; k<ln; k++)
   {
      if (str1[k]>=65 && str1[k]<=90)
        up++;
      if (str1[k]>=97 && str1[k]<=122)
        low++;
   }
   strcpy (str2, str1);
   strupr (str2);
   printf ("The lenth of str1 = % d \n", ln);
   printf ("The small letter number = % d \n ", low);
   printf ("The capital letter number = % d \n", up);
   printf ("str1 =% s \n str2 =% s \n", str1,str2);
}
```

任务分析：程序中由 strlen( )统计出字符串 str1 中的字符个数，控制 for 循环的次数，统计出 str1 里大、小写字母的个数；利用 strcpy( )把 str1 复制到 str2，然后用 strupr( )把 str2 中的小写改为大写。运行结果如图 5-7 所示。

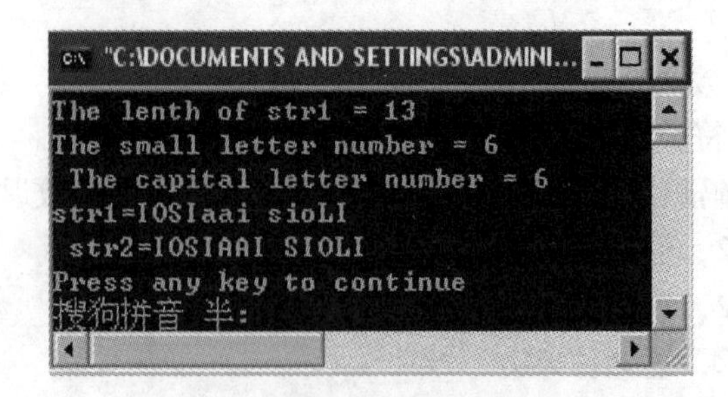

图 5-7　任务 7 的运行结果

5.4　本章小结

本章详细介绍了一维数组、二维数组、字符数组的定义和引用方法。还简要介绍了字符串的意义和字符串处理函数。数组是相同类型元素的集合，数组中的每一个元素均由数组名和下标来唯一标识的。把已定义的数组类型作为基类型，再构造出数组的数组，即为多维数组。多维数组中元素的存储顺序是：按行存放。对数组的赋值可以用数组初始化赋值、输入函数动态赋值和赋值语句赋值3种方法实现。对数值数组不能用赋值语句整体赋值、输入或输出，而必须用循环语句逐个对数组元素进行操作，但字符数组例外。在定义数组的同时对数组的全部元素赋初值时，也可不指定数组长度，系统默认的长度就是初值个数，用字符串初始化字符数组时默认的长度是字符个数+1。

练习与自测

一、填空题

1. 任何一个数组的数组元素具有相同的名字和________。
2. 同一数组中，数组元素之间是通过________来加以区分的。
3. 下面程序的功能是输出数组 str 中最大元素的下标，请完成程序填空。

```
#include <stdio.h>
main()
{
   int j, k;
   int str[ ] = {2, -3, 7, 15, 19, -10, 12, 4};
   for (j=0, k=j; j<8; j++)
   if (str[j]>str[k])
   ________;
   printf ("%d\n", k);
}
```

4. 有说明语句：

```
int x[ ][4] = {{1},{2},{3}};
```

那么元素 x[1][1]的取值是________。

二、选择题

1. 在下面给出的语句中，(　　) 是对一维数组正确赋初值的语句。

A. `int a[10] = "This is a string";`　　B. `char a[ ] = "This is a string";`

C. `int a[3] = {1, 2, 3, 4, 5, 0};`　　D. `char a[3] = "This is a string";`

2. 已知对一维数组 ns 有如下说明：

```
int ns[10];
```

要求使 ns 的所有元素都取值0，下面不正确的程序段是（　　）。

A. `for (j=0; j<10; j++) ns[j] = 0;`

B.
```
ns[0] = 0;
for (j=1; j<10; j++) ns[j] = n[j-1];
```

C. `for (j=1; j<=10; j++ ) ns[j] = 0;`

D. `ns[0]=ns[1]=ns[2]=ns[3]=ns[4]=ns[5]=ns[6]=ns[7]=ns[8]=ns[9]=0;`

3. 如果有以下说明语句：

```
char ab[ ] = "123456";
char ac[ ] = {'1', '2', '3', '4', '5', '6'};
```

那么下面说法中正确的是（　　）。

A. 数组 ab 和 ac 的长度相等　　B. 数组 ab 的长度小于数组 ac 的长度

C. 数组 ab 与 ac 完全一样　　D. 数组 ab 的长度大于数组 ac 的长度

4. 有说明语句：int a[ ][4] = {1, 5, 8, 7, 12, 22, 9, 41, 55, 27};，则数组 a 第一维的长度应该是（　　）。

A. 2　　B. 3　　C. 4　　D. 5

5. 有以下程序段：

```
char str[ ] = "abt\n\012\\\'";
printf ("%d\n", strlen(str));
```

执行后输出的结果是（　　）。

A. 11　　B. 7　　C. 6　　D. 5

三、编程题

1. 编写一个程序，说明一个长度为20的整型数组时，不对它进行初始化。在程序中，把从50开始的、以1递增的数值赋给各个元素。即赋予数组的第1个元素为50，第2个元素为51，如此等等。随之打印输出，每行5个数据。

2. 编写一个程序，要求输出矩阵A中取值最大的元素，以及它所在的行号、列号。已知矩阵A如下：

$$A=\begin{vmatrix} 1 & -2 & 3 & 4 \\ 9 & 8 & -7 & 6 \\ -10 & 10 & -5 & 2 \end{vmatrix}$$

3. 编写一个程序，在一维数组里输入一句英文，统计该句子里出现的单词个数（单词之间是用空格分隔的）。

4. 编写一个程序，接收从键盘输入的10个整数，存入一维数组，将前后元素依次对调后打印输出。

第6章 函　　数

学习目标

1. 掌握函数定义的格式
2. 掌握函数的参数传递和返回值
3. 掌握函数调用的方式和使用
4. 了解变量的作用域和生存期
5. 了解内部函数和外部函数的使用

在1.4节介绍的“学生成绩管理系统”项目中，我们已经看到该项目由若干个功能模块构成，每个模块的功能都是由函数实现的。例如：查询模块分为按学号查询和按姓名查询两种，主要由Qur()函数实现其功能；记录统计模块，统计平均分、总分、英语成绩、数学成绩、C语言成绩的最高分，主要由Tongji()函数实现其功能。

从该项目中可以知道程序是由一个个函数构成的，虽然在前面各章的程序中都只有一个主函数main()，但实际程序往往由多个函数组成。函数是C源程序的基本模块，通过对函数模块的调用实现特定的功能。C语言中的函数相当于其他高级语言的子过程。

C语言提供了极为丰富的库函数（例如printf()函数），同时还允许用户建立自己定义的函数（例如“学生成绩管理系统”中Qur()函数）。用户可把自己的算法编成一个个相对独立的函数模块，然后用调用的方法来使用函数。

C语言中main()函数是一个较为特殊的函数，称为主函数，它可以调用其他函数，而不允许被其他函数调用。因此，程序执行总是从main()函数开始，完成对其他函数的调用后返回到main()函数中，最后由main()函数结束整个程序。一个C源程序必须有且只能有一个主函数main()。

一个C语言程序由一个或多个源程序组成，可分别编写、编译和调试。而一个源文件由一个或多个函数组成，可为多个程序公用。C语言是以源文件为单位而不以函数为单位进行编译的。所有函数都是平行的、互相独立的，即在一个函数内只能调用其他函数，不能再定义一个函数（嵌套定义）。一个函数可以调用其他函数或其本身，但任何函数均不可调用main()函数。

可以说C语言的全部工作都是由各式各样的函数完成的，所以也把C语言称为函数式语言。由于采用了函数模块式的结构，因此C语言易于实现结构化程序设计，使程序的层次结构清晰，便于程序的编写、阅读、调试。

在C语言中可从不同的角度对函数分类，具体说明如下。

(1) 从函数定义角度来看，可以分为标准函数（库函数）和用户定义函数。

① 标准函数，也叫库函数。是由系统提供的，用户不需要自己定义这些函数，就可以直接使用它们，例如，前面用到的printf()和scanf()。

C语言提供了极为丰富的库函数，这些库函数从功能角度又分不同类，例如：字符函数、转换函数、目录路径函数、诊断函数、图形函数、输入、输出函数、接口函数、字符串函数、内存管理函数、数学函数、日期和时间函数、进程控制函数等。

说明：不同的 C 语言系统包含的库函数的数量和功能是不同的，不过一些基本的函数是共同的。比如，标准输入、输出函数、数学函数等。在使用这些库函数的时候往往需要将其所在的头文件（.h 为扩展名），使用文件包含命令（#include，在第 8 章将会介绍）包含在源文件中。

② 用户定义函数。C 语言不仅提供了极为丰富的库函数，还允许用户建立自己定义的函数，以解决用户的专门需要。例如："学生成绩管理系统"中 Qur( ) 函数、Tongji( ) 函数等。

对于用户定义函数，不仅要在程序中定义函数本身，而且在主调函数模块中还必须对该被调函数进行类型说明，然后才能使用。

（2）从是否有参数的角度来看，可以分成无参函数和有参函数两种。

① 无参函数。在定义函数时，无参数的称为无参函数。在调用无参函数时，主调函数只是执行指定的一组操作，并不把数据传送给被调函数。

② 有参函数。在定义函数时，有参数的称为有参函数。在调用有参函数时，主调函数与被调函数之间是有数据传送的。

（3）从函数起作用的范围来说，可以分为内部函数和外部函数。

① 内部函数。只能被函数所在文件内的其他函数调用的函数称为内部函数。

② 外部函数。定义为外部函数的函数可以被任何其他文件中的函数所调用。

（4）从返回值的角度来看，又可以分为有返回值函数和无返回值函数。

① 有返回值函数。被调函数执行结束后将取得的结果返回给主调函数。

② 无返回值函数。被调函数执行结束后并不将结果返回给主调函数，这种情况下，主调函数只是让被调函数做一些操作。

以上各类函数不仅数量多，而且有的还需要硬件知识才会使用，因此要想全部掌握则需要一个较长的学习过程。读者应首先掌握一些最基本、最常用的函数，再逐步深入。由于篇幅关系，本书只介绍了一部分常用的库函数，其余库函数的使用读者可根据需要查阅有关手册。

6.1　函数的定义

就像变量使用前，要先定义变量一样，函数使用前，也要先进行定义函数。函数定义时要设置参数，并且要编写代码实现某个功能，这样的函数才能应用于项目中。函数包括库函数和用户自定义函数。库函数是已经定义好的函数它包含于头文件中；在使用库函数前，将头文件写在源程序代码的首部即可。用户自定义函数在使用前，必须由用户先定义函数。函数的定义要按照规定的格式来书写。

6.1.1　无参函数的定义形式

```
数据类型说明符 函数名()
{
  声明部分
```

```
    执行语句部分
}
```

例如：

```
void  f()
{  printf("**********");  }
```

对无参函数的格式说明如下。

(1) 函数一般包括两个部分："函数体"和"函数头"。函数体是指在函数定义中用一对花括号括起来的部分，而函数体前面的部分就称为函数头。

(2) 函数头主要是对函数进行说明，包括函数的名称，所用的参数和函数返回值的数据类型。其中，数据类型说明符指明了函数返回值的数据类型。该数据类型可以是前面介绍的各种基本数据类型，也可以是指针类型（指针将在第7章中介绍）。另外，数据类型说明符还可以是void，它表示本函数是没有返回值的。函数名是由用户定义的标识符，它要符合合法标识符规则；并且，在同一个文件中函数是不允许重名的。函数名后面跟着的是一对空圆括号，表示些函数没有参数，但括号不可以省略。

(3) {}中的内容称为函数体。包括声明部分和执行语句部分两个内容。函数体中的声明部分，是对函数体内部所用到的变量、数组、指针做数据类型说明。函数体中的执行语句部分，由执行函数功能的语句组成。

任务1：编写一个无参函数应用程序。

代码如下：

```
#include <stdio.h>
main()
{
   print();
}
void print()
{
   printf("Hi,ROSE!\n");
}
```

任务分析：main()函数中只有一个语句print()；用来调用print()函数。print()函数的函数类型为void，即函数没有返回值。函数名称为print，因为是无参函数，所以（）里没有参数。函数体中只有一个打印输出语句，没有声明部分；这是允许的，在函数中如果不需要使用变量，则声明部分是可以没有的。

运行结果：Hi,ROSE!

6.1.2 有参函数的定义形式

数据类型说明符 函数名(形式参数表列)

```
{
   声明部分
   执行语句部分
}
```

例如：

```
int s(int a,int b)
{
   int c;
   c=a-b;
```

```
    return c;
}
```

有参函数在格式上与无参函数差不多，只是在函数头部比无参函数多了一个内容，即形式参数表列。形式参数表列中给出的参数称为形式参数（简称“形参”），它们可以是各种数据类型。如果有多个形参，各个参数之间用逗号分隔。

形式参数表列的格式为：

数据类型 形参1,数据类型 形参2,……,数据类型　形参n

例如：int a,int b

在进行函数调用时，主调函数将赋予这些形参实际的值。形参可以是变量、数组、指针变量、指针数组等，形参在形参表中要给出其数据类型的说明。

例如：int a, char *b,float c[]

在形参表列中，如果多个参数的数据类型一样，也不可以写成在变量声明时的格式。比如，定义两个整型变量可以写成：

```
int a,b;
```

但是如果是声明两个整型参数则上面的写法就是错误的，而是应该写成：

```
int a,int b
```

上例中 int c；是声明部分；｛｝内的其他语句是执行语句部分。

任务2：用函数编写一个程序，求两个数中的最大数。

代码如下：

```
#include <stdio.h>
main()
{
    int x,y,t;
    scanf("% d,% d",&x,&y);
    t =max(x,y);
    printf("max =% d \n",t);
}
int max(int a, int b)      //定义函数名、形参、函数返回值类型
{
    if (a >b) return a;
    else return b;
}
```

任务分析：main()函数中定义了x，y，t 3个整型变量，从键盘上输入数据分别赋值给变量x，y。max(x，y）是函数调用，执行该函数，并将x值传递给a，y值传递给b。max()函数是一个比较a和b二者中最大者的函数。第一行是函数头，max是函数名，其返回的函数值是一个整数类型。有两个形参分别为a，b，均为整型；形参a，b的具体值是由主调函数在调用时传递的。在｛｝中的函数体内，除形参外没有使用其他变量，因此只有语句部分而没有声明部分。在max函数体中的return语句是把a（或b）的值作为函数的值返回给主调函数。在有返回值的函数中，至少应有一个return语句。运行结果如图6-1所示。

图6-1　求两个数中的最大值

编者手记： 这里需要说明一下，在有的书中大家可能会看到与这里不一样的形参声明方式。这是由于在老版本的C语言中，形参表列中只声明了形参的名称，对于形参的数据类型的声明是放在函数头与函数体之间的。例如，任务2的调用函数可以写成：

```
int max(a,b)
int a,b;     //函数形参的说明
{
   if (a>b)   return a;
   else       return b;
}
```

这种定义方法称为“传统格式”。对于这种格式不易于编译系统的检查，会导致一些非常细微而又难以跟踪的错误。本书中用到的把对形参类型的说明放在形参表列中，称为“现代格式”，在编译时易于对它们进行查错。

6.1.3 空函数

函数体也可是空的，即可以有“空函数”，它的形式为：

```
数据类型说明符 函数名()
{ }
```

例如：

```
display(){ }
```

主调函数调用此函数时，什么工作也不做，没有任何实际作用，等以后扩充函数功能时补充上。在程序设计中往往根据需要确定若干模块，分别由一些函数来实现。而在第一阶段只设计最基本的模块，其他一些次要功能则在以后需要时补上。在编写程序的开始阶段，可以在将来准备扩充功能的地方写上一个空函数（函数名取将来采用的实际函数名），表明此函数只是未编好，先占一个位置，以后用一个编好的函数代替它。这样做，程序的结构清楚，可读性好，方便以后扩充新功能，对程序结构影响不大。在实际程序设计中，空函数是非常有用的。

6.2 函数的调用

函数调用就是在程序中使用创建的函数。当定义了一个函数后，在程序中需要通过对函数的调用来执行函数体，调用函数的过程与其他语言中的子程序调用相似。

6.2.1 函数调用的一般形式

C语言中，函数调用的一般形式为：

```
函数名(实际参数表列);
```

对无参函数进行调用时，没有实际参数表列，但圆括弧不能省略。比如，调用任务1中的print()函数，可以写成：

```
print();
```

实际参数表列（简称实参）中的参数可以是常数，变量或其他构造类型数据及表达式。如果有多个实参，各实参之间用逗号分隔。例如，要调用任务2中max函数可以写成：max(5，28)。

实际参数表列与形参的个数应该相等，数据类型一致。实参与形参按顺序一一对应传递数据。

注意：如果实参表列中有多个实参，则对实参求值的顺序并不是确定的，有的系统按自左向右顺序求实参的值，有的系统是按自右向左的顺序求实参的值。

任务3：编写程序，实现无参函数调用。

代码如下：

```
#include <stdio.h>
void main()
{
   void  pstar();
   void  phello();
   pstar();
   phello();
   pstar();
}
void pstar()
{
   printf("**************************************\n");
}
void phello()
{
   printf("       welcome to china !\n");
}
```

任务分析：本任务是无参函数的使用，pstar 和 phello 是用户定义的函数名，功能是用来输出一串“*”和一个字符串；void 代表没有返回值；pstar 和 phello 是无参函数，所以在调用及定义时，( ) 内没有参变量，运行结果如图6-2所示。

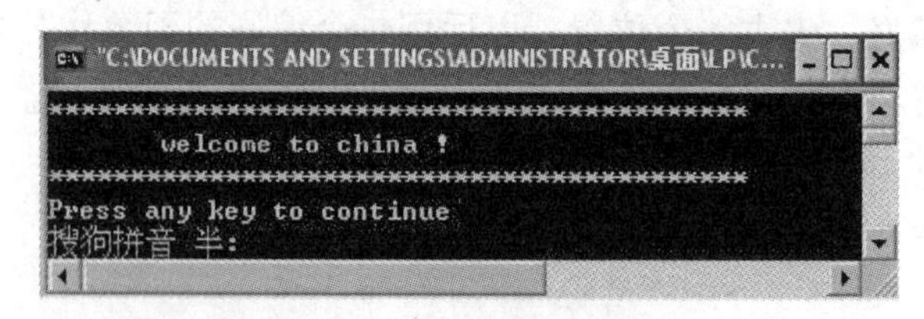

图6-2　任务3的结果

任务4：编写程序，求实参求值的顺序。

代码如下：

```
#include <stdio.h>
main()
{  int a =5,m;
   m = f(a, ++a);           //函数调用
   printf("%d\n",m);
}
int f(int x,int y)  //函数定义
{  int z;
   if(x >y) z =1;
   else if(x ==y) z =0;
```

```
    else z = -1;
  return(z);
}
```

任务分析：本任务中如果按自左向右的顺序求实参的值，则函数调用相当于是 f(5, 6)，程序运行的结果为“-1”；如果按自右向左顺序求实参的值，则相当于是 f(6, 6)，程序的运行结果变为了“0”。从在 VC6 上运行的结果可以看出是按自右向左顺序求实参的值。读者可以在用之前，先在系统上运行一下简单的程序来判断当前系统对实参的求值顺序。

运行结果：0

为了避免上述容易引起不同系统不同理解的情况，我们可以修改以下程序，让程序代码在调用函数之前先指定是按自左向右还是自右向左的求值顺序。

例如：如果是想按照自左向右的顺序，则程序可以改写成：

```
main()
{  int a =5,j,k,m;
   j =a;
   k = ++a
   m =f(j,k);       //函数调用
   printf("% d",m);
}
```

如果是要按照自右向左的顺序求实参的值，则程序可以写成：

```
main()
{  int a =5,j,m;
   j = ++a;
   m =f(j,j);       //函数调用
   printf("% d",m);
}
```

在 printf( )函数中也存在同样的问题。

6.2.2 函数调用的方式

在 C 语言中，可以用以下几种方式调用函数。

(1) 函数表达式：函数作为表达式中的一项出现在表达式中，以函数的返回值形式参与表达式的运算。这种方式要求函数是必须有返回值的，例如：

```
z =max(x,y) +2
```

是一个赋值表达式，函数 max 作为表达式的一部分，把 max 的返回值加上 2 以后再赋给 z。

(2) 函数语句：函数调用的一般形式加上分号即构成函数语句，例如：

```
printf("% d",a);scanf("% d",&b);
```

以函数语句的方式调用函数，这时不要求函数带返回值，只要求函数完成一定的操作。

(3) 函数参数：函数作为另一个函数调用的实际参数出现。这种情况是把该函数的返回值作为实参进行传送，因此要求该函数必须是有返回值的，例如：

```
printf("% d",max(x,y));
```

其中，max(x, y)是一次函数调用，它的返回值作为 printf( )函数的实参来使用。

又如：

我们可以利用任务 2 来实现求 3 个数 a. , b, c 中的最大者，并把结果保存在变量 z 中。

```
z = max(a,max(b,c));
```

在这个表达式中 max(b, c)是一次函数调用，同时又把它的返回值做为 max 的另一次调用的实参参与运算。

说明：函数的调用过程说明如下。

(1) 首先为函数的所有形参分配内存空间，再将所有实参的值计算出来，按照顺序依次传送给对应的形参。如果是“无参函数”，则上述工作可以不执行。

(2) 然后进入函数体，首先执行声明部分，为函数体中的每个变量分配内在空间，再依次执行函数体的执行语句部分。

(3) 当在执行的时候遇到了返回语句 (return)，则计算返回值（如果是没有返回值的函数，则此工作不做)，释放本函数体中定义的变量（如果是静态变量，则不释放)，收回分配给形参的内存空间，返回主调函数继续执行。

6.3　函数的声明和函数原型

在一个函数中调用另一函数需要具备一下条件。

(1) 首先被调用的函数必须是已经存在的函数（库函数或用户自己定义的函数)。

(2) 如果使用的是库函数，一般还应该在本文件开头用#include 命令将调用有关库函数时所需用到的信息“包含”到本文件中。例如，

```
#include <stdio.h>
```

其中，“stdio. h”是一个“头文件”。

(3) 如果使用用户自己定义的函数，而且被调函数与主调函数在一个文件中，一般还应该在主调函数中对被调函数做声明，这与使用变量之前要先进行变量声明是一样的。在主调函数中对被调函数做声明的目的是使编译系统知道被调函数返回值的类型，以便在主调函数中按此种类型对返回值做相应的处理。

函数声明的一般形式为：

类型说明符 被调函数名（类型 形参，类型 形参……）；

例如：`char f(char a[], int b)`

或为：

类型说明符 被调函数名（类型，类型……）；

例如：`char f(char,int)`

括号内给出了形参的类型和形参名，或只给出形参类型。这便于编译系统进行检错，以防止可能出现的错误。

在 C 语言中，把只给出形参类型的函数声明称为函数原型。使用函数原型的主要作用是利用它在程序的编译阶段对调用函数的合法性进行全面检查。

任务5：编程实现求两个数的最大公约数和最小公倍数。

代码如下：

```
#include <stdio.h>
hcf(int m,int n)//定义求最大公约数的函数
{  int a,b,temp,r;//声明变量
   if(m>n){temp = m;m = n;n = temp;}//比较两个参数大小
```

```
    a = m;b = n;
    while((r = b% a)! = 0)//求两个数的最大公约数
    {b = a;a = r;}
    return(a);//返回最大公约数
}
void main()
{  int m,n,l;//声明变量
    int lcd(int m,int n,int h);//声明函数
    scanf("% d,% d",&m,&n);//输入两个数
    printf("最大公约数:% d \n",hcf(m,n));//输出两个数的最大公约数
    l = lcd(m,n,hcf(m,n));//获得两个数的最小公倍数
    printf("最小公倍数:% d \n",l);//s 输出两个数的最小公倍数
}
lcd(int m,int n,int h)//求两个数的最小公倍数函数
{
    return(m * n/h);//返回最小公倍数
}
```

任务分析：求最大公约数可以用辗转相除法，最小公倍数为两个数的乘积除以这两个数的最大公约数。辗转相除法的原理：设两数为 a、b（b < a），求它们最大公约数（a，b）的步骤如下：用 b 除 a，得 a = bq…r1（0≤r）。若 r1 = 0，则（a，b） = b；若r1≠0，则再用 r1 除 b，得 b = r1q…r2（0≤r2）。若 r2 = 0，则（a，b） = r1；若r2≠0，则继续用 r2 除 r1。如此下去，直到能整除为止。其最后一个非零余数即为（a，b）。N-S 图如图 6-3 所示。运行结果如图 6-4 所示。

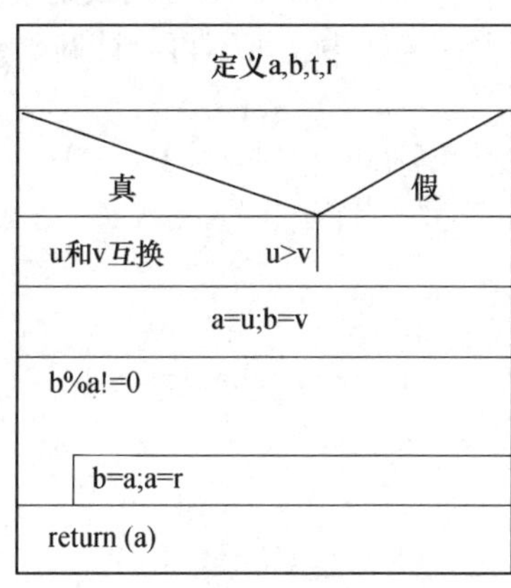

图 6-3　求最大公约数流程图

在任务 5 中，可以看到在 main 函数中只声明了 lcd 函数，而没有对 hcf 函数进行声明，这是为什么呢？

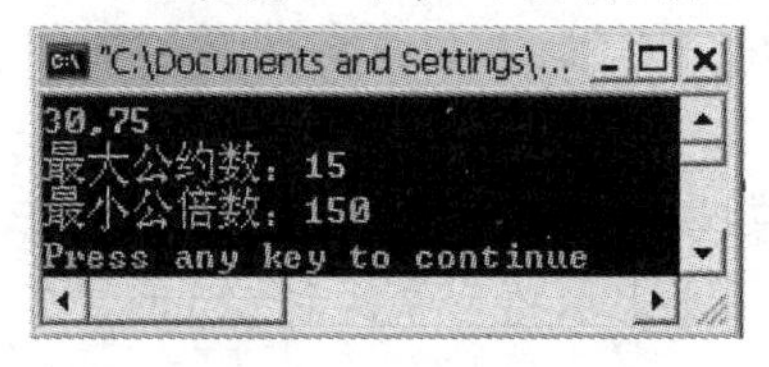

图 6-4　任务 5 的运行结果

C 语言中规定了在以下几种情况时可以省去主调函数中对被调函数的函数说明。

（1）如果被调函数的返回值是整型或字符型时，可以不对被调函数作说明，而直接调用。这时系统将自动对被调函数返回值按整型处理。

任务 6：编写一个求两个数中的较小数的函数，并在 main( ) 函数中调用它。

代码如下：

```
#include < stdio.h >
main()
{
    int a,b,c;
    scanf("% d,% d",&a,&b);
    c = min(a,b);
    printf("Min is % d \n",c);
}
min(int a, int b)
{
```

```
    if (a<b) return a;
    else     return b;
}
```

任务分析：本任务中被调用函数是min()函数，该函数的功能是求两个数据中的较小数。这函数的返回类型是整型数据，所以主函数中可以不声明函数，可以直接调用min()函数。

运行结果：5,9↙

　　　　Min is 5

（2）当被调函数的函数定义出现在主调函数之前时，在主调函数中也可以不对被调函数再作说明而直接调用。例如，在任务4中，函数hcf的定义放在main()函数之前，因此可在main()函数中省去对hcf()函数的函数说明int hcf（int m，int n）;。

（3）如果在所有函数定义之前，在函数外预先说明了各个函数的类型，则在以后的各主调函数中，可不再对被调函数做说明。例如：

```
char str(char c);
float f(float d);
main()
{
  ……
}
char str(char c)
{
  ……
}
float f(float d)
{
  ……
}
```

其中，第1，2行对str()函数和f()函数预先做了说明。因此，在以后各函数中无须对str()和f()函数再做说明，就可直接调用。

（4）对库函数的调用不需要再做说明，但必须把该函数所在的文件用include命令包含在源文件中，如在前面程序中第一行写的#include <stdio.h>表示将程序用到printf()库函数所在的文件“stdio.h”包含到源文件中。

注意：声明与定义的区别。“定义”是指对函数功能的确立，包括指定函数名，函数返回值类型、形参及其类型、函数体等。而“声明”则是把函数的名字、函数返回值类型及形参的类型、个数和顺序通知编译系统，以便在调用该函数时系统按此进行对照检查。从上面的程序中可以看到照写已定义的函数头，再加一个分号，就成为了对函数的“声明”。

例如：
```
int min(int a,int b)
{
   int c;
   if(a<b)  c=a;
   else    c=b;
   return(c);
}
```

6.4 函数的参数及返回值

在函数调用过程中，主调函数和被调函数之间往往需要进行一定的信息沟通。参数传递和返回值的使用是实现这种沟通的重要途径。主调函数通过参数将数据或地址传递给被调用函数，被调用函数执行后将结果以返回值的形式传递回主调函数。

6.4.1 函数的参数

前面已经介绍过，函数的参数分为形参和实参两种。在本节中，将进一步介绍形参、实参的特点和两者的区别。

（1）形参在整个函数体内都可以使用，离开该函数则不能使用。

（2）实参进入被调函数后，实参变量也不能使用。

形参和实参的功能是作为数据传送。当发生函数调用时，主调函数把实参的值传送给被调函数的形参，从而实现主调函数向被调函数的数据传送。

任务7：编写程序用函数实现，键盘输入一个整数，判断该数据是否是素数。

```
#include"stdio.h"
main()
{  int prime(int x);
   int n;
   printf("input an integer:");
   scanf("% d",&n);
   if(prime(n))
   printf ("% d is a prime. \n",n);
   else
   printf("% d is not a prime. \n",n);
}
int prime(int x)
{  int flag =1,i;
   for(i =2;i <x/2&&flag = =1;i + +)
   if (x% i = =0)
   flag =0;
   return(flag);
}
```

任务说明：本任务中，main( )函数调用 prime( )函数，被调用函数 prime(n)中 n 就是实参。而 prime( )函数的函数定义部分：int prime(int x)中变量 x 为形参。当发生函数调用时，实参 n 将数据传递给形参 x，来实现函数的数据传递。运行结果如图 6-5 所示。

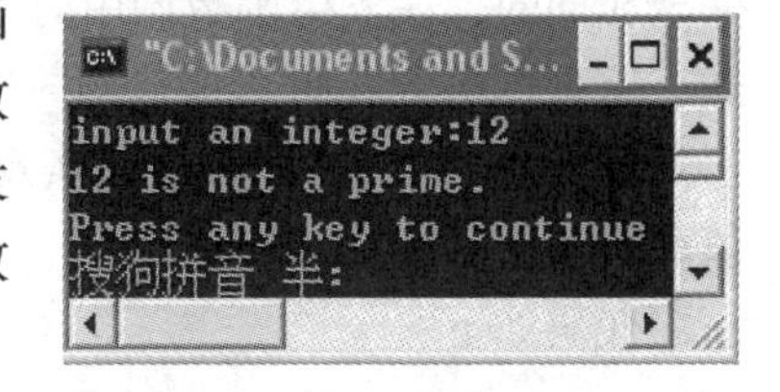

图 6-5 任务 8 运行结果

运行结果：12↙

12 is not a prime.

任务8：编写程序，从键盘上输入一个数据，然后计算从 1 到该数据的和，并输出结果。

代码如下：

```
#include <stdio.h >
main()
{
   int n;
   printf("input number \n");
```

```
    scanf("% d",&n);
    printf("n = % d \n",n);
    sum(n);//函数调用
}
int sum(int n)                                  /* 函数定义 */
{
    int i;
    for(i = n - 1;i >= 1;i --)
    n = n + i;
    printf("sum = % d \n",n);
}
```

任务分析：本程序中定义了一个函数 sum( )，该函数的功能是求$\sum_{i=1}^{n-1}(n+i)$的值。在主函数中输入 n 值，并作为实参，在调用时传送给 sum 函数的形参量 n（注意，本例的形参变量和实参变量的标识符都为 n，但这是两个不同的量，各自的作用域不同）。在主函数中用 printf( )语句输出一次 n 值，这个 n 值是实参 n 的值。在函数 sum( )中也用 printf( )语句输出了一次 n 值，这个 n 值是形参最后取得的 n 值 1275。从运行情况看，输入 n 值为 50，即实参 n 的值为 50。把此值传给函数 sum 时，形参 n 的初值也为 50，在执行函数过程中，形参 n 的值变为 1275。返回主函数之后，实参 n 的值仍为 50。可见在这个程序中实参值不随形参的变化而变化，运行结果如图 6-6 所示。

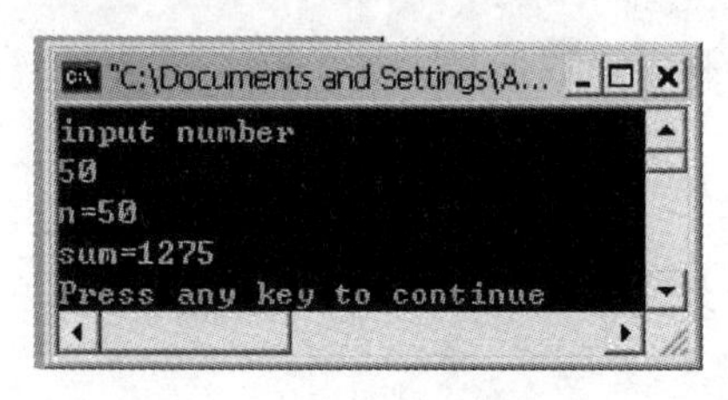

图 6-6　任务 8 运行结果

6.4.2　数组作为函数参数

上面已经介绍了用变量作为函数参数，本节将介绍用数组作为函数的参数来使用，进行数据传送。由于数组的特殊性，将它作为函数参数时与其他的变量不同，数组用作函数参数有两种形式，一种是把数组元素作为实参使用；另一种是把数组名作为函数的形参和实参使用。

1. 数组元素作为函数实参

数组元素与普通变量并无区别。因此当把数组元素作为函数实参使用时与普通变量是完全相同的，在发生函数调用时，把作为实参的数组元素的值传送给形参，实现单向的传送，这种传送方式叫“值传送”方式。

任务 9：编写一段程序，实现判别一个整数数组中各元素的值。若大于 0，则输出该值；若小于等于 0，则输出 0。

代码如下：

```
#include <stdio.h>
void nzp(int n)
{
    if(n > 0)
      printf("% d ",n);
    else
      printf("% d ",0);
}
main()
{
    int arr[7],i;
    printf("input 7 numbers: \n");
```

```
    for(i =0;i <7;i ++)
      {scanf("% d",&arr[i]);
      nzp(arr[i]);}
}
```

任务分析：本任务中首先定义一个无返回值函数 nzp( )，并说明其形参 n 为整型变量。在函数体中根据 n 值是否大于 0 输出相应的结果，若大于 0，则输出数组元素的值；否则输出 0。在 main( ) 函数中用一个 for 语句输入数组各元素，每输入一个，就以该数组元素作为实参调用一次 nzp( ) 函数，即把 a[i]的值传送给形参 n，供 nzp( ) 函数使用。

运行情况如图 6-7 所示。

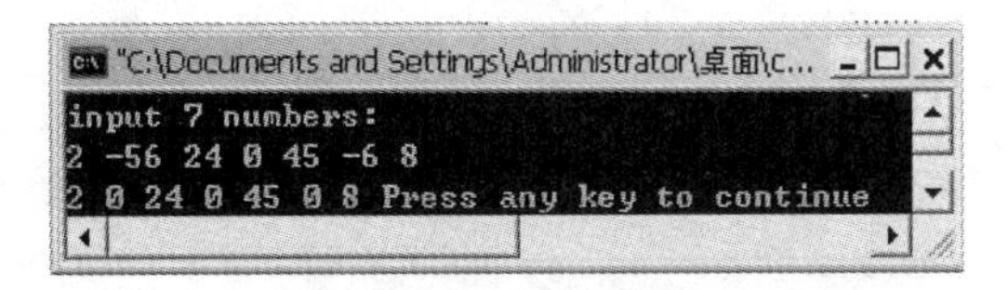

图 6-7　任务 9 运行结果

注意：多维数组元素同样可以作为函数实参使用。

2. 数组名作为函数参数

用数组名作函数参数与用数组元素作为实参有几点不同。

（1）用数组元素作为实参时，只要数组类型和函数的形参变量的类型一致，那么数组元素的类型也就和函数形参变量的类型是一致的。因此，并不要求函数的形参也是数组元素。换句话说，对数组元素的处理是按普通变量对待的。

（2）用数组名作函数参数时，则要求形参和相对应的实参都必须是数组，而且要求数组的数据类型一致。当形参和实参二者不一致时，即会发生错误。

（3）用普通变量或数组元素作为函数参数时，形参变量和实参变量是由编译系统分配的两个不同的内存单元（即使形参变量与实参变量同名）。在函数调用时发生的值传送是把实参变量的值传送给形参变量。而在用数组名作函数参数时，不是进行值传送，即不是把实参数组的每一个元素的值都赋值给形参数组的各个元素。因为实际上形参数组并不存在，编译系统不为形参数组分配内存。那么，数据的传送是如何实现的呢？

前面曾介绍过，数组名就是数组的首地址。因此，在用数组名作为函数参数时所进行的传送只是地址的传送，也就是说把实参数组的首地址赋给形参数组名（即地址传递）。形参数组名取得该首地址之后，也就等于有了实在的数组。实际上，形参数组和实参数组共同拥有同一段内存空间。

如图 6-8 所示，图中设 a 为实参数组，类型为整型。a 占有以 2000 为首地址的一块内存区，b 为形参数组名。当发生函数调用时，进行地址传递，把实参数组 a 的首地址传递给形参数组名 b，于是 b 也取得该地址 2000。于是 a，b 两个数组共同占有以 2000 为首地址的一段连续内存单元。从图中还可以看出 a 和 b 下标相同的元素实际上也占相同的两个内存单元（整型数组每个元素占两个字节）。例如，a[0]和 b[0]都占用 2000 和 2001 单元，当然 a[0]等于 b[0]；类推则有 a[i]等于 b[i]。

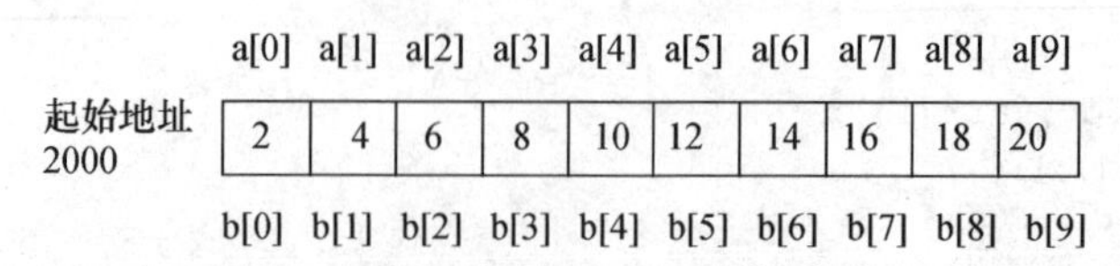

图6-8　实参和形参共用一块存储空间

任务10：编写代码实现将数组score中存放一个学生4门课程的成绩，求该学生的平均成绩。

代码如下：

```
#include <stdio.h>
float aver(float a[4])
{
   int i;
   float average,s=a[0];
   for(i=1;i<4;i++)
     s=s+a[i];
   average=s/4;
   return average;
}
void main()
{
   float score[4],av;
   int i;
   printf("\n输入学生的4门成绩:\n");
   for(i=0;i<4;i++)
     scanf("%f",&score[i]);
   av=aver(score);
   printf("该生的平均成绩:%5.2f\n",av);
}
```

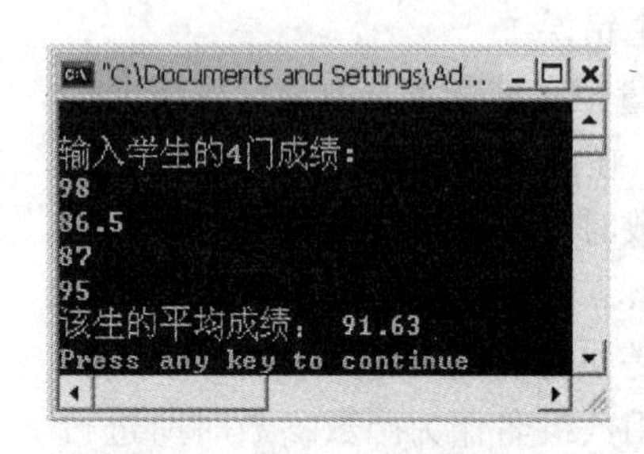

图6-9　任务10的运行结果

任务分析：本任务首先定义了一个实型函数aver()，有一个形参为实型数组a，长度为4。在函数aver()中，把各元素值相加求出平均值，返回给主函数。主函数main()中首先完成数组score()的输入，然后以score()作为实参调用aver()函数，函数返回值送av，最后输出av值。从运行情况可以看出，程序实现了所要求的功能。运行结果如图6-9所示。

前面已经提过，用变量作为函数参数时，所进行的值传送是单向的；即只能从实参传向形参，不能从形参传回实参。形参的初值和实参相同，而形参的值发生改变后，实参并不变化，两者的终值是不同的。而当用数组名作为函数参数时，情况则不同。由于实际上形参和实参为同一数组，因此当形参数组发生变化时，实参数组也随之变化。当然，这种情况不能理解为发生了“双向”的值传递。但从实际情况来看，调用函数之后实参数组的值将由于形参数组值的变化而变化。

任务11：编写代码将任务9用数组名作为函数参数进行修改，判别一个整数数组中各元素的值，若大于0，则输出该值；若小于等于0，则输出0。

代码如下：

```
#include <stdio.h>
```

```
void nzp(int a[7])
{
   int i;
   printf("\nvalues of array a are:\n");
   for(i=0;i<7;i++)
   {
      if(a[i]<0) a[i]=0;
      printf("% d ",a[i]);
   }
}
main()
{
   int b[7],i;
   printf("\ninput 7 numbers:\n");
   for(i=0;i<7;i++)
     scanf("% d",&b[i]);
   printf("initial values of array b are:\n");
   for(i=0;i<7;i++)
     printf("% d ",b[i]);
   nzp(b);
   printf("\nlast values of array b are:\n");
   for(i=0;i<7;i++)
     printf("% d ",b[i]);
}
```

任务分析：本任务中函数nzp()的形参为整型数组a，长度为7。主函数中实参数组b也为整型，长度也为5。在主函数中首先输入数组b的值，然后输出数组b的初始值。接着以数组名b为实参调用nzp()函数。在nzp()中，按要求把赋值单元清0，并输出形参数组a的值。返回主函数之后，再次输出数组b的值。从运行结果可以看出，数组b的初值和终值是不同的，但数组b的终值和数组a的终值是相同的。这说明实参形参为同一数组，它们的值同时得以改变。运行情况如图6-10所示。

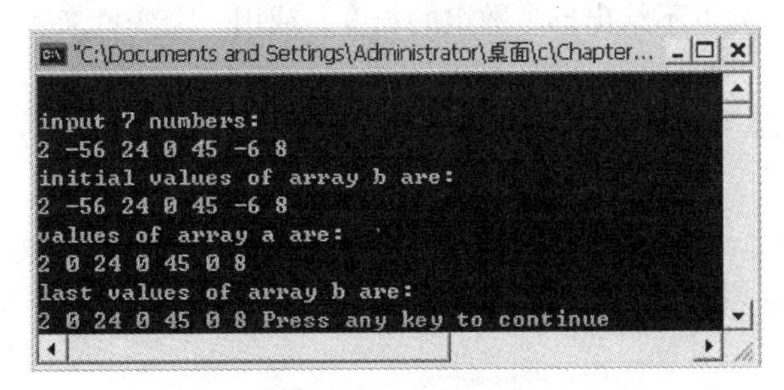

图6-10 任务11运行结果

注意： 用数组名作为函数参数时还应注意以下几点。

(1) 形参数组和实参数组的类型必须一致，否则将引起错误。

(2) 形参数组和实参数组的长度可以不相同，因为在调用时，只传送首地址而不检查形参数组的长度。当形参数组的长度与实参数组不一致时，虽不至于出现语法错误（编译能通过），但程序执行结果将与实际不符，这是应予以注意的。

任务12：把任务11的nzp()函数修改如下：

```
void nzp(int a[8])
```

```
{
   int i;
   printf("\nvalues of array aare:\n");
   for(i=0;i<8;i++)
   {
      if(a[i]<0)a[i]=0;
      printf("% d ",a[i]);
   }
}
```

主函数的最后两条语句修改为：

```
for(i=0;i<8;i++)
  printf("% d ",b[i]);
```

任务分析：本任务与任务11的程序相比较，nzp()函数的形参数组长度改为了8，在函数体中，for语句的循环条件也改为i<8。因此，形参数组a和实参数组b的长度不一致。编译虽然能够通过，但从结果看，数组a的元素a［7］显然是无意义的。程序运行结果如图6-11所示。

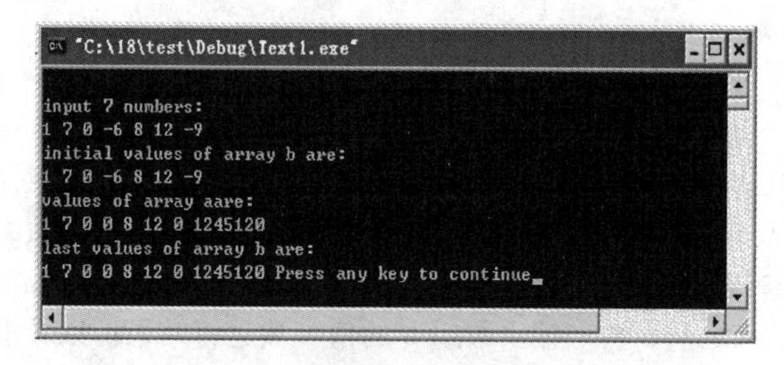

图6-11　任务12的运行结果

在函数形参表中，允许不给出形参数组的长度，或用一个变量来表示数组元素的个数。

例如，可以写为：

```
void nzp(int a[])
```

或写为

```
void nzp(int a[],int n)
```

其中，形参数组a没有给出长度，而由n值动态地表示数组的长度。n的值由主调函数的实参进行传送。

任务13：将任务11的nzp()函数改写成如下代码：

```
#include <stdio.h>
void nzp(int a[],int n)
{
   int i;
   printf("\nvalues of array a are:\n");
   for(i=0;i<n;i++)
   {
      if(a[i]<0) a[i]=0;
        printf("% d ",a[i]);
   }
}
```

主函数不变，在主函数中调用nzp函数时使用语句nzp（b，7）;。

任务分析：本程序 nzp( ) 函数形参数组 a 没有给出长度，由 n 动态确定该长度。在 main( ) 函数中，函数调用语句为 nzp（b，7），其中，实参 7 将赋予形参 n 作为形参数组的长度。运行结果如图 6-12 所示。

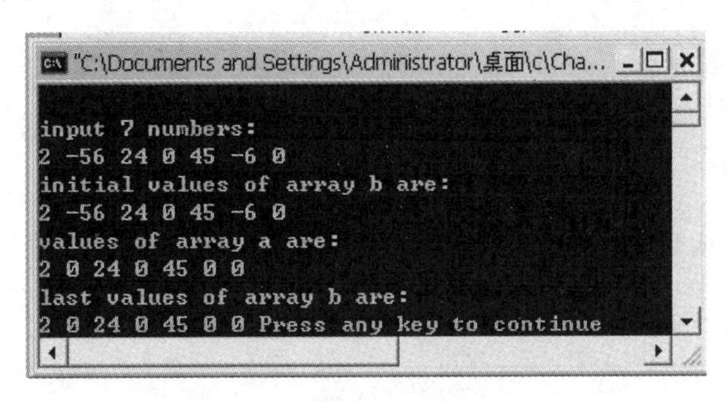

图 6-12　任务 13 的运行结果

3. 多维数组名作为函数参数

多维数组也可以作为函数的参数。多维数组元素作为实参，与一维数组元素作为实参是一样的，这里就不再叙述。多维数组名既可以作函数的实参，也可以作为函数的形参。在函数定义时，对形参数组可以指定每一维的长度，也可省去第一维的长度。以下写法都是合法的。

```
int arr(int a[3][10]);
```

或

```
int arr(int a[][10]);
```

注意： 不能将第二维及其他高维的大小说明省略，例如下面的写法是不合法的：

```
int arr(int a[][]);
```

这是因为在上面一维数组中提到过用数组名作为实参时，传送的是数组的起始地址，而多维数组的各个元素在内存中是一行接一行地按顺序存放的，并不区别行和列；如果这时在形参中不说明多维数组的列数，那么系统将无法决定多维数组是多少行多少列的。也不能只指定第一维而省略第二维，如下面的写法也是错误的：

```
int arr(int a[3][]);
```

多维数组名作函数的形参时，第一维的长度是可以省略的，也可是任意大小的值，但其他维数一定要指定，即不可以省略也不可以为任意大小的值。

如：实参数组定义为：int score[3][5]；

　　形参数组定义为：int a[8][5]；

均是可以的，因为 C 编译不检查形参数组的第一维大小。

任务 14： 写一个函数，使给定的二维数组（3×3）转置，即行列互换。

代码如下：

```
#include <stdio.h>
#define N 3                          //定义字符常量
int array[N][N];                     //声明二维整型数组
```

```
void convert(int array[3][3])      //定义函数
{  int i,j,t;                      //声明变量
   for(i=0;i<N;i++)                //交互数组的行列
     for(j=i+1;j<N;j++)
   {  t=array[i][j];
      array[i][j]=array[j][i];
      array[j][i]=t;
   }
}
main()
{  int i,j;//声明变量
   for(i=0;i<N;i++)//输入数组各元素的值
     for(j=0;j<N;j++)
       scanf("% d",&array[i][j]);
   printf("array:\n");
   for(i=0;i<N;i++)//以矩阵的形式输出数组
   {  for(j=0;j<N;j++)
        printf("% 5d",array[i][j]);
      printf("\n");
   }
   convert(array);//转置数组
   printf("array T:\n");
   for(i=0;i<N;i++)//输出转置后数组元素
   {  printf("\n");
      for(j=0;j<N;j++)
        printf("% 5d",array[i][j]);
   }
   printf("\n");
}
```

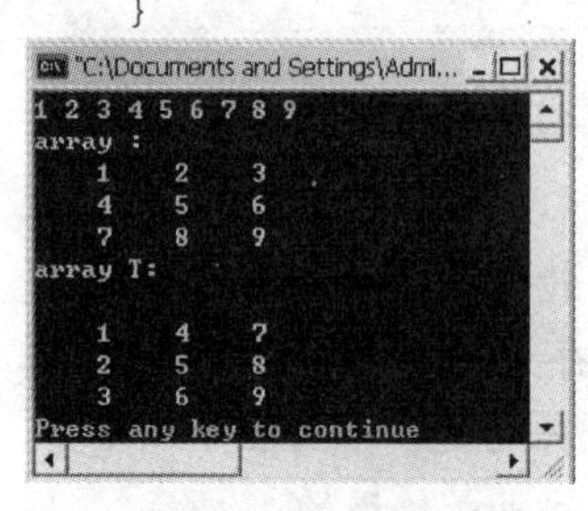

图6-13　任务14的运行结果

任务分析：在主函数main()中先用一个双重for循环将用户输入的数据存储在数组的相应位置上，然后将用户输入的数据以矩阵的形式输出来。用二维数组名array()作为函数convert()的实参进行调用，convert()函数的功能是通过转置前和转置后数组元素对应值下标的特点来实现数组的转置。调用结束后返回主调函数，输出转置后数组元素的值。运行情况如图6-13所示。

6.4.3　函数的返回值

函数的返回值是指函数被调用之后，执行被调函数体中的程序段所取得的并可以返回给主调函数的值。如调用正弦函数取得的正弦值，调用任务2的max()函数取得的最大值等。对函数的值（或称函数返回值）有以下一些说明。

1. 函数返回值只能通过return语句返回给主调函数

return　语句的一般形式为：

```
return 表达式;
```

或者为：

```
return (表达式);
```

该语句的功能是计算表达式的值，并把表达式的结果返回给主调函数。在函数体中允许有多个return语句，但每次被调用时只能有一个return语句被执行，因此只能得到一个函数

值。例如，任务 2 的程序代码中有两个 return 语句，return a 和 return b。根据 a 和 b 的大小只能执行一条 return 语句，其 return 语句也可写成：

```
return (a);和 return(b);
```

return 语句中的表达式可以是任务 2 中的变量 a 或者 b，也可以是一个表达式。例如，将任务 2 的代码改成：

```
int max(int a, int b)//定义函数名、形参、函数返回值类型
{
  return (a>b ? a: b);
}
```

 **说明：** 改写的程序代码更简洁，只用一个 return 语句就完成了求值和返回的操作。如果不需要被调函数带回函数值，那么可以不写 return 语句或者写成：return;

2. 函数值的类型和函数定义中函数的类型应保持一致

如果两者不一致，则以函数类型为准，对于数据类型可以自动进行类型转换。也就是说，函数的类型决定了函数值的类型。

例如，将任务 6 的程序修改为：

```
#include <stdio.h>
main()
{
  int min(float a, float b)      //函数声明
  float a,b;
  int c;
  scanf("% d,% d",&a,&b);
  c=min (a,b);
  printf("Min is % d\n",c);
}
int min(float a, float b)      //函数定义
{
  if (a<b) return a;
  else    return b;
}
```

说明： 函数 min()定义为整型，而 return 语句要返回的 a 或 b 的值的数据类型为实型，二者不一致，系统会自动将要返回 a 或 b 的值转换为整型，然后带回给主调函数。

(1) 如果函数值为整型，则在函数定义时可以省去类型说明。

(2) 无返回值的函数，可以明确定义为 void。如函数 s 并不向主函数返函数值，因此可定义为：

```
void s(int n)
{ ……
}
```

一旦函数被定义为空类型后，就不能在主调函数中使用被调函数的函数值，也就不需要 return 语句。例如，在定义 s 为空类型后，在主函数中写下述语句

```
sum=s(n);
```

就是错误的。

为了使程序有良好的可读性并减少出错，凡不要求返回值的函数都应定义为 void 类型。

**注意：** 函数的返回值不可以是数组类型，例如

```
int [4] fun();
```

此代码的原意是让函数返回一个大小为 5 的数组，但实际语法是错误的。用数组作为参数时，使用的是地址传递，所以一个数组参数，可以直接获得它在函数内被修改的结果。另外，也通过指针，来达到返回数组的功能。

C 语言规定，如果函数值定义为整型，那么在函数定义的时候可以省略数据类型的说明。例如：

```
max(int a,int b);
```

在函数名前面没有数据类型说明符，则系统自动按整型处理。如果上面提到的函数类型与函数值的类型不一致时，则可以进行自动转换。但是这样往往会使程序不清晰，可读性差，而且并不是所有的数据类型都能进行自动转换的，因此建议初学者不要采用这种方法。

对于函数中没有 return 语句的函数，大家不要理解成这样的函数被调用后不会带回一个值。其实任何函数被调用都是有返回值的，只不过对于没有 return 语句的函数，它的返回值不是有用的确定的值，因此要将这样的函数定义成空类型 void。

6.5　函数的嵌套调用和递归调用

在 C 语言中，允许使用嵌套调用和递归调用，二者的工作原理是一样的。嵌套调用是指在某一个函数内调用了另外一个函数，而递归调用是指函数自己调用自己。

6.5.1　函数的嵌套调用

C 语言中不允许作嵌套的函数定义。因此各函数之间是平行的。但是 C 语言允许在一个函数的定义中出现对另一个函数的调用，这样就出现了函数的嵌套调用，即在被调函数中又调用其他函数。这与其他语言的子程序嵌套的情形是类似的，其关系可表示如图 6-14 所示。

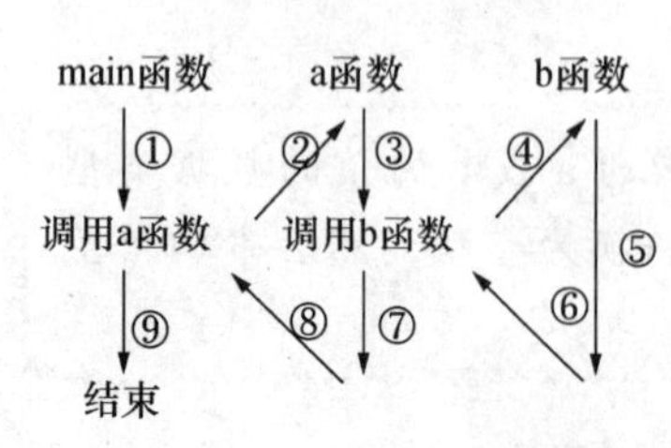

图 6-14　函数的嵌套调用

图 6-14 表示了两层嵌套的情形，其执行过程是：

（1）执行 main 函数的开头部分；

（2）执行调用 a 函数的语句时，即转去执行 a 函数；

（3）执行 a 函数的开头部分；

（4）在 a 函数中遇到调用 b 函数时，又转去执行 b 函数；

（5）执行 b 函数，没有其他嵌套的函数，则执行完 b 函数的全部操作；

（6）b 函数执行完毕返回后返回 a 函数的断点处；

（7）继续执行 a 函数中调用 b 函数语句下面的语句，直到 a 执行完毕；

（8）返回 main 函数的断点处；

（9）继续执行 main 函数中调用 a 函数语句下面的语句，直到结束。

任务15：编写程序实现计算 $s=2^2!+3^2!$ 的结果。

代码如下：

```
#include <stdio.h>
long f1(int p)      //计算平方值
{
   int k;
   long r;
   long f2(int);
   k=p*p;
   r=f2(k);
   return r;
}
long f2(int q)     //求阶乘
{
   long c=1;
   int i;
   for(i=1;i<=q;i++)
     c=c*i;
   return c;
}
main()
{
   int i;
   long s=0;
   for (i=2;i<=3;i++)
     s=s+f1(i);
   printf("\ns=%ld\n",s);
}
```

任务分析：这里编写了两个函数，一个是用来计算平方值的函数f1，另一个是用来计算阶乘值的函数f2。主函数先调f1计算出平方值，再在f1中以平方值为实参，调用f2计算其阶乘值，然后返回f1，再返回主函数，在循环程序中计算累加和。在程序中，函数f1和f2均为长整型函数，都在主函数之前定义，故不必再在主函数中对函数f1和f2加以声明。在主程序中，通过执行for循环程序依次把i值作为实参调用函数f1求 i^2 的值。在函数f1中又发生对函数f2的调用，这时是把 i^2 的值作为实参去调用函数f2，在f2中完成求 $i^2!$ 的计算。f2执行完毕把C值（即 $i^2!$）返回给函数f1，再由函数f1返回到主函数实现累加。至此，由函数的嵌套调用实现了题目的要求。由于数值很大，因此函数和一些变量的类型都说明为长整型，否则会造成计算错误。

运行结果：s=362904

6.5.2 函数的递归调用

一个函数在它的函数体内调用它自身称为递归调用，这种函数称为递归函数。C语言允许函数的递归调用。在递归调用中，主调函数又是被调函数。执行递归函数将反复直接或间接调用其自身，每调用一次就进入新的一层。C语言的递归调用有两种形式：直接递归和间接递归。例如，有函数f如下：

```
int f(int x)
    {
       int y;
       z=f(y);
```

```
        return z;
    }
```

在调用函数f的过程中，又要调用函数f，这是一个直接递归调用函数。但是运行该函数将无休止地调用其自身，这当然是不正确的。为了防止递归调用无终止地进行，必须在函数内有终止递归调用的方法。常用的办法是用if条件判断语句，满足某种条件以后就不再做递归调用，然后逐层返回。

任务16：编程实现用递归法计算n!。

解题思路：

用递归法计算n！可用下述公式表示：

$$n!\begin{cases}1 & (n=0,\ 1)\\ n\times\ (n-1)! & (n>1)\end{cases}$$

公式代码如下：

```
#include <stdio.h>
long fac(int n)
{
   long f;
   if(n<0) printf("n<0,input error");
   else if(n==0 || n==1) f=1;
     else  f=fac(n-1)*n;
   return f;
}
main()
{
   int n;
   long y;
   printf("\ninput a inteager number:\n");
   scanf("% d",&n);
   y=fac(n);
   printf("% d!=% ld",n,y);}
```

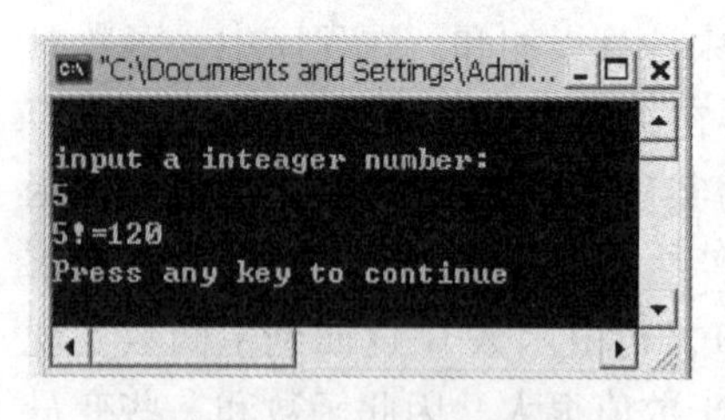

图6-15　任务16运行结果

任务分析：程序中给出的函数fac()是一个递归函数。主函数调用函数fac()后即进入函数fac()体执行，如果n<0，n==0或n=1时，都将结束函数的执行；否则就递归调用fac()函数自身。由于每次递归调用的实参为n-1，即把n-1的值传递给形参n；最后当n-1的值为1时，再做递归调用，形参n的值也为1，使递归终止，然后可逐层退回。运行情况见图6-15。

下面再举例说明该过程。设执行本程序时输入为5，即求5!。在主函数中的调用语句即为y=fac(5)，进入fac()函数后，由于n=5，不等于0或1，故应执行f=fac(n-1)*n，即f=fac(5-1)*5。该语句对fac作递归调用即fac(4)。

进行4次递归调用后，fac函数形参取得的值变为1，故不再继续递归调用而开始逐层返回主调函数。fac(1)的函数返回值为1，fac(2)的返回值为1*2=2，fac(3)的返回值为2*3=6，fac(4)的返回值为6*4=24，最后返回值fac(5)为24*5=120。

编者手记：求阶乘的方法有两种。一种是递归方法如任务16的程序代码；另一种是递推法，即从1开始乘以2，再乘以3……直到乘到n。递推法比递归法更容易理解和实现。递推方法的特点是从一个已知的事实出发，按一定的规律推出下一个事实，再从这个新已知事实出发，再向下推出一个新的事实，以此类推。例如，求阶乘的代码可以写成：

```
long fac(int n)
{
   long f;
   if(n<0)  printf("n<0,input error");
   else  for(i=1;i<=n;i++)
          {f*=i;}
   return f;
}
```

递推方法虽然比递归方法易于理解，但是有些问题则只能用递归算法才能实现。例如，求N阶勒让德多项式的值。

任务17：编写代码，实现求N阶勒让德多项式的值。

求N阶勒让德多项式的递归公式如下：

$$P_n(x)=\begin{cases}1 & (n=0)\\ x & (n=1)\\ ((2n-1)*x*P_{n-1}(x)-(n-1)*P_{n-2}(x))/n & (n>1)\end{cases}$$

代码如下：

```
#include<stdio.h>
main()
{
   int x,n;//声明两个整型变量
   float p(int tn,int tx);//声明函数
   scanf("%d,%d",&n,&x);//接收用户输入的数
   printf("P%d(%d)=%10.2f\n",n,x,p(n,x));//输出结果
}
float p(int tn,int tx)//定义函数
{
   if(tn==0)//根据tn的值返回不同的结果
     return(1);
   else if(tn==1)
       return(tx);
     else
       return(((2*tn-1)*tx*p((tn-1),tx)-(tn-1)*p((tn-2),tx))/tn);
}
```

任务分析：在主函数中通过键盘输入两个变量的值分别存放在整型变量n和x中，并把这个变量作为实参调用函数p。在函数p中判断变量tn的值，若为0，则返回1；若等于1，则返回tx的值；否则把tn-1的值作为实参递归调用函数p，直到tn的值等于1，结束递归；然后逐层返回，最后获得结果，并将结果返回给主函数。

运行情况如图6-16所示。

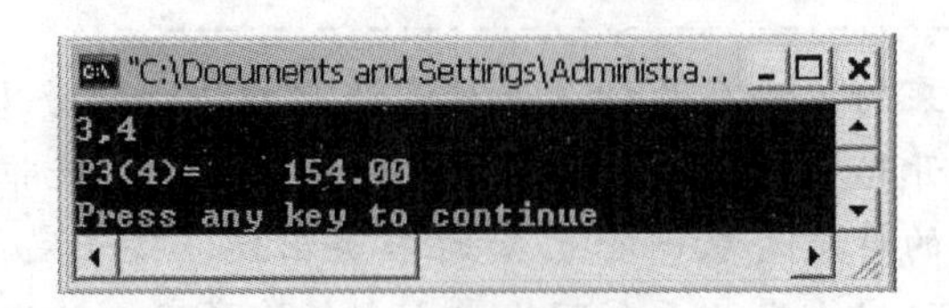

图6-16　任务17的运行结果

6.6　变量的作用域和生存期

在讨论函数的形参变量时曾经提到，形参变量只在被调用期间才分配内存单元，调用结束立即释放。这表明：（1）形参变量只有在函数内才是有效的，离开该函数就不能再使用了，这种变量有效性的范围称变量的作用域；（2）变量的生存期是变量在内存中开辟存储空间的时候，即变量定义的时候，当变量内存空间释放的时候就是变量生命周期结束的时候。不仅对于形参变量，C语言中所有的量都有自己的作用域。变量说明的方式不同，其作用域也不同。

6.6.1　变量的作用域

C语言中的变量，按作用域范围可分为两种，即局部变量和全局变量。

1. 局部作用域

前面的我用写的代码中各函数变量的作用域都是局部的，它们的声明都在函数内部，无法被其他函数的代码所访问。

例如：

```
int f1(int a)          /* 函数 f1 */
{
   int b,c;            a, b, c有效
   ……
}
int f2(int x)          /* 函数 f2 */
{
   int y,z;            x, y, z有效
   ……
}
main()
{
   int m,n;            m, n有效
   ……
}
```

说明：在函数f1内定义了3个变量，a为形参，b，c为一般变量。在f1的范围内a，b，c有效，或者说a，b，c变量的作用域限于f1内。同理，x，y，z的作用域限于f2内。m，n的作用域仅限于main函数内。函数的形参的作用域也是局部的，它们的作用范围只在函数内部所用的语句块。我们把这种只在函数范围内有效，在函数外面不能使用的变量称为局部变量，也称为内部变量。局部变量是在函数内做定义说明的。其作用域仅限于函数内，离开该函数后再使用这种变量是非法的。

关于局部变量的作用域还要说明以下几点。

(1) 主函数中定义的变量也只能在主函数中使用，不能在其他函数中使用。同时，主函数中也不能使用其他函数中定义的变量。因为主函数也是一个函数，它与其他函数是平行关系，这一点是与其他语言不同的。

(2) 形参变量是属于被调函数的局部变量，实参变量是属于主调函数的局部变量。

(3) 允许在不同的函数中使用相同的变量名，它们代表不同的对象，分配不同的单元，互不干扰，也不会发生混淆。如在前例中，形参和实参的变量名都为 n，是完全允许的。

(4) 在复合语句中也可定义变量，其作用域只在复合语句范围内。

例如：

```
main()
{
   int s,a;
   ……
   { //复合语句块
      int b;
      s = a + b;        b 有效        s，a 在此范围内有效
      ……
      }
   ……
}
```

任务 18：编写一段代码，体会局部变量的使用。

代码如下：

```
#include <stdio.h>
main()
{
   int a =1,b =4,c;
   c = a + b;
   {
      int c =10;
      printf("% d \n",c);
   }
   printf("% d \n",c);
}
```

任务分析：本程序在 main()中定义了 a，b，c3 个变量，其中 c 未赋初值。而在复合语句内又定义了一个变量 c，并赋初值为 10。应该注意这两个 c 不是同一个变量。在复合语句外由 main()函数定义的 c 起作用，而在复合语句内则由在复合语句内定义的 c 起作用。因此程序第 5 行的 c 为 main()函数所定义，其值应为 5。第 8 行输出 c 值，该行在复合语句内，由复合语句内定义的 c 起作用，其初值为 10，故输出值为 10。

运行结果：10
5

2. 全局作用域

对于具有全局作用域的变量称为全局变量，也称为外部变量，它是在函数外部定义的变量，它不属于某一个函数，而是属于一个源程序文件，其作用域是整个源程序。在函数中使用全局变量，一般应作全局变量说明。只有在函数内经过说明的全局变量才能使用。全局变量的说明符为 extern。但在一个函数之前定义的全局变量，在该函数内使用可不再

加以说明。

例如：

```
int a,b;        /* 外部变量 */
void f1()       /* 函数 f1 */
{
  ……
}
float x,y;      /* 外部变量 */
int f2()        /* 函数 f2 */
{
  ……
}
main()          /* 主函数 */
{
  ……
}
```

（自 float x,y; 至程序末尾：全局变量 x，y 在此范围内有效；自 int a,b; 至程序末尾：全局变量 a，b 在此范围内有效）

从上例可以看出 a、b、x、y 都是在函数外部定义的外部变量，都是全局变量。但 x，y 定义在函数 f1 之后，而在 f1 内又无对 x，y 的说明，所以它们在 f1 内无效。a，b 定义在源程序最前面，因此在 f1，f2 及 main( ) 函数内不加说明也可使用。

任务 19：编写程序，实现输入长方体的长宽高 l，w，h。求体积及 3 个面 x * y，x * z，y * z 的面积。

代码如下：

```
#include <stdio.h>
int s1,s2,s3;
int vs( int a,int b,int c)
{
   int v;
   v = a * b * c;
   s1 = a * b;
   s2 = b * c;
   s3 = a * c;
   return v;
}
main()
{
   int v,l,w,h;
   printf("\n 输入长方体的长、宽、高(l、w、h): \n");
   scanf("% d% d% d",&l,&w,&h);
   v = vs(l,w,h);
   printf("v = % d,s1 = % d,s2 = % d,s3 = % d \n",v,s1,s2,s3);
}
```

任务分析：设置 s1，s2，s3 为全局变量，它们的作用域整个源文件有效。main( ) 函数的 v 变量属于局部变量，只在 main( ) 函数中有效。vs( ) 函数中定义的变量 v 属于局部变量，只在 vs( ) 函数内有效。程序从 main( ) 函数处开始运行，输入长、宽、高的值，调用 vs(l，w，h) 函数，l，w，h 值分别传递给 vs( ) 函数中的形参 a，b，c。计算后，s1，s2，s3 分别被赋值，由于它们是全局变量，内存单元被直接赋值并且一直有效，直到程序结束，内存释放。vs( ) 函数中 return v；语句带着数据作为函数的返回值，赋值给 main( ) 函数中的 v 变量。

运行结果如图 6-17 所示。

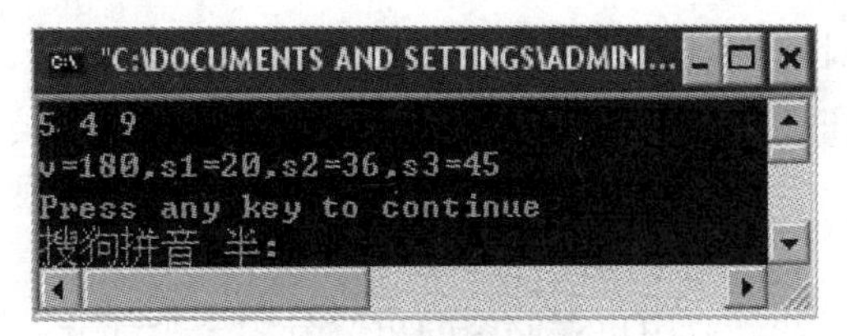

图 6-17 任务 19 的运行结果

注意：如果在同一个源文件中，外部变量与局部变量同名，则在局部变量的作用范围内，外部变量被“屏蔽”，即它不起作用。

任务 20：编写程序，实现外部变量与局部变量同名应用。

代码如下：

```
#include <stdio.h>
int a=6,b=9;        /* a,b 为外部变量 */
max(int a,int b)    /* a,b 为局部变量 */
{  int c;
   if(a>b)
   c=a;
   else
   c=b;
   return(c);
}
main()
{  int a=8;
   printf("%d\n",max(a,b));
}
```

任务分析：在任务 20 中，第 2 行定义了两个全局变量 a，b，并进行了初始化。第 3 行中定义了 max 函数的形参 a，b，形参变量是局部变量。当 max( ) 函数被调用时，全局变量的 a，b 将不起作用，起作用的是它的形参变量 a，b，它们的值是由实参传递过来的。接着在主函数中定义了一个局部变量 a，因此在主函数中全局变量 a 将不起作用，但是因为在主函数中没有与全局变量 b 同名的变量，所以在主函数中，全局变量 b 是有效的。

运行结果：9

编者手记：如果没有显示的对全局变量进行初始化，那么编译器会将把默认初始化为 0。即对全局变量的初始化只有一次，就是在对全局变量声明的时候。使用全局变量可以增加函数之间的数据联系。但是由于在同一文件中的所有函都能访问全局变量，这会造成如果在一个函数中改变了全局变量的值，就会影响到其他函数，这样就会降低函数的独立性，因此建议尽量不要使用全局变量。

从上面的程序也可以看出，不同函数内部可以使用相同的局部变量名，全局变量也可以与局部变量重名。

6.6.2　变量的生存期

按照变量值存在的时间变量可以分为静态存储和动态存储。

静态存储方式是指在程序运行期间分配固定的存储空间的方式。

动态存储方式是在程序运行期间根据需要进行动态的分配存储空间的方式。

用户区

程 序 区
静态存储区
动态存储区

图6-18　用户存储空间

用户存储空间可以分为3个部分，如图6-18所示：

（1）程序区；

（2）静态存储区；

（3）动态存储区；

全局变量全部存放在静态存储区，在程序开始执行时给全局变量分配存储区，程序运行完毕就释放。在程序执行过程中它们占据固定的存储单元，而不动态地进行分配和释放。

动态存储区存放以下数据：

（1）函数形式参数；

（2）自动变量（未加static声明的局部变量）；

（3）函数调用时的现场保护和返回地址；

对以上这些数据，在函数开始调用时分配动态存储空间，函数结束时释放这些空间。

注意：这种空间的分配和释放是动态的。也就是说，如果在一个程序中调用同一个程序两次，分配给此函数局部变量的内存空间地址可能是不相同的。如果一个程序有若干个函数，则每个函数的局部变量的生存期并不等于整个程序的执行周期，而只是程序执行周期的一部分。

在C语言中，每个变量和函数都有两个属性：数据类型和数据的存储类别。数据类型在前面已经介绍过了，接下来介绍一下存储类别。

存储类别是指数据在内存中的存储方法。变量按存储类别来分，可以有四种：自动变量（auto）、静态变量（static）、寄存器变量（register）和外部变量（extern），下面分别进行介绍。

1. 自动变量

自动变量是最常用的一类变量。函数中的局部变量，如不专门声明为static存储类别，那么都是动态地分配存储空间的，数据存储在动态存储区中。函数中的形参和在函数体中定义的变量（包括在复合语句中定义的变量），都属于自动变量，在调用该函数时系统会给它们分配存储空间，在函数调用结束时就自动释放这些存储空间，这类局部变量称为自动变量。自动变量用关键字auto作为存储类别的声明，声明的格式为：

```
auto 数据类型说明符　变量名;
```

例如：

```
int f(int a)           /*定义f函数,a为参数*/
{  auto int b,c=3;     /*定义b,c为自动变量*/
   ……
}
```

其中，a是形参，b，c声明为自动变量，并对c赋初值3。执行完函数f后，自动释放a，

b，c 所占的存储单元。

> **说明**：关键字 auto 可以省略，如果不写 auto，则隐含定为“自动存储类别”，属于动态存储方式，在前面遇到的程序中所定义的变量只要是未加存储类型说明符的都是自动变量。例如，auto int b，c =3；与 int b，c =3；是等价的。

2. 用 static 声明局部变量

有时希望函数中局部变量的值在函数调用结束后不消失而保留原值，这时就应该指定局部变量为“静态局部变量”，用关键字 static 进行声明，声明的格式为：

static 数据类型说明符　变量名;

任务 21：编写程序，实现静态局部变量应用。

代码如下：

```
#include <stdio.h>
f(int a)
{  auto b=1;
   static c=5;
   b=b+1;
   c=c+1;
   return(a+b+c);
}
main()
{  int a=3,i;
   for(i=0;i<3;i++)
   printf("% d",f(a));
}
```

任务分析：在函数 f( )中定义一个自动变量 b 和静态局部变量 c，并分别赋值为 1 和 5。main( )函数中将打印 3 次 f(a) 的返回值。第 1 次，a + b + c = 3 + 2 + 6 = 11；第 2 次，由于调用一次 f( )函数，开辟一次存储单元，数据重新赋值，而 c 是静态局部变量，其值并不随着函数调用结束而消失，始终存在保留原值，a + b + c = 3 + 2 + 7 = 12；第 3 次，理由同上，a + b + c = 3 + 2 + 8 = 13。

运行结果：11　12　13

关于静态局部变量有以下一些说明。

（1）静态局部变量与自动变量有相似之处，静态局部变量也局限于一个特定的函数，在所在的函数之外，其他函数是不可以访问的。它们的不同之处在于，静态局部变量属于静态存储类别，在静态存储区内分配存储单元，在程序整个运行期间都不释放；而自动变量（即动态局部变量）属于动态存储类别，占动态存储空间，函数调用结束后即释放。

（2）静态局部变量在编译时赋初值，即只赋初值一次；而对自动变量赋初值是在函数调用时进行，每调用一次函数重新给一次初值，相当于执行一次赋值语句。

（3）如果在定义局部变量时不赋初值的话，则对静态局部变量来说，编译时自动赋初值 0（对数值型变量）或空字符（对字符变量）。而对自动变量来说，如果不赋初值，则它的值是一个不确定的值。

任务 22：编写程序打印 1 到 4 的阶乘值。

代码如下：

```
#include <stdio.h>
int fac(int n)
{  static int f =1;
   f = f * n;
   return(f);
}
main()
{  int i;
   for(i =1;i < =4;i ++)
   printf("% d! = % d \n",i,fac(i));
}
```

任务分析：在第 1 次调用函数 fac 时，f 的初值为 1，由于 f 是静态局部变量，在函数调用结束后并不释放它的内存空间；在第 2 次调用函数 fac 时，f 的初值为 1；第 3 次调用时，f 的初值为 2；第 4 次调用时，f 的初值为 6。

运行结果：4! =24

3. register 变量

为了提高效率，C 语言允许将局部变量得值放在 CPU 中的寄存器中，这种变量叫寄存器变量，用关键字 register 做声明，声明的格式为：

register 数据类型说明符　变量名；

任务 23：编写程序，使用寄存器变量。

代码如下：

```
#include <stdio.h>
int fac(int n)
{  register int i,f =1;
   for(i =1;i < =n;i ++)
     f = f * i;
   return(f);
}
main()
{  int i;
   for(i =0;i < =6;i ++)
     printf("  % d! = % d",i,fac(i));
}
```

任务分析：本任务是求 6 的阶乘，该程序格式与任务 22 基本相同，最大不同之处在于，fac( )函数中采用了 for 循环语句来求阶乘。因为任务 22 中定义的变量为静态变量可以存储每次调用的数值，而 register 变量的特点是调用函数时，才使用寄存器。因为寄存器不能始终保存数据，所以采用循环方式求阶乘。

运行结果：0! =1　1! =1　2! =2　3! =6　4! =24　5! =120　6! =720

 **说明**：(1) 只有局部自动变量和形式参数可以作为寄存器变量；

(2) 一个计算机系统中的寄存器数目有限，不能定义任意多个寄存器变量；

(3) 局部静态变量不能定义为寄存器变量。

4. 用 extern 声明外部变量

外部变量（即全局变量）是在函数的外部定义的，它的作用域为从变量定义处开始，到本程序文件的末尾。如果外部变量不在文件的开头定义，其有效的作用范围只限于定义处到文件终了。如果在定义点之前的函数想引用该外部变量，则应该在引用之前用关键字extern对该变量做“外部变量声明”，表示该变量是一个已经定义的外部变量。有了此声明，就可以从“声明”处起，合法地使用该外部变量。外部变量的声明格式为：

```
extern 数据类型说明符  变量名;
```

任务24：用extern声明外部变量，扩展程序文件中的作用域。

代码如下：

```
#include <stdio.h>
int max(int x,int y)
{ int z;
  z=x>y?x:y;
  return(z);
}
main()
{ extern A,B;
  printf("%d\n",max(A,B));
}
int A=10,B=3;
```

任务分析：在本任务的最后1行定义了外部变量A，B，但由于外部变量定义的位置在函数main()之后，因此本来在main()函数中不能引用外部变量A，B。现在在main()函数中用extern对A和B进行“外部变量声明”，就可以从“声明”处起，合法地使用该外部变量A和B。

运行结果：10

外部变量在编译时用系统永久的存储空间。如果一个源文件中有外部变量的声明，则在该文件中的函数在使用外部变量时，就不需要再进行声明，可以直接使用。反之，要使用其他文件中声明的外部变量，就必须在使用该外部变量之前，使用extern进行声明。这样就可以将在另一个文件中定义的外部变量的作用域扩展到本文件，在本文件中可以合法地引用。

任务25：编写程序，已知b的值，输入数据a和m，求a*b和a+m的值。用extern声明外部变量，扩展到其他文件中。

下面的程序由f1.c和f2.c两个文件组成。

文件f1.c的内容如下：

```
int A;
main()
{
  int add(int);
  int b=4,c,d,m;
  printf("enter the number a and
  m:\n");
  scanf("%d,%d",&A,&m);
  c=A*b;
  printf("%d*%d=%d\n",A,b,
  c);
  d=add(m);
  printf("%d +%d=%d\n",A,m,
  d);
}
```

文件f2.c的内容如下：

```
extern A;
add(int m)
{
  int y;
  y=A+m;
  return y;
}
```

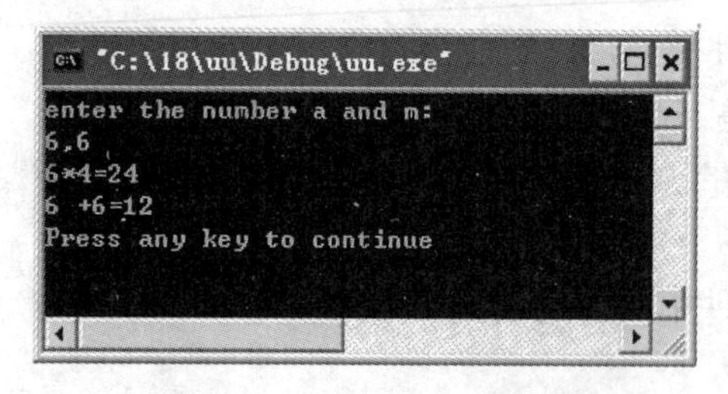

图6-19　任务25的运行结果

任务分析：f2. c文件的开头有一个extern声明，声明了在本文件中用的变量A是一个已经在其他文件中定义过的外部变量，在本文件中就不必为它再次分配内存。本来外部变量A的作用域是在f1. c中，但现在通过使用extern声明将其作用域扩大到f2. c文件中了。

运行结果如图6-19所示。

编者手记：系统是如何区分extern是扩展到所在文件中的作用域，还是扩展到其他文件中的呢？在编译时当遇到extern时，先在extern声明所在的文件中寻找声明的外部变量的定义。如果找到了，就表示是本文件中的扩展作用域。如果没有找到，就在连接时从其他文件中寻找外部变量的定义；如果找到，就表示是将作用域从其他文件扩展到本文件中；如果还未找到，就按出错处理。

extern仅是说明变量是“外部的”，以及它的数据类型，并不真正分配存储空间。

6.7　内部函数和外部函数

一个C语言程序是由许多源程序文件组成的，根据函数能否被其他源文件函数调用，将函数分为内部函数和外部函数。

6.7.1　内部函数

如果一个函数只能被本文件中的其他函数调用，而不能被其他源文件中的函数调用，则称为内部函数。在定义内部函数时，在数据类型前面需加上static。

定义格式为：

```
static  数据类型说明符  函数名(形参表列)
{ }
```

例如：statc void fun();

由于内部函数只局限于所在文件调用，因此在不同的源文件中即使有同名的内部函数，也互不干扰，这样有助于不同的人分别编写不同的函数。

任务26：编写程序，实现内部函数的调用。

下面文件中由f1. c和f2. c两个文件组成。

f1. c的内容如下：

```
#include < stdio.h >
static void fun1()
{  printf("This is fun1 in f1 \n");//输出一则消息
}
fun2()
{
   printf("This is fun2 in f1 \n");
}
```

f2. c的内容如下：

```
#include < stdio.h >
```

```
void fun2();
void fun1()
{  fun2();      //调用第一个文件中的函数
   printf("This is fun1 in f2 \n");      //输出一则消息
}
main()
{
   fun1();      //调用函数
}
```

任务分析：f1.c文件中定义了一个内部函数fun1，返回值和形参都是空的。f2.c文件中，首先声明了要调用的函数fun2，接着定义了一个函数fun1，最后在主函数中调用fun1函数。从运行结果可以看出来，虽然文件f1.c和f2.c中有同名函数fun1，但它们互不干扰。

运行结果：
```
This is fun2 in f1
This is fun1 in f2
```

6.7.2 外部函数

外部函数是指可以被其他源文件调用的函数，在定义函数时如果在最前面加以关键字extern，则表示此函数为外部函数。其定义的格式为：

```
extern  数据类型说明符    函数名(形参表列)
{ }
```

例如，函数的首部为：`extern int fun(int x,int y);`
这样，其他的文件就可调用fun函数了。而且，如果在定义函数时省略extern，则隐含为外部函数。

任务27：有一个字符串，内有若干个字符，要求用外部函数实现顺序地将字符串倒序输出。

代码如下：

```
file1.c
#include "stdafx.h"
#include "stdio.h"
#include "string.h"
void main()
{
   extern insert_c(char  str[]);
   extern conver_c(char str[],int len);
   extern print_c(char str[]);
   char str[60];
   insert_c(str);
   conver_c(str,strlen(str)-1);
   print_c(str);
}
file2.c
#include <stdio.h>
insert_c(char str[60])
{
   gets(str);
}
```

```
file3.c
#include <stdio.h>
conver_c(char str[],int j)
{
   int i,t;
   for(i=0; i<j;i++)
   {
   t=str[i];
   str[i]=str[j];
   str[j]=t;
   j--;
}
file4.c
#include <stdio.h>
print_c(char  str[])
{
   printf("% s",str);
}
```

任务分析：整个C程序由4个文件构成，每个文件都包含一个函数。主函数包含了4个函数调用，一个scanf()函数、3个自定义函数。主函数在调用前都声明了这3个函数，并且用extern说明一会要用到的函数是其他文件定义的函数。insert_c()函数的功能是从键盘上接收字符串；print_c()函数的功能是打印输出字符串；conver_c()函数的功能是将字符串倒序输出。具体算法是：用for循环操作，j表示字符串长度-1，用做数组下标；当i<j时，第i个字符与第j个字符互换。

运行结果：abcdefgh↙
　　　　　hgfedcba

本任务中C语言程序是由多个文件组成，那么如何将这些文件编译连接成一个统一的可执行文件并运行呢？

下面就介绍在VC6环境下如何执行多文件程序。

（1）建立一个项目，然后向其中创建新的源文件，如图6-20所示。

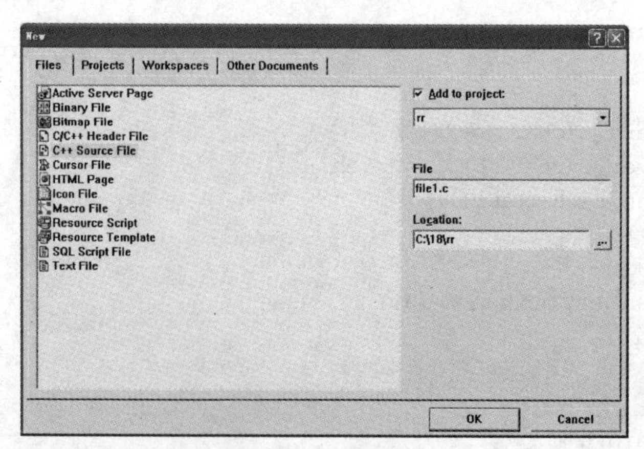

图6-20　添加新文件

从左侧列表中选中要创建的文件类型，C语言在VC6中选择C++ Source File类型，然后在文件名处填写要创建的文件名（如file1.c）填完文件名后，还要将复选框Add to project 设置选中状态，并在其下拉列表中选择目标工程 rr。

（2）编辑各个源文件，编码完成即可进入编译、连接和运行步骤，如图 6-21 所示。

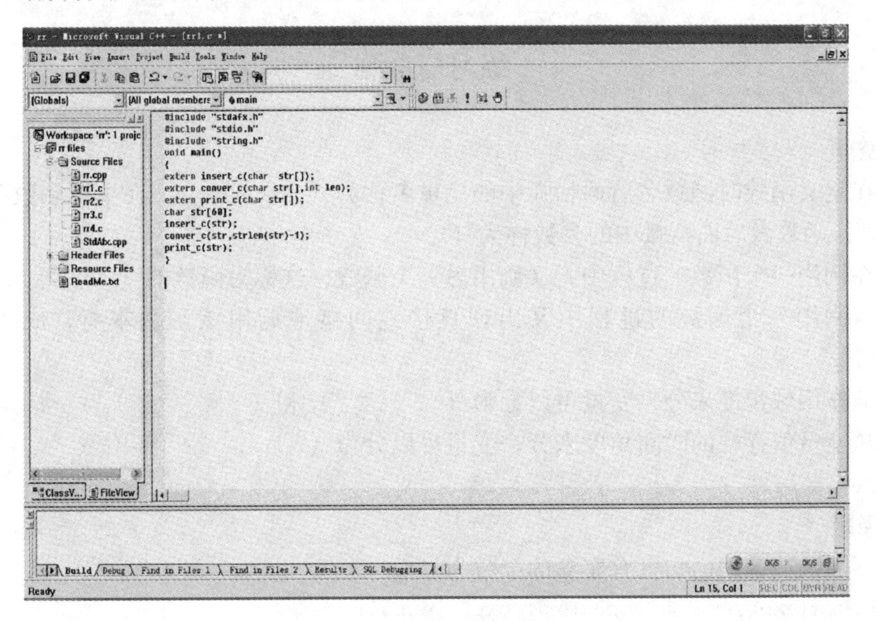

图 6-21 编辑、编译源程序

编者手记：当多个 C 语言程序在 VC6 的环境里一起编译时，经常会出现一些常见错误。

（1）出现 fatal error C1010：unexpected end of file while looking for precompiled header directive 的错误。

解决方法是在文件开头添加：#include "stdafx. h"。

（2）出现 fatal error C1853 错误。

解决方法是取消预编译头。选中该文件右击选中 setting 中的 category 的 precompiled headers，选择 no using precompiled。

这是因为项目中混合了 . cpp 和 . c 文件，编译器会对他们采用不同的编译方式，因而不能共用一个预编译头。

（3）出现 error LNK2005：_main already defined in rr. obj 错误。

解决方法是在 . cpp 中删除重复的 main( ) 函数。

这是重复定义错误，重复定义错误有重复定义全局变量、头文件包含的重复、使用第三方库造成的重复等。

6.8 本章小结

C 语言的源程序往往是由多个函数组成。函数是 C 语言的基本单位，通过对函数的调用实现特定的功能。C 语言不仅提供了丰富的库函数，还允许用户自己定义函数。用户可以通过调用自己编写的一个个函数模块来使用函数。本章介绍了函数的定义、函数的参数，以及用数组作为参数的情况、函数的返回值、函数的调用、函数的嵌套调用、递归调用、变量的作用域、内部函数和外部函数等知识点。

练习与自测

一、填空题

1. 在定义函数时函数名后面括弧中的变量名称为（　　　　），在主调函数中调用一个函数时，函数名后面括弧中的参数称为（　　　　）。

2. 在调用一个函数的过程中，又调用另一个函数，这称为函数的（　　　　）。

3. 在调用一个函数的过程中又出现直接或间接地调用该函数本身，成为函数的（　　　　）。

4. 从作用域角度来分，变量可以分为（　　　　）和（　　　　）。

5. 从变量值存在的时间角度来分，变量可以分为（　　　　）和（　　　　）两种类型。

二、选择题

1. 下面函数调用语句含有实参的个数为（　　）。

```
Func((exp1,exp2),(exp3,exp4,exp5),exp6);
```

A. 3个　　B. 4个　　C. 5个　　D. 6个

2. 凡是函数中未定义指定存储类别的局部变量，其隐含的存储类别为（　　）。

A. 自动变量（auto）　　B. 静态变量（static）

C. 外部变量（extern）　　D. 寄存器变量（register）

3. 以下正确的描述是（　　）。

A. 函数的定义可以嵌套，但是函数的调用不可以嵌套

B. 函数的定义不可以嵌套，但是函数的调用可以嵌套

C. 函数的定义和函数的调用都不可以嵌套

D. 函数的定义和函数的调用都可以嵌套

4. 以下函数的类型是（　　）。

```
fff(float x)
{  printf("% d\n",x*x); }
```

A. 与参数 x 的类型相同　　B. void 类型

C. int 类型　　D. 无法确定

三、编程题

1. 求方程 $ax^2+bx+c=0$ 的根，用3个函数分别求当 b^2-4ac 大于0、等于0和小于0时的根并输出结果，并从主函数中输入 a、b、c 的值。

2. 用选择法对数组中10个整数按从小到大顺序排列（用函数实现）。

3. 求3×4的矩阵中所元素的最大值。

4. 写一个判断素数的函数，在主函数中输入一个整数，并输出是否是素数的信息。

5. 写一个函数，将两个字符串连接。

第7章 指　　针

学习目标

1. 理解指针的概念
2. 理解指针变量和变量指针的含义
3. 掌握使用指针引用数组成员
4. 掌握指针数组的概念和应用
5. 了解函数指针和指针函数
6. 了解二级指针的使用

指针是C语言中的一个重要概念，运用指针编程是C语言最主要的风格之一。利用指针可以表示各种数据结构；方便地使用数组和字符串；在函数调用时可以获得多于一个的值；并能像汇编语言一样直接处理内存地址，正确、灵活地使用指针可以极大地丰富C语言的功能。能否正确理解和使用指针也是我们是否掌握C语言的一个标志。另外，指针也是C语言中最为困难的一部分，在学习中除了要正确理解基本概念，还必须要多编程，勤上机练习，在实践中掌握它。

7.1　指针的含义

为了理解指针的含义，首先需要清楚数据在内存中是如何存储，如何访问的。

在计算机中，所有的数据都是存放在存储器中的。在C语言中，计算机的内存由连续的字节（byte）构成，一般把内存中的一个字节称为一个内存单元。在程序中定义的一个变量，在编译时会给其分配内存单元。根据变量数据类型的不同，所分配的内存单元数是不相同的，如整型变量占4个单元，字符型变量占1个单元，单精度实型变量占4个单元等。而为了正确地访问这些内存单元，就必须为每个内存单元加上编号，根据一个内存单元的编号即可准确地找到该内存单元。内存单元的编号就叫做“地址”，通常也把这个地址形象地称为指针。变量在内存的存放如图7-1所示。

在这里，读者要明确，内存单元的指针和内存单元的内容是两个不同的概念。可以用一个通俗的例子来说明它们之间的关系。例如，我们到银行去存、取款时，银行工作人员将根据我们的账号去找我们的账户，找到之后在账户上写入存款、取款的金额。在这里，账号就是每个账户的指针，存款数是账户的内容。对于一个内存单元来说，单元的地址即为指针，其中存放的数据才是该单元的内容。如图7-1所示的变量i的指针是2000，变量i的内容是23；而变量j的指针是2002，变量j的内容是234；通常是根据指针访问变量所分配的内存单元中的内容。

C语言对变量的访问可以有两种方式：直接访问方式和间接访问方式。

（1）按变量地址存取变量值的方式称为直接访问方式。

例如：`int a,b;`

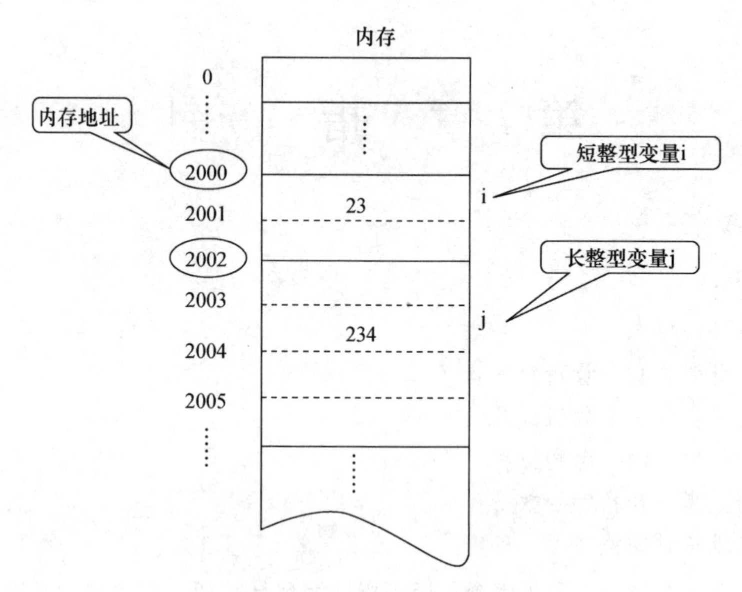

图7-1 变量在内存的存放

定义了两个个整型变量，假设在编译时分配2000、2001、2002和2003四个字节给变量a，2004、2005、2006和2007四个字节分配给变量b，如图7-2所示。在程序中可以通过变量名a，b对其内存单元进行访问，不过程序经编译后已经将变量名转换为变量对应的内存单元的地址，对变量值的存取操作都是通过地址进行的。例如，当执行a=3时，根据变量名与地址的对应关系（是在编译的时候确定的），找到变量a的起始地址2000，然后按照变量a所声明的数据类型在内存中占的单元数量，将整数常量356存放到从2000开始的4个连续的内存单元中，即地址编号是2000、2001、2002和2003中的存储单元内容。

（2）将变量的地址存放在另一个变量中。在C语言中有专门存放地址的变量。假设定义一个变量a_pointer，用来存放变量a的地址，在编译时分配的内存单元是3000、3001、3002和3003。如图7-3所示，变量a_pointer中存放的是变量a的起始地址2000，如果要存取变量a的值就可以采用：先找到存放变量a起始地址的变量a_pointer，从中取出a的地址（2000），然后从地址为2000、2001、2002和2003的存储单元中取出变量a的值（356）。

这种通过存放变量地址的另一个变量来访问变量的方式叫做间接访问方式。

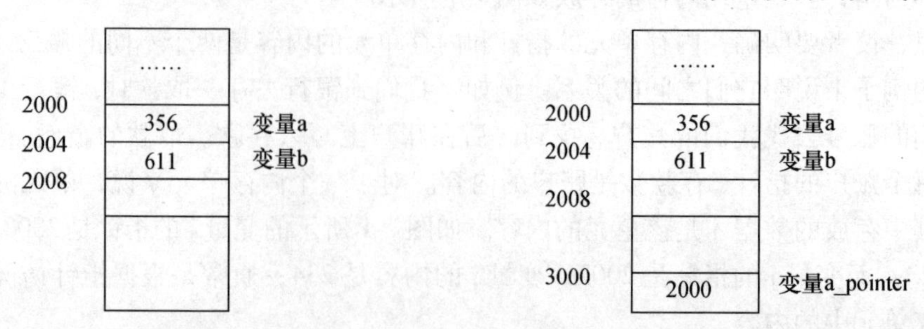

图7-2 通过地址直接访问　　图7-3 通过变量中的变量地址间接访问

7.2 指针变量

如上所述，变量的地址就是变量的指针。如果有一个变量专门用来存放另一个变量的地址，则称之为指针变量。例如，图 7-3 中变量 a_pointer 就是指针变量。为了表示指针变量和它所指向的变量之间的关系，在 C 语言中用“*”符号表示“指向”，例如，a_pointer代表指针变量，而 *a_pointer 是表示 a_pointer 所指向的变量，如图 7-4 所示。

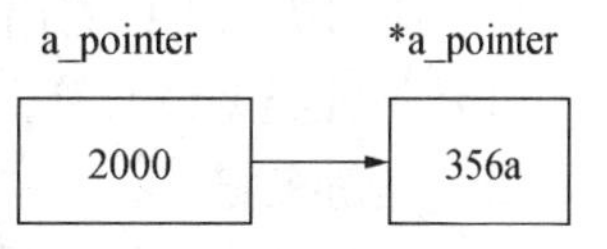

图 7-4 指针变量与变量的关系

从图 7-4 中可以看到 *a_pointer 和变量 a 中的值是一样的，即 *a_pointer 就是变量 a。因此，下面两个语句作用相同：

```
a=3;
*a_pointer=3;
```

第 2 个语句的含义是将 3 赋给指针变量 a_pointer 所指向的变量（就是变量 a 本身）。

一个指针变量的值就是某个内存单元的地址或称为某内存单元的指针。

注意： 这里提醒读者，*a_pinter 中的“*”不是乘法运算符，而是一个间接访问运算符。根据上下文的提示，编译器能够判断 * 什么时候用间接访问运算符，什么时候用做乘法运算符。

编者手记： 一个指针是一个地址，是一个常量。而一个指针变量却可以被赋予不同的指针值，是变量。通常把指针变量简称为指针。为了避免混淆，我们约定：指针是指地址，是常量，指针变量是指取值为地址的变量。定义指针变量的目的是为了通过指针去访问内存单元。

既然指针变量的值是一个地址，那么这个地址不仅可以是变量的地址，也可以是其他数据结构的地址。在一个指针变量中也可以存放一个数组或一个函数的首地址，因为数组或函数都是连续存放的，所以通过访问指针变量取得了数组或函数的首地址，也就找到了该数组或函数。这样一来，凡是出现数组、函数的地方都可以用一个指针变量来表示，只要该指针变量中赋予数组或函数的首地址即可。这样做，将会使程序的概念十分清楚，程序本身也精练、高效。在 C 语言中，一种数据类型或数据结构往往都占有一组连续的内存单元。用地址这个概念并不能很好地描述一种数据类型或数据结构，而指针虽然实际上也是一个地址，但它却是一个数据结构的首地址，它是“指向”一个数据结构的，因而概念更为清楚，表示更为明确。这也是引入指针概念的一个重要原因。

7.2.1 指针变量的声明

指针变量与其他变量一样，在使用前必须先要进行声明，指定该指针所指向的数据类型，并给指针变量分配内存单元。但指针变量又与其他类型的变量，如整型变量不同，指针变量是专门用来存放地址的，所以必须要将其定义为“指针类型”。例如：

```
int i,j;
```

```
int *_pointer_1,* pointer_2;
```

其中，第1行表示定义了两个整型变量i和j，第2行定义的是两个指针变量pointert_1和pointer_2，都是指向整型变量的指针变量。

从上面的语句可以看出，对指针变量的定义包括3个内容：

(1) 指针类型说明符，即定义的变量是一个指针变量；

(2) 指针变量名；

(3) 指针所指向的变量的数据类型。

指针变量定义的一般形式为：

```
类型说明符　*变量名;
```

其中，*表示定义的变量是一个指针变量；变量名即为定义的指针变量名，其命名符合其他标识符的命名规则；类型说明符表示指针变量所指向变量的数据类型，也叫做指针变量的基类型。基类型不可省略，一经定义，指针变量只能指向相同类型的变量，不能随意改变。

例如，上面的例子：int *i_pointer,*j_pointer;

其中，pointer_1和pointer_2都是指针变量，它们的值是某个整型变量的地址。或者说pointer_1和pointer_2指向一个整型变量，至于究竟指向哪一个整型变量，应由向pointer_1和pointer_2赋予的地址来决定，但是不能改变他们指向的变量的类型。

再如：

```
float * pointer_3;      /* pointer_3 是指向实型变量的指针变量 */
char * pointer_4;       /* pointer_4 是指向字符型变量的指针变量 */
```

指针变量在声明的时候虽然与其他变量不太一样，需要用“*”说明这个变量是一个指针变量，但是可以与其他变量在同一条语句中声明，例如：

```
int a,*pa;
char ch1,ch2,*p;
```

小知识：定义好指针变量后，和其他变量一样，系统要给其分配相应的存储单元，那么一个指针变量要占多少个存储单元呢？因为指针涉及寻址空间，所以与计算机的位数有关，在32位机中是4个字节，在16位机为2个字节，与所指向的对象类型无关！我们可以用以下小程序来求得指针变量所分配的存储空间：

```
#include"stdio.h"
main()
{  float  i=1;
   float  *p;
   p=&i;
   printf("%d",sizeof(p));
}
```

若输出结果为2，则表明指针占2个字节；若结果为4，则表明指针占4个字节。现在常见的都是32位的计算机，所以指针一般占4个存储单元。

7.2.2 指针变量的初始化

上面已经介绍了如何定义一个指针变量，那么如何使一个指针变量指向另一个变量呢？指针变量与普通变量一样，使用之前不但要声明，而且必须要赋予具体的值。未经赋值的指针变量不能使用。给指针变量赋值与给其他变量赋值不同，指针变量的值只能是地址，不能赋予其他任何类型的数据，否则会引起错误。在C语言中有两个与指针变量有关的运算符。

（1）&：取地址运算符，用来表示取变量的起始地址。

在C语言中，变量的地址是在编译时由系统分配的，对于用户来说是完全透明的，用户并不知道变量的具体地址是多少，所以在程序中必须通过取地址运算符（&）来引用变量的地址，并将其存储到一个指针变量中。& 运算符的一般形式为：

& 变量名;

例如，&a 表示变量 a 的地址。

（2）*：指针运算符（或称“间接访问”运算符）。

*运算符在指针中有两个作用：

① 当声明一个指针变量时，“*”表示所声明的变量是指针变量；

② 当引用一个指针变量时，“*”表示“指向”含义，即指针变量所指向的变量。

在定义指针变量时，给指针变量赋值称之为指针变量的初始化，初始化的格式为：

基类型 *指针变量名 = 地址;

例如：

```
int a;
int *pa =&a;
```

与下面语句是等价的：

```
int a,*pa=&a;
```

除了初始化，还可以对指针变量进行赋值。

例如：`int a,*pa; pa=&a;`

或
```
int a,b;int *p;
p=&a;
p=&b;
```

表示指针 p 先指向变量 a，然后又指向变量 b。指针变量可以反复赋值使用。

> **注意：** 地址必须是已经定义过的普通变量的地址、数组元素的地址、数组名或函数等。
>
> 其中，数组名的前面无需再加取地址运算符（&），因为在第5章的数组中已经介绍过数组名即为该数组的起始地址。将指针变量声明与赋初值分开写的时候，被赋值的指针变量前不能再加“*”说明符。

例如：int a，*pa；*pa=&a 是错误的。请读者思考一下为什么是错误的？

例如：通过指针访问普通变量。

```
#include <stdio.h>
main()
{
   int a, b;
   int *pointer1,  *pointer2;  /*声明两个指针变量*/
   scanf("% d,% d", &a, &b);    /*输入两个整数*/
   pointer1 = &a;               /*将 a 的地址赋给指针变量 pointer1*/
   pointer2 = &b;               /*将 b 的地址赋给指针变量 pointer2*/
```

```
    printf("The number is:% d,% d \ n", * pointer1, * pointer2); /* 输出指针变量
    pointer1 和 pointer2 所指向的变量的值 * /
}
```

若输入数据为：25,36

则输出结果为：25,36

又如：通过指针访问数组元素。

```
#include < stdio.h >
main()
{
    char array[50];         /* 声明一个字符数组 array * /
    char * p;               /* 声明一个指针变量 * /
    scanf("% s", array);    /* 给数组赋值 * /
    p = array;              /* 将数组的起始地址赋给指针变量 p * /
    while( * p! = '\0')
    {  printf("% c", * p);  /* 输出指针变量 p 所指向的数组成员的值 * /
       p ++ ;}              /* 指针指向下一个数组成员 * /
    printf(" \ n");
}
```

运行结果：student

student

说明：（1）指针变量中只能存放地址，不能将一个整型数据（或其他非地址类型的数据）赋给一个指针变量。例如，下面的语句是不合法的：

```
int * p = 100;
```

这里虽然声明了一个指向整型的指针变量，但是指针变量里只能存放一个整型数据表示的地址，而不可以是一个表示非地址值的整数100。

（2）赋给指针变量的变量地址不能是任意类型的数据地址，只能是与指针变量的基类型相同类型的变量地址。

下面的赋值是错误的：

```
float  a;
int  * pointer;
pointer = &a;
```

上面定义了一个实型变量a，一个指向整型变量的指针变量pointer。让指针变量指向实型变量a，编译的时候就会出错。这是因为实型和整型在内存中所占的内存单元数是不同的，指针移动1个位置，并不是单纯的地址值加1，而是需要移动指针所指向的数据类型所占的内存单元的数量，即对于实型就是移动4个字节，而字符型需要移动1个字节。

编者手记：虽然指针的使用能使程序更加灵活，可以大大提高程序的运行速度，但是在使用指针变量时，请大家要格外谨慎！要注意指针变量必须先赋值再使用，否则可能会引起死机等严重的系统错误。

例如：
```
main( )
{ int i =10,j =5;
  int *p;
  printf("% d", *p = *p+i);
}
```
危险!

指针变量定义后并没有赋初值，这样变量 p 经系统随机分配存储单元，p 指向存储单元地址里的内容。如果指向了系统程序中的指令，经运算后就有可能改变指令值，这样势必会造成严重的错误，如图 7-5 所示。

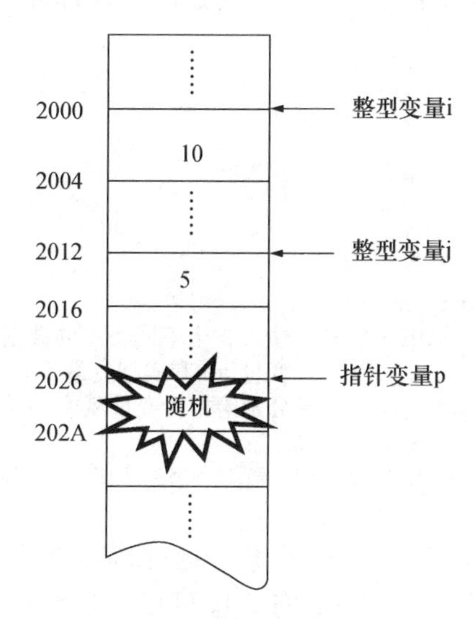

图 7-5 指针变量的随机使用

7.2.3 指针变量的引用

引用指针变量是对变量进行间接访问的一种形式。

任务 1：编写代码，使用指针变量访问整型变量。

代码如下：

```
#include <stdio.h>
main()
{ int a,b;
  int *p1,*p2;
  a =100;b =200;
  p1 =&a;
  p2 =&b;
  printf("% d,% d\n",a,b);
  printf("% d,% d\n",*p1, *p2);
}
```

任务分析：(1) 程序在开头先声明了两个整型变量 a，b，然后声明了两个指针变量 p1 和 p2，但这两个指针变量并未指向任何一个整型变量，只是提供两个指针变量，规定它们可以指向整型变量。程序第 6、7 行的作用就是使 p1 指向 a，p2 指向 b，如图 7-6 所示。

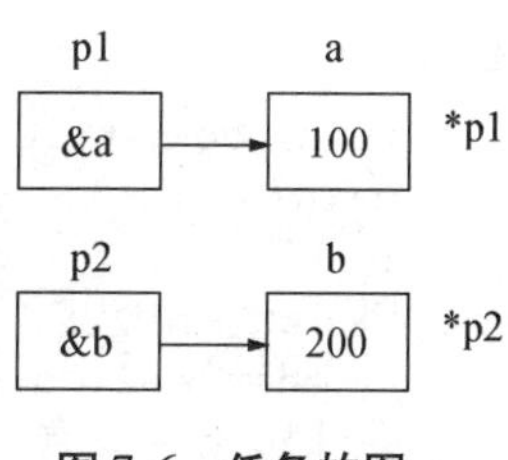

图 7-6 任务的图

（2）＊p1和＊p2就是变量a和b，最后两个printf函数作用是相同的。

（3）程序第6、7行的“p1 = &a”和“p2 = &b”不能写成“＊p1 = &a”和“＊p2 = &b”。

程序中有两处出现＊p1和＊p2，它们有什么不同的含义？

其中，语句int ＊p1，＊p2；是声明指针变量p1和p2，语句printf("%d,%d\n",＊p1，＊p2)；是引用指针变量p1和p2所指向的变量。

运行结果：100,200
　　　　　100,200

任务2：编写代码，利用指针变量实现不同数据类型的输出。

代码如下：

```
#include <stdio.h>
main()
{
   int *p1,i;
   char *p2,ch;
   float *p3,f;
   printf("please input:\n");
   scanf("%d%c%f",&i,&ch,&f);/* 输入3个不同类型的数据分别赋值给整型变量i,字符型
                                变量ch和实型变量f */
   p1 = &i;p2 = &ch;p3 = &f;       /* 分别给指针变量赋值,使他们指向这3个变量 */
   printf("the number is:\n");
   printf("i = %d,ch = %c,f = %f\n",*p1,*p2,*p3);  /* 利用指针输出3个变量的值 */
}
```

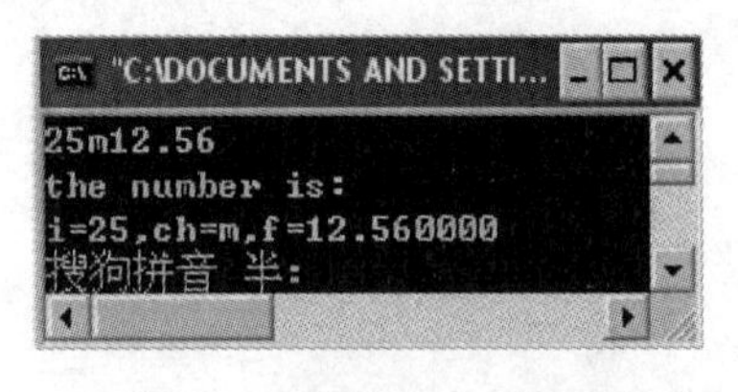

图7-7　利用指针输出数据

任务分析：运行结果如图7-7所示。

从任务2中可以看出程序中引用指针变量有多种方式，常见的有以下3种。

（1）给指针变量赋值。格式为：

指针变量名 = 表达式。

例如：p1 = &a；把变量a的地址赋给了指针变量p1.

（2）通过指针变量来引用它所指向的变量。格式为：

＊指针变量名

在程序中“＊指针变量名”表示的是指针变量所指向的变量，此时要求指针变量必须有值。如任务2中的语句：printf("i = %d，ch = %c，f = %f\n"，＊p1，＊p2，＊p3)；表示printf语句分别输出指针变量p1，p2，p3所指向的变量的值，即变量i，ch和f的值。

（3）直接引用指针变量名。

scanf()函数中的输入变量列表，可以引用指针变量名，用来接受输入的数据，并存入它所指向的变量；将指针变量中的值赋值给另一个指针变量中。例如任务2可改成如下程序：

```
#include <stdio.h>
main()
{
   int *p1,i;
   char *p2,ch;
   float *p3,f;
   p1 = &i;p2 = &ch;p3 = &f;       /* 使他们指针变量指向这三个变量 */
```

```
    printf("please input:\n");
    scanf("% d% c% f",p1,p2,p3);/* 输入 3 个不同类型的数据分别存入到 p1、p2 和 p3 所指向
                                   的变量中 * /
    printf("the number is:\n");
    printf("i = % d,ch = % c,f = % f \n", * p1, * p2, * p3);   /* 利用指针输出 3 个变量的值 * /
}
```

运行结果与任务 2 相同。其中，在使用指针变量输入数据前，必须先对指针变量赋值，使其指向某变量，这样才相当于对变量赋值；否则语句逻辑出错。

指针变量和其他普通变量一样，存放在它们之中的值是可以改变的，也就是说，可以改变它们的指向。假设有语句：

```
char i,j, * p1, * p2;
i = 'a';  j = 'b';
p1 = &i;p2 = &j;
```

则能够建立如图 7-8 所示的指向关系，这时如果执行赋值表达式 p2 = p1；就使 p2 的值与 p1 相同，即都是变量 i 的地址；那么新的指向关系也建立了，即 p2 也指向变量 i。此时，* p2 就等价于 i，而不是 j，如图 7-9 所示。

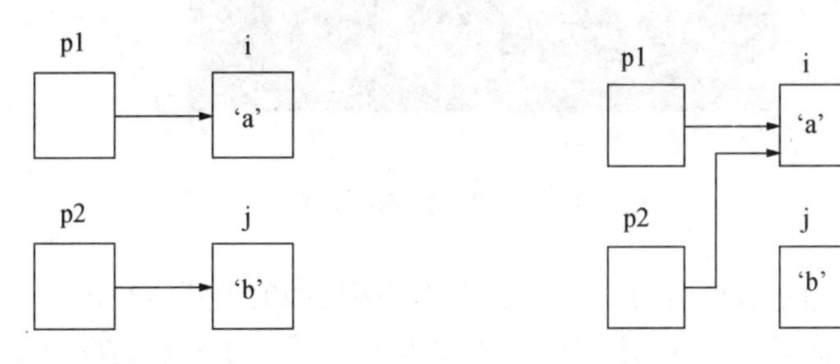

图 7-8 原来的指向关系　　图 7-9 新建立的指向关系

任务 3：编写一个程序用指针来实现输入 a 和 b 两个整数，按先大后小的顺序输出 a 和 b。

代码如下：

```
#include <stdio.h>
main()
{  int * p1, * p2, * p,a,b;
   p1 = &a;p2 = &b;
   scanf("% d,% d",p1,p2);
   if(a < b)
     {p = p1;p1 = p2;p2 = p;}
   printf(" \na = % d,b = % d \n",a,b);
   printf("max = % d,min = % d \n", * p1, * p2);
}
```

任务分析：程序在开始定义了两个整型变量 a 和 b，3 个整型指针变量 p1，p2 和 p，让指针变量 p1 和 p2 分别指向整型变量 a 和 b；然后从键盘输入两个整数值存放到变量 p1 和 p2 所指的地址中，并且比较 a 和 b 的大小，如果 a 小于 b 的值，则交换 p1 和 p2 指针变量的值。交换前情况如图 7-10（a）所示，交换后的结果如图 7-10（b）所示。

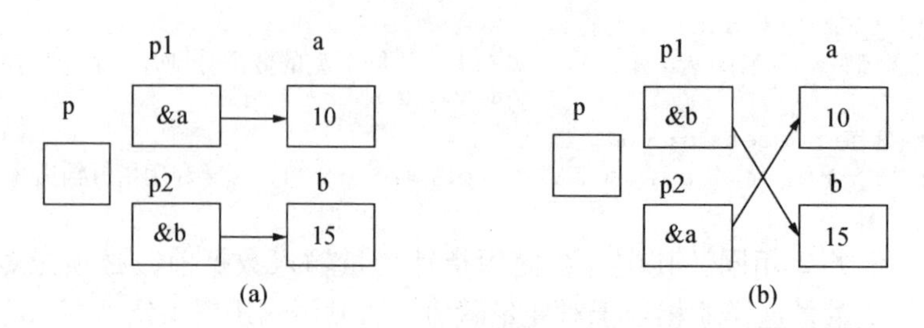

图 7-10　利用指针比较两个数的大小

从图 7-10 可以看出变量 a 和 b 的内容并没有改变，而是改变了 p1 和 p2 的内容。p1 原来指向变量 a，通过交换语句实现了将 p1 指向变量 b，p2 指向变量 a。

运行结果如图 7-11 所示。

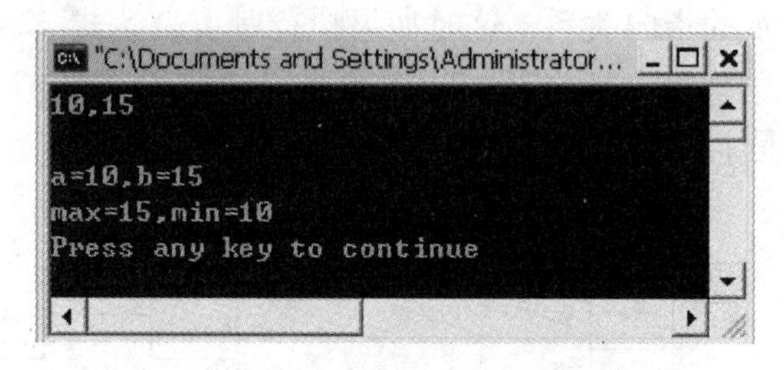

图 7-11　任务 3 的运行结果

因为通过指针访问它所指向的一个变量是以间接访问的形式进行的，所以比直接访问一个变量要费时间，而且不直观。因为通过指针要访问哪一个变量，取决于指针的值（即指向），例如 * p2 = * p1；实际上就是 j = i;，前者不仅速度慢而且目的不明。但由于指针是变量，可以通过改变它们的指向，间接访问不同的变量，这给程序员带来灵活性，也使程序代码编写得更为简洁和有效。

7.2.4　指针变量参与的运算

指针变量可出现在表达式中参与运算。根据指针变量指向的内容的不同，参与运算的方式也有所不同。

指针变量可以进行以下几种运算。

（1）赋值运算。

如有语句：
```
int *p1,*p2,a,b,array[5];
char pc;
p1 =&a;p2 =&b;                /* 指针变量指向普通变量 */
p1 =p2;                       /* 同类型的指针变量间相互赋值 */
p1 =array;或 p1 =&array[0];   /* 指针指向数组 */
pc ="c program!"; /* 将字符串的首地址赋值给指针变量,使其指向字符串 */
```

后面还会学习将函数的首地址赋值给指针变量，使指针变量指向结构体、链表等赋值操作。

（2）加减算术运算。指针变量可以加上或减去一个整数 n，表示指针在内存中下移或上移若干个存储单元。例如，p++、p--、p+i、p-i、p+=i、p-=i 等。指针的加减不是简单的上移、下移 n 个存储单元，位移的多少是以指针指向的数据类型为度量的。也就是说，实际上位移为 sizeof（基类型） * n 这么多。

例如：int *p；p+2 表示 p 在内存中下移两个 int 的距离，即下移 8 个存储单元。其他类型的指针以此类推。

（3）两个指针变量间的运算。只有指向同一个数组中的两个指针变量可以进行运算，否则没有意义。

减法运算：如果两个指针变量指向同一个数组，则两个指针变量值之差是指两个指针之间的元素个数。即两个指针变量的差值除以数组元素所占的字节数。

注意：两个指针变量不能进行相加运算，没有意义。

关系运算：若两个指针指向同一个数组，则可以进行比较。指向内存空间上面的元素的指针变量“小于”指向下面元素的指针变量。

若有语句 p1 = &array[2]；p2 = array[5]；，则 p1 < p2，或者说表达式“p1 < p2”的值为 1（真），而“p2 < p1”的值为 0（假）；表达式”P1 == p2”的值也为假。此外，还可以与 0 进行比较，判断指针是否为空，如 p1 ==0；p1! =0 等。

小知识：前面在声明指针变量时说过，指针变量未赋值时，其值是存储单元中的值，可以是任意的值，是不能使用的，否则将造成意外的错误。而指针变量赋 0 值后，可以使用，只是它不指向具体的变量而已。

（1）定义指针变量的值为 0。语句如下：

```
int *p=0; 或  #define NULL 0
              int *p=NULL;
```

p = NULL 与未对 p 赋值不同，它常用于避免指针变量的非法引用以及在程序中常作为状态进行比较，如：

```
int *p;
……
while(p!=NULL)
{  ……
}
```

（2）定义指针变量为空类型。语句如下：

```
void  *指针变量;
```

表示不规定指针变量是指向哪一种类型数据的指针变量，使用时要进行强制类型转换。

例如，有语句 int x，y，*px = &x;，指针变量 px 指向整数 x，*px 可出现在 x 能出现的任何地方。参与运算时要注意运算符的优先级及结合性，例如：

```
y=*px+5;   /*表示把 x 的内容加 5 并赋给 y*/
y=++*px;   /*px 的内容加上 1 之后赋给 y,++*px 相当于++(*px)*/
y=*px++;   /*相当于 y=*px; px++*/
```

下面对指针运算中常用的“&”运算符和“*”运算符进行讨论。

（1）取地址运算符 & 和指针运算符 *，都是单目运算符，结合性为自右至左。

（2）如果已经执行了 p1 = &a；语句，则 &*p1 是什么含义？

“&”和“*”两个运算符的优先级别是相同的，但结合性是右结合性，因此先进行

＊p1 运算，结果是变量 a；再执行 & 运算，得到最后的结果是变量 a 的地址。即 & ＊p1 等价于 &a。

（3）＊&a 的含义是什么?

按照“&”和“＊”的优先级别和结合性，先进行 &a 运算，得到变量 a 的地址，再进行＊运算，结果就是变量 a 的地址所指向的内容，与＊p1 是等价的，也是变量 a。即＊&a 等价于 a。

（4）（＊p1）++ 和＊p1 ++ 以及＊（p1 ++）有什么区别?

任务4：编写代码，验证（＊p1）++、＊p1 ++ 和＊（p1 ++）的输出结果。

代码如下：

```
#include"stdio.h"
main()
{  int a,b,c,*p1;
   a=20;
   p1=&a;
   b=(*p1)++;
   c=*p1++;
   printf("%d,%d,%d,%d",a,b,c,*p1);
}
```

```
#include"stdio.h"
main()
{  int a,b,*p1;
   a=20;
   p1=&a;
   printf("%d\n",*p1);
   b=*(p1++);
   printf("%d,%d\n",b,*p1);
}
```

第 1 个程序运行结果如图 7-12（a）所示，第 2 个程序运行结果如图 7-12（b）所示。

任务分析：对于第 1 个表达式：根据优先级，先执行括号中的内容，＊p1 的值是变量 a 的值。因为是后置自增运算，所以要先进行赋值运算，再执行对＊p1 的自增运算。这样就使得 b 的值是 a 的值，即 b=20，a 自动加 1 后，a=21。

对于第 2 个表达式：根据结合性，先执行 p1 ++，但是在赋值语句中，由于是后置自增，因此，同样要先赋值，使得 c 的值是＊p1 的值，即 c=21；然后再对 P1 进行自增运算，使 p1 的内容自动加 1，指向下一个内容单元。

对于第 3 个表达式：先执行括号中的 p1 ++，但是在表达式中，由于是后置自增，因此要先引用 p1 的值，再进行自增运算，即 p1 先与＊结合，把＊P1 的值赋值给 b，b 的值为 a 的值，所以 b=20；然后对 p1 进行自增，使其指向下一个单元。

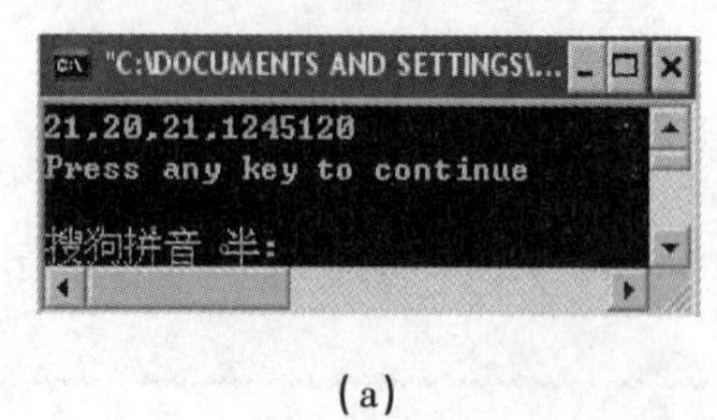

（a）

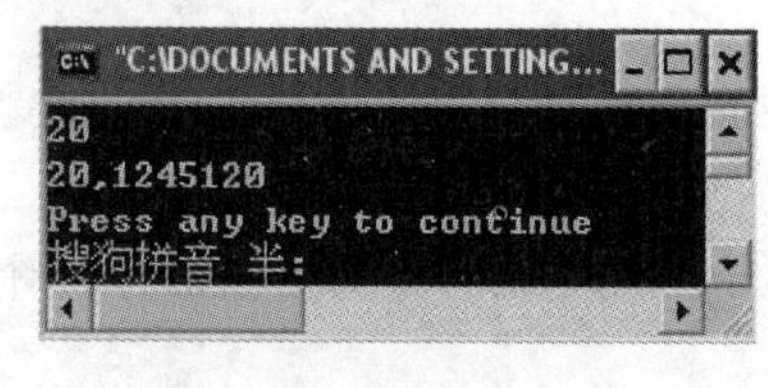

图 7-12（b）

图 7-12　任务 4 的运行结果

7.2.5　指针变量作为函数参数

函数的参数不仅可以是整型、实型、字符型等，还可以是指针类型，它的作用是将一个变量的地址作为实参传送给被调函数的形参。

任务5：编写一个程序用指针来实现输入 a 和 b 两个整数，对输入的两个整数按由小到大顺序输出。现用函数处理，而且用指针类型的数据作为函数参数。

代码如下：

```
#include <stdio.h>
swap(int *p1,int *p2)
{  int temp;
   temp = *p1;
   *p1 = *p2;
   *p2 =temp;
}
main()
{
   int a,b;
   int *pa,*pb;
   scanf("% d,% d",&a,&b);
   pa =&a;pb =&b;
   if(a >b) swap(pa,pb);
   printf("\n% d,% d\n",a,b);
}
```

任务分析：swap 是用户自定义的函数，它的作用是交换两个变量 a 和 b 的值，swap()函数的形参 p1、p2 是指针变量。当程序运行时，先执行 main()函数，输入 a 和 b 的值。然后将 a 和 b 的地址分别赋给指针变量 pa 和 pb，使 pa 指向 a，pb 指向 b，如图 7-13（a）所示。接着执行 if 语句，由于 a > b，因此调用 swap()函数，创建临时的指针变量 p1 和 p2，并将 pa 和 pb 的值作为实参分别传递给 p1 和 p2。这种传递方式传递的是地址，因此传递后形参 p1 的值为 &a，p2 的值为 &b。这时 p1 和 pa 都指向变量 a，p2 和 pb 指向变量 b，如图 7-13（b）所示。

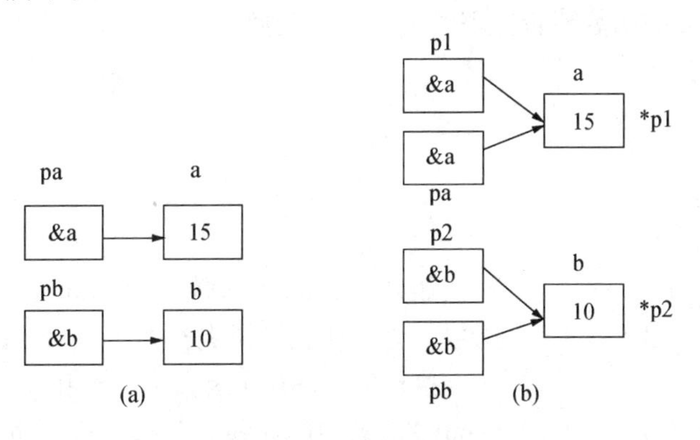

图 7-13　参数传递

接着执行 swap()函数的函数体，使 *p1 和 *p2 的值互换，也就是使 a 和 b 的值互换，如图 7-14（a）所示。swap()函数调用结束后，p1 和 p2 释放，最后在 main()函数中输出的 a 和 b 的值是已经过交换的值，如图 7-14（b）所示。

运行结果：15,10

　　　　　10,15

从上面可以看到：在调用函数过程中，把实参指针变量的值传递给形参，即传送的是 &a，&b，这是函数参数的引用传递。但是，作为指针本身，仍然属于函数参数的值传递的方式，只是这个值是地址，不是普通类型的数据。在调用 swap()函数中临时创建的指针 p1 和 p2 在函数返回时会被释放，它不会影响调用函数中的实参指针值。

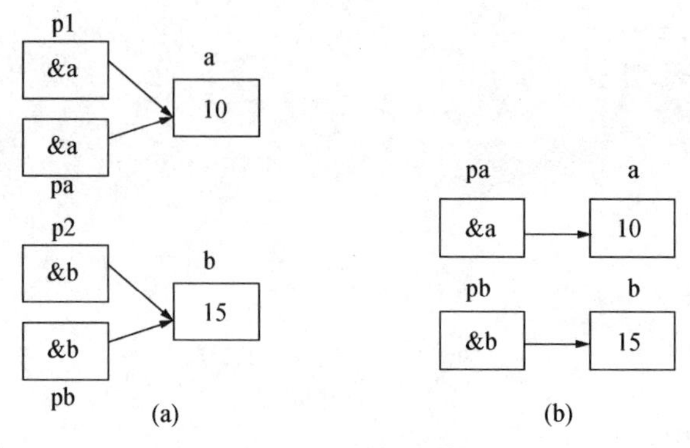

图 7-14　数据交换

说明：（1）交换 * p1 和 * p2 的值是如何实现的，请找出下列程序段的错误：

```
swap(int *p1,int *p2)
{  int *temp;
   *temp = *p1;       /* 此语句有问题 */
   *p1 = *p2;
   *p2 = temp;
}
```

* p1 就是整型变量 a， * temp 是指针变量 temp 所指向的变量。但 temp 并未初始化，即无确定的值， * temp 所指向的单元也是不确定的。因此，对 * temp 赋值可能会破坏系统的正常工作。应该将 * p1 的值赋给一个整型变量，如任务 3 所示。

（2）请考虑下面的函数能否实现实现 a 和 b 互换。

```
swap(int x,int y)
{  int temp;
   temp = x;
   x = y;
   y = temp;
}
```

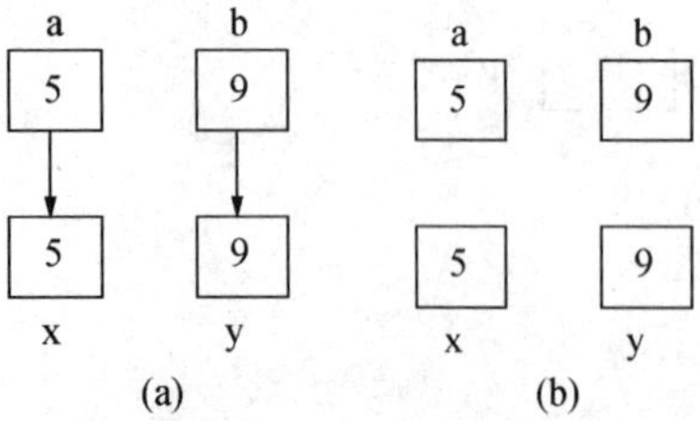

图 7-15　实参是 a 和 b

如果在 main( ) 函数中用 swap（a，b）；调用 swap( ) 函数，会有什么结果呢？如图 7-15 所示。

执行完 swap( ) 函数后，x 和 y 的值是互换了，但 main( ) 函数中的 a 和 b 并未互换。也就是说，这是“值传递”方式，形参的值改变无法传回给实参。

（3）不能企图通过改变指针形参的值而使指针实参的值改变。代码如下：

```
swap(int *p1,int *p2)
{  int *p;
   p = p1;
   p1 = p2;
   p2 = p;
}
main()
{
   int a,b;
   int *pointer_1,*pointer_2;
   scanf("%d,%d",&a,&b);
```

```
    pointer_1 =&a;pointer_2 =&b;
    if(a<b) swap(pointer_1,pointer_2);
    printf("\n% d,% d\n",*pointer_1,*pointer_2);
}
```

其中的问题在于不能实现图 7-16（b）。

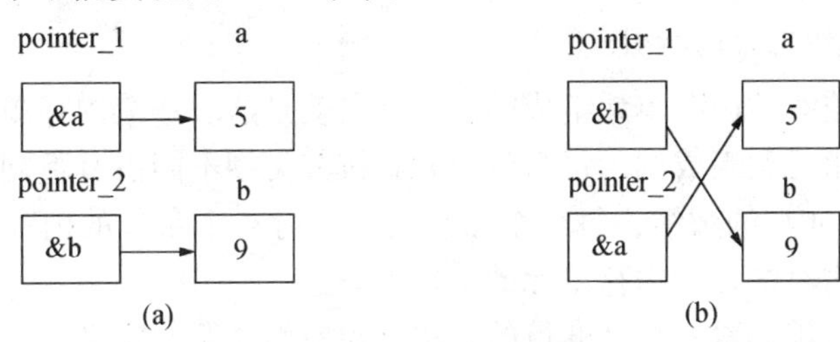

图 7-16　任务 5 的图

任务 6：编写程序，实现输入 a、b、c3 个整数，按由大到小顺序输出。要求用指针变量作为函数参数。

代码如下：

```
#include <stdio.h>
swap(int *pt1,int *pt2)
{  int temp;
   temp = *pt1;
   *pt1 = *pt2;
   *pt2 =temp;
}
exchange(int *q1,int *q2,int *q3)
{  if(*q1 < *q2)swap(q1,q2);
   if(*q1 < *q3)swap(q1,q3);
   if(*q2 < *q3)swap(q2,q3);
}
main()
{
   int a,b,c,*p1,*p2,*p3;
   scanf("% d,% d,% d",&a,&b,&c);
   p1 =&a;p2 =&b; p3 =&c;
   exchange(p1,p2,p3);
   printf("\n% d,% d,% d \n",a,b,c);
}
```

任务分析：在 main( ) 函数中首先定义了 3 个整型变量 a，b，c 和 3 个指针变量 p1，p2，p3，从键盘接收用户输入的 3 个整数存储在整型变量 a，b，c 中，让 3 个指针变量分别指向 3 个整型变量，并作为实参，调用 exchange( ) 函数。分别执行 if 语句，如果判断条件为真，则调用 swap( ) 函数，实现交互两个数的目的。

运行结果：
```
1,21,15
21,15,1
```

7.3　通过指针引用一维数组

一个变量有地址，一个数组包含若干个数组成员，每个数组元素都在内存中占用存储单元，它们相应的都有地址。当定义一个数组时，系统就会在内存为该数组分配一个存储空间。所谓数组的指针是指数组在该内存空间的起始地址，数组元素的指针是数组元素的地址。指针变量既然可以存放普通变量的地址，当然也可以存放数组元素的地址和数组的地址，也就是说指针变量可以指向数组元素和数组。

引用数组元素可以用下标法（如 a[2]），也可以用指针法，即通过指向数组元素的指针找到所需要的元素。通过使用指针可以使代码更紧凑、更灵活、占内存少、运行速度快。

7.3.1　一维数组元素的指针

数组是由一块连续的内存单元组成的。数组名就是这块连续内存单元的首地址。一个数组也是由各个数组元素组成的，每个数组元素按其类型不同占有不同的几个连续的内存单元。例如，一个 int 型的数组，每一个数组元素占有 4 个字节的内存单元。一个数组元素的指针是指它所占有的几个内存单元的首地址。

定义一个指向数组元素的指针变量的方法，与前面介绍的定义一个指针变量的方法相同。例如：

```
int a[10];          /* 定义 a 为包含 10 个整型数据的数组 */
int *p;             /* 定义 p 为指向整型变量的指针 */
```

应当注意，因为数组为 int 型，所以指针变量也应为指向 int 型的指针变量，才能使用该指针指向这个数组中的元素。下面是对指针变量的赋值：

```
p=&a[0];
```

是指把 a[0]元素的地址赋给指针变量 p。也就是说，p 指向 a 数组的第 0 号元素，如图 7-17所示。

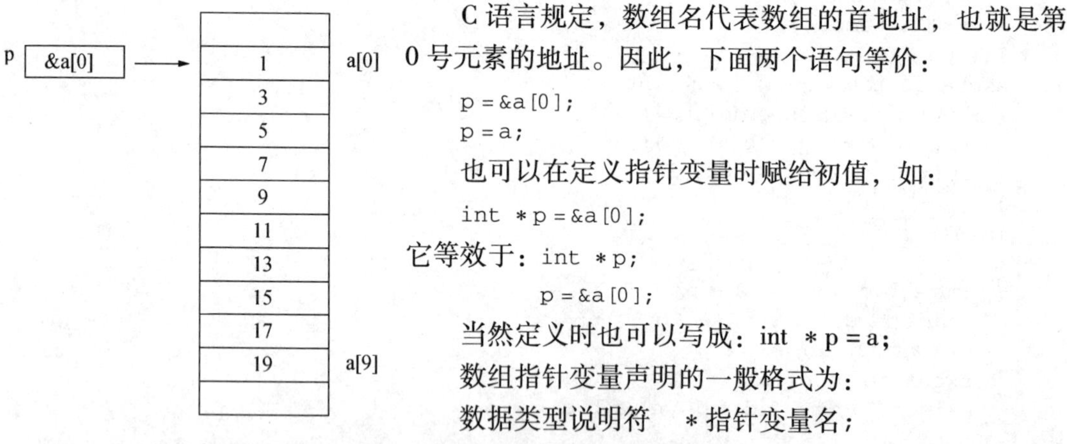

图 7-17　指针指向数组元素

C 语言规定，数组名代表数组的首地址，也就是第 0 号元素的地址。因此，下面两个语句等价：

```
p=&a[0];
p=a;
```

也可以在定义指针变量时赋给初值，如：

```
int *p=&a[0];
```

它等效于：

```
int *p;
p=&a[0];
```

当然定义时也可以写成：int *p=a;

数组指针变量声明的一般格式为：

数据类型说明符　*指针变量名；

其中，数据类型说明符表示指针变量所指向的数组类型。指向数组的指针变量和指向普通变量的指针变量的说明是相同的。

注意：数组名 a 并不代表整个数组中每个数组元素，一般表示数组起始地址。如执行语句 p=a；的作用是把数组 a 的首地址赋给指针变量 p，而不是把数组 a 的各元素的值赋给 p。从图 7-21 中可以看出有以下关系：

p，a，&a[0]均指向同一单元，它们都表示数组 a 的首地址，也是 0 号元素a[0]的首地址。应该说明的是，p 是变量，其值可以改变，而 a，&a[0]都是常量，其值不能改变。

7.3.2　通过指针引用一维数组元素

假设 p 已定义为指针变量，并已让它指向了某一个数组，要访问数组中的某一个元素，就需要对指针进行运算，使其可以指向所要访问的元素。这就涉及了指向一维数组的指针变量的运算问题。

1. 指向一维数组的指针变量的运算

(1) 指针变量和整数的算术运算

C 语言中规定，指针变量算术运算的规则如下。

① 指针变量 + 整数。表示“指针变量中的地址值 + 整数 × 指针变量类型占用的字节数”得到的对应地址。

② 指针变量 - 整数。表示“指针变量中的地址值 - 整数 × 指针变量类型占用的字节数”得到的对应地址。

③ ++指针变量。表示“指针变量中的地址值 + 指针变量类型占用的字节数”得到的对应地址；然后，指针变量将指向下一个数组元素，即指针变量向下移动。

④ --指针变量。表示“指针变量中的地址值 - 指针变量类型占用的字节数”得到的对应地址；然后，指针变量将指向上一个数组元素，即指针变量向上移动。

⑤ 指针变量++。表示“指针变量中的地址值”。因为是后置自增运算，所以先引用指针变量中的地址；然后指针变量将指向下一个数组元素，即指针变量向下移动。

⑥ 指针变量--。表示“指针变量中的地址值”。因为是后置自减运算，所以先引用指针变量中的地址；然后，指针变量将指向上一个数组元素，即指针变量向上移动。

注意：对于指向数组的指针变量与整数进行算术运算的结果仍为地址，而且如前所述，所加减的数值不是绝对的整数值本身，而是该指针变量向后或向前移动的同类型数据的存储单元的数目。

例如：定义了整型数组 a[10]，整型指针变量 p，且执行了 p = a。现假定数组 a 的首地址为 2000。

执行语句 p = p + 5；后 p 将指向数组元素 a[5]，p 的地址值将为 2000 + 5 × 4 = 2020，其中的 4 是整型数据占用的字节数；执行语句 p --；后，p 向上移动指向数组元素a[4]，p 的地址值将为 2020 - 1 × 4 = 2016。

编者手记：在有些编译器中，数据类型的长度与此不同，例如，int 型在 Tubor C 中所占的字节为 2 个字节，在 VC6 中占 4 个字节，本书的运行环境是 VC6，所以 int 型为 4 个字节。

注意：指针变量与地址常量的区别。当指针指向某数组后，对指针变量可以进行加减运算。但是，数组名是地址常量，对其进行加减运算后，不能存回数组名，所以在程序中不能对数组名进行加减运算。例如，指针变量 p 指向数组 a，++p、p++、--p、p--、p = p + 1、p = p - 1 都是可以的，而 ++a、a++、--a、a--、a = a + 1、a = a - 1 都是错误的，不过 a + 1 和 a - 1 是正确的，因为它们是地址常量组成的表达式。

（2）指针变量和指针变量的减法运算

两个指针变量相减，其结果为这两个指针变量所指向的数组元素下标的差值，此时要求这两个指针变量必须要指向同一个数组。例如，定义了指向数组 a 的同类型的指针变量 p1 和 p2，其中，p1 指向数组元素 a[1]，p2 指向数组元素 a[5]；那么 p1 - p2 的结果为 -4，p2 - p1 的结果为 4。

（3）指针变量的关系运算

指针变量的关系运算规则是：指针变量 1　关系运算符　指针变量 2。

当两个指针变量的值满足关系运算时，结果为真；否则结果为假。

关系运算符还可以用于两个地址常量之间的比较，或一个地址常量与一个地址变量之间的比较。例如，定义了指向数组 a 的同类型的指针变量 p1 和 p2。其中，p1 指向数组元素 a[1]；p2 指向数组元素 a[5]。那么 p1 < p2 的结果为真；p1 < a 的结果为假，a 是地址常量；p2 > p1 + 3 结果为假，p1 + 3 是地址型表达式。

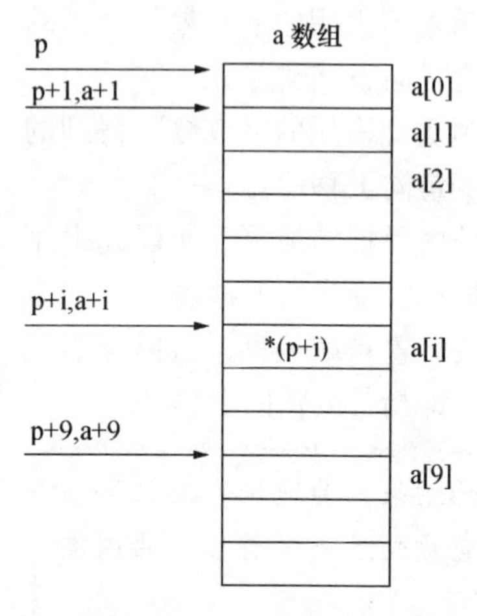

图 7-18　指针法表示数组中的元素

2. 用指向一维数组的指针变量引用数组元素

当引入指针变量后，就可以用指针来访问数组元素。

根据上面介绍，如果指针变量 p 已指向数组中的一个元素，则 p + 1 指向同一数组中的下一个元素。

如果 p 的初值为数组名 a，则有以下规定。

（1）通过上面的学习，可知 a 表示 a[0]的地址，a + 1 表示 a[1]的地址，以此类推，a + i 就表示a[i]的地址；同样 p + i 也表示 a[i]的地址，或者说它们指向 a 数组的第 i 个元素，如图 7-18 所示。

说明： a 代表数组的首地址，a + i 也是地址，它的计算方法同 p + i 一样，即它的实际地址为 a + i × d。例如，p + 9 和 a + 9 的值都是 &a[9]，指向 a[9]。

（2）*(p + i) 或 *(a + i) 就是 p + i 或 a + i 所指向的数组元素，即数组元素a[i]。例如，*(p + 5) 或 *(a + 5) 就是 a[5]。

在编译时，将数组元素 a[i]处理成 *(a + i)，即按数组首地址加上相对位移量获得要找到的元素的地址，然后访问该单元中的内容。例如，假设数组 a 为整型，数组的首地址为 2000，则 a[3]的地址为 2000 + 3 * 4 = 2012，然后从 2012 地址所在的内存单元中取出元素的值，即为 a[3]的值。由此可知 [ ] 是变址运算符，即将 a[i]按 a + i 计算地址，然后找出其地址单元进行访问。

（3）指向数组的指针变量也可以带下标，如 p[i]与 *(p + i) 等价。

则有等价式：a[i] ⇔ p[i] ⇔ *(p + i) ⇔ *(a + i)

根据以上叙述，引用一个数组元素可以用如下方法。

① 下标法：即用 a[i]形式访问数组元素。在前面介绍数组时都是采用这种方法，也可以写成 p[i]。

② 指针法：也叫地址法。即利用指针计算数组元素的地址，采用 *(a + i) 或 *(p + i) 形式，用间接访问的方法来访问数组元素。其中，a 是数组名，p 是指向数组的指针

变量，其初值为 p = a。

任务7：编写代码，实现用下标法输出数组中的全部元素。

代码如下：

```
#include <stdio.h>
main(){
  int a[10],i;
  for(i=0;i<10;i++)
    a[i]=i;
  for(i=0;i<5;i++)
    printf("a[%d]=%d,",i,a[i]);
}
```

运行结果：a[0]=0,a[1]=1,a[2]=2,a[3]=3,a[4]=4,a[5]=5,a[6]=6,a[7]=7,a[8]=8,a[9]=9

任务8：编写代码，实现用数组名计算数组元素的地址，并输出数组中的全部元素。

代码如下：

```
#include <stdio.h>
main(){
  int a[10],i;
  for(i=0;i<10;i++)
    *(a+i)=i;
  for(i=0;i<10;i++)
    printf("a[%d]=%d\n",i,*(a+i));
}
```

运行结果：a[0]=0,a[1]=1,a[2]=2,a[3]=3,a[4]=4,a[5]=5,a[6]=6,a[7]=7,a[8]=8,a[9]=9

任务9：编写代码，实现用指针变量指向数组元素，输出数组中的全部元素。

代码如下：

```
#include <stdio.h>
main(){
  int a[10],i,*p;
  p=a;
  for(i=0;i<10;i++)
    *(p+i)=i;
  for(i=0;i<10;i++)
    printf("a[%d]=%d\n",i,*(p+i));
}
```

运行结果：a[0]=0,a[1]=1,a[2]=2,a[3]=3,a[4]=4,a[5]=5,a[6]=6,a[7]=7,a[8]=8,a[9]=9

任务10：编写代码，实现用指针法，输出数组中的全部元素。

代码如下：

```
#include <stdio.h>
main(){
  int a[10],i,*p=a;
  for(i=0;i<10;){
      *p=i;
      printf("a[%d]=%d\n",i++,*p++);
    }
}
```

运行结果：a[0]=0,a[1]=1,a[2]=2,a[3]=3,a[4]=4,a[5]=5,a[6]=6,a[7]=7,a[8]=8,a[9]=9

说明：上面4个程序分别用4种方法输出数组中元素的值，这4个程序比较如下。

(1) 任务7、任务8和任务9的执行效率是一样的。都是先计算元素地址，但这3种方法查找数组元素时比较费时。

(2) 任务10比上面3个要快，用指针变量指向元素，不必每次都重新计算地址，像p++这样的自加操作是比较快的。

(3) 用下标法比较直观，能直接看出正在操作的是第几个元素。例如，a[1]是数组中的第1号元素。而用地址法或指针变量法不直观，很难快速地判断出当前操作的是哪一个元素。

在使用指针变量引用数组元素时，要特别注意指针变量的当前值，请看下面的任务。

任务11：编写代码，找出其中错误。

代码如下：

```
#include <stdio.h>
main(){
  int *p,i,a[10];
  p=a;
  for(i=0;i<10;i++)
    *p++=i;
  for(i=0;i<10;i++)
   printf("a[%d]=%d\n",i,*p++);
}
```

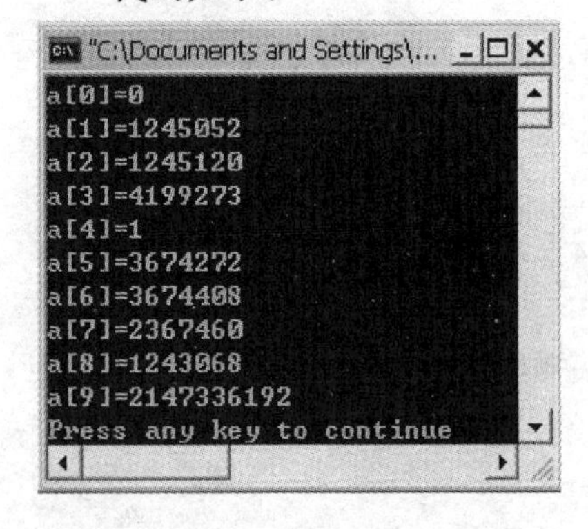

图7-19　任务11的运行结果

运行结果如图7-19所示。

任务分析：显然上面的运行结果不是我们想要的，这是为什么呢？原来指针变量的初始值为a数组的首地址，但经过第1个for循环给数组赋值后，p已经指向了a数组的末尾。因此，在第2个for循环执行时，p的起始值已经不是&a[0]了，而是a+10，而这些存储单元中的值是不可预料的。

解决的办法是在第2个for循环执行前对p重新赋值，如任务11改正后的代码如下：

```
#include <stdio.h>
main(){
  int *p,i,a[10];
  p=a;
  for(i=0;i<10;i++)
    *p++=i;
  p=a;
  for(i=0;i<10;i++)
   printf("a[%d]=%d\n",i,*p++);
}
```

运行结果：a[0]=0,a[1]=1,a[2]=2,a[3]=3,a[4]=4,a[5]=5,a[6]=6,a[7]=7,a[8]=8,a[9]=9

从上面的任务可以看出，虽然定义数组时指定它包含10个元素，但指针变量可以指到数组以后的内存单元，系统并不认为非法。

编者手记：在数组中若 p 的初值为 a，则有下面几个表达式的含义：

*p++，由于++和*同优先级，结合方向自右而左，等价于*(p++)；

(p++) 与(++p) 作用不同。*(p++) 等价 a [0]，*(++p) 等价 a[1]；

(*p) ++表示 p 所指向的元素值加 1。

如果 p 当前指向 a 数组中的第 i 个元素，则

*(p--)相当于 a[i--];

*(++p)相当于 a[++i];

*(--p)相当于 a[--i].

任务 12：编写一个程序，实现在已知的数组中找出第一个与指定值相等的元素的位置和被分配的地址值。

代码如下：

```
#include "stdio.h"
#include"string.h"
main()
{  int n,flag=0;
   char a[50],*p=a,ch;
   printf("输入字符串:\n");
   gets(p);                              /* 输入字符串,字符串首地址赋值给 p */
   printf("输入要查找的字符:");
   scanf("% c",&ch);                     /* 输入待查找的字符 ch */
   p=a;
   printf("a[0]的首地址是:% d\n",p);     /* 输出数组首地址 */
   for(n=1;p<a+strlen(p);p++,n++)
   if(*p==ch)                            /* 在数组 a 中查找 ch */
     {  flag=1;
        break;
     }
   if(!flag) printf("没有找到!\n");      /* 没有相同的字符 */
   else
   {  /* 查到输出其从 1 开始排序号和其存储的地址 */
      printf("字符% c 第一次出现的位置是:% d\n",ch,n);
      printf("字符% c 的地址是:% d\n",ch,p);
   }
}
```

任务分析：首先输入字符串存放在字符数组中，再输入要查找的字符，然后利用指针访问数组元素，使要查找的字符依次与指针指向的元素进行比较；扫描整个数组，如果有相等的，就输出字符在数组中是第几个元素（即元素的下标+1）和内存的地址值。

运行结果如图 7-20 所示。

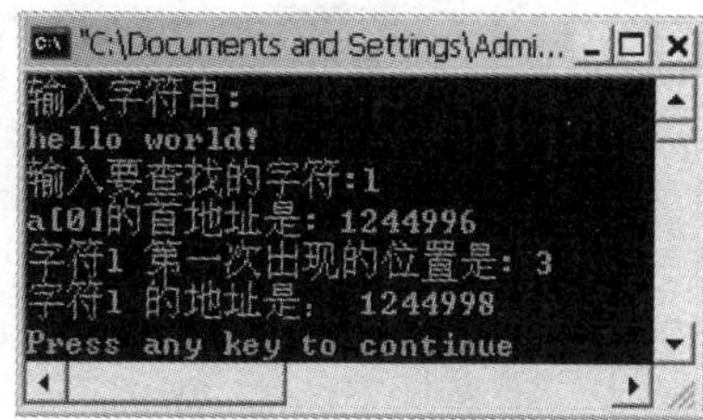

图 7-20　任务 12 的运行结果

说明：程序第5行定义了一个字符数组a和指向字符数组的指针p，并让指针变量p指向数组a。用gets()函数将用户输入的字符串存放到指针变量p所指向的内存单元中。接着输入要查找的字符，用for循环遍历数组看是否有要查找的字符，如果有，就输出该字符在数组中的位置和被分配的内存地址；否则输出“没有找到”。strlen(p)的返回值是p所指向字符串的长度（不包括‘\0’）。

编者手记：输入字符串时，用gets（p）函数可以接收空格，如果改用scanf（“%s”，p)，那么会被认为是字符串的结束标志。

7.3.3　数组名作为函数参数

在第6章中说过数组名可以作为函数的实参和形参。例如：

```
main()
{  int array[10];
   ……
   ……
   f(array,10);
   ……
   ……
}

f(int arr[],int n);
{
   ……
   ……
}
```

array为实参数组名，arr为形参数组名。当用数组名作为参数时，如果形参数组中各个元素的值发生变化，实参数组元素的值也随之变化，在学习指针变量之后就更容易理解这个问题了。数组名就是数组的首地址，实参向形参传送数组名实际上就是传送数组的地址，形参得到该地址后也指向同一数组，如图7-21所示。这就好像同一件物品有两个彼此不同的名称一样。

同样，指针变量的值也是地址，数组指针变量的值即为数组的首地址，当然也可作为函数的参数使用。数组名作为函数参数，是地址传递。

数组名作为函数参数，实参与形参的对应关系如表7-1所示。

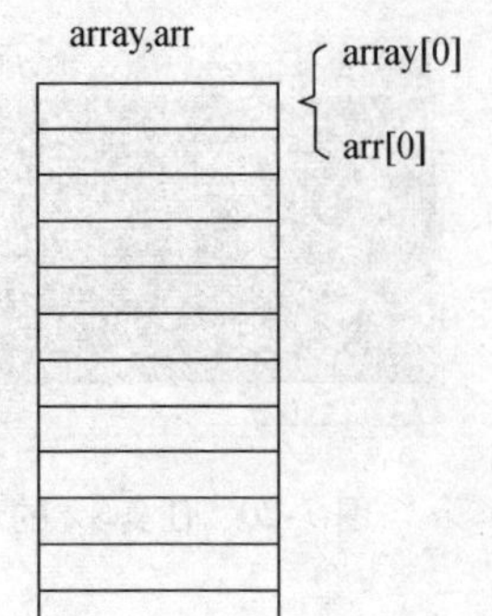

图7-21　数组名做参数

表7-1　数组参数对应关系

实参	形参
数组名	数组名
数组名	指针变量
指针变量	数组名
指针变量	指针变量

任务 13：编写程序，让用户输入一个学生的4门课成绩，然后求出该学生的平均分，并输出。

代码如下：

```
#include <stdio.h>
float aver(float *pa);
main()
{
   float score[4],av,*sp;
   int i;
   sp=score;
   printf("\ninput 4 scores:\n");
   for(i=0;i<4;i++)
   scanf("%f",&score[i]);
   av=aver(score);
   printf("average score is %5.2f\n",av);
}
float aver(float *pa)
{
   int i;
   float av,s=0;
   for(i=0;i<4;i++) s=s+*pa++;
   av=s/4;
   return av;
}
```

运行结果：

```
input 4 scores:
92 78.5 86 65↙
Average score is 80.38
```

说明：在main()函数中定义了一个实型数组和指向实型的指针变量，并让指针变量指向了数组。输入4门课程的成绩存放在数组中，然后把数组名作为实参调用aver()函数，在for循环中通过间接访问求得4门课程的总成绩，接着除以4，再将结果赋给变量av，并返回av的值。

当用数组名作为函数参数时，需要注意的是，实参数组名和形参数组名是不同的。实参数组名代表一个固定的地址，或者说是指针常量，而形参数组名并不是一个固定的地址，可看做是指针变量。在函数调用开始时，它的值等于实参数组的起始地址，但在函数执行期间，它可以再次被赋值。

任务 14：编写一个函数，实现将数组a中的n个整数按相反顺序存放。

代码如下：

```
#include <stdio.h>
void inv(int x[],int n)    /*形参x是数组名*/
{
   int temp,i,j,m=(n-1)/2;
   for(i=0;i<=m;i++)
   {j=n-1-i;
     temp=x[i];x[i]=x[j];x[j]=temp;}
   return;
}
main()
```

```
{
   int i,a[10]={19,8,3,11,0,6,42,5,17,2};
   printf("The original array:\n");
   for(i=0;i<10;i++)
     printf("%d,",a[i]);
   printf("\n");
   inv(a,10);                    /*实参a是数组名*/
   printf("The array has benn inverted:\n");
   for(i=0;i<10;i++)
   printf("%d,",a[i]);
   printf("\n");
}
```

任务分析：要想将数组中元素逆序存放，可将首尾元素依次对换。即将a[0]与a[n-1]对换，再将a[1]与a[n-2]对换，直到将a[(n-1/2)]与a[n-int((n-1)/2)]对换。用循环处理此问题，设两个“位置指示变量”i和j，i的初值为0，j的初值为n-1。将a[i]与a[j]交换，然后使i的值加1，j的值减1，再将a[i]与a[j]交换，直到i=(n-1)/2为止，如图7-22所示。

运行结果如图7-23所示。

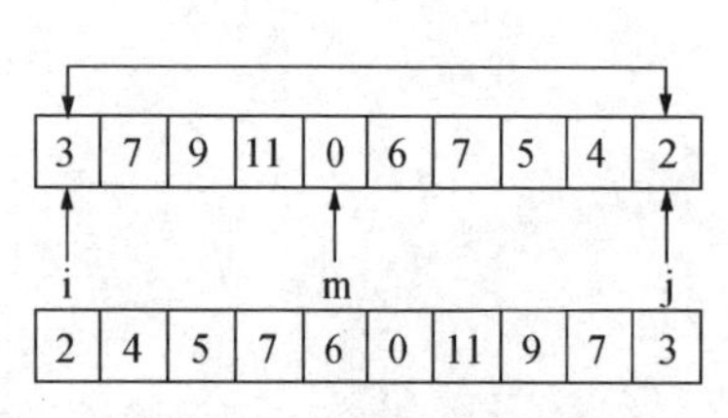

图7-22　元素逆序存放

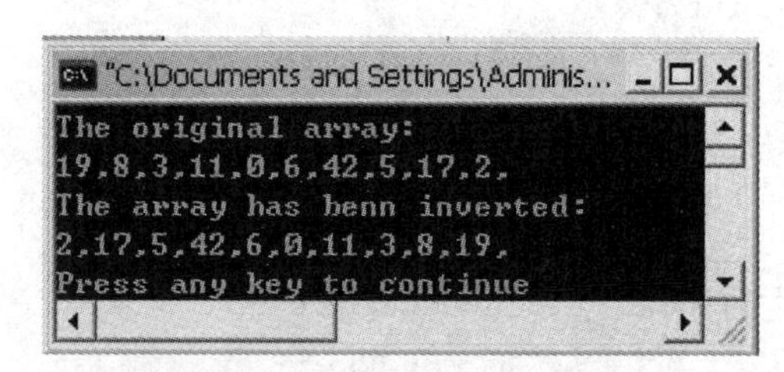

图7-23　任务14的运行结果

说明： main()函数中的数组名为a，赋以各元素初值。函数inv()中的形参数组名为x. 在inv()函数中不必具体定义数组元素的个数，元素个数由实参传给形参n，这样做可以增加函数的灵活性。例如，在main()函数中调用inv(a，10)，表示要求对a数组的前10个元素进行逆序存放；如果改为inv(a，4)，则表示将a数组中的前4个元素进行逆序存放。

对此程序可以做一些改动，将函数inv中的形参x改成指针变量。

程序如下：

```
#include<stdio.h>
void inv(int *x,int n)   /*形参x为指针变量*/
{
   int *p,temp,*i,*j,m=(n-1)/2;
   i=x;j=x+n-1;p=x+m;
   for(;i<=p;i++,j--)
       {temp=*i;*i=*j;*j=temp;}
   return;
}
```

运行结果是一样的。

任务15：编写代码，实现从10个数中找出其中最大值和最小值。

代码如下：

```
#include <stdio.h>
int max,min;          /* 全局变量 */
void max_min_value(int array[],int n)   /* 数组名作为形参 */
{int *p,*array_end;
   array_end=array+n;
   max=min=*array;
   for(p=array+1;p<array_end;p++)
     if(*p>max)max=*p;
     else if (*p<min) min=*p;
   return;
}
main()
{int i,number[10];
   printf("enter 10 integer umbers:\n");
   for(i=0;i<10;i++)
     scanf("%d",&number[i]);
   max_min_value(number,10);     /* 数组名做实参 */
   printf("max=%d,min=%d\n",max,min);
}
```

任务分析：调用一个函数只能得到一个返回值，现在想得到两个值，所以在这里利用全局变量，实现在函数之间“传递”数据。

运行结果：

```
enter 10 integer umbers:
89 -6 0 100 85 56 -18 45 87 63 ↙
Max=100,min=-18
```

说明：（1）在函数 max_ min_ value 中求出的最大值和最小值放在 max 和 min 中，由于它们是全局变量，因此在主函数中可以直接使用。

（2）函数 max_ min_ value( )中的语句：

```
max=min=*array;
```

array 是数组名，它接收从实参传来的数组 numuber 的首地址。

array 相当于（&array[0]），上述语句与 max = min = arrry[0]；等价。

（3）如图 7-24 所示，在执行 for 循环时，p 的初值为 array+1，也就是使 p 指向 array[1]。以后每次执行 p++，使 p 指向下一个元素。每次将*p 和 max 与 min 比较，将大者放入 max，小者放 min。

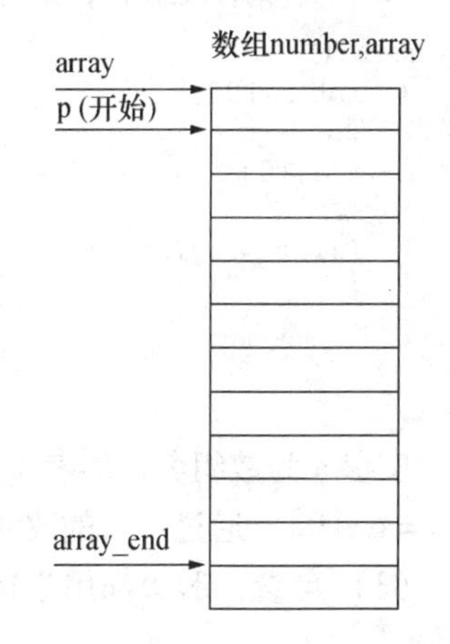

图 7-24　查找最大值与最小值

（4）函数 max_ min_ value 的形参 array 可以改为指针变量类型。实参也可以不用数组名，而用指针变量传递地址。

任务 15 的程序可改为：

```
int max,min;         /* 全局变量 */
void max_min_value(int *array,int n)   /* 指针变量做形参 */
{  int *p,*array_end;
   arr_end=array+n;
   max=min=*array;
   for(p=array+1;p<array_end;p++)
      if(*p>max)max=*p;
      else if (*p<min) min=*p;
```

```
    return;
 }
 main()
 {  int i,number[10],*p;
    p=number;                /*使p指向number数组*/
    printf("enter 10 integer umbers:\n");
    for(i=0;i<10;i++,p++)
       scanf("%d",p);
    p=number;
    max_min_value(p,10);    /*指针变量做实参*/
    printf("\nmax=%d,min=%d\n",max,min);
 }
```

归纳起来，如果有一个实参数组，想在函数中改变此数组的元素的值，实参与形参的对应关系有以下4种。

(1) 形参和实参都是数组名。

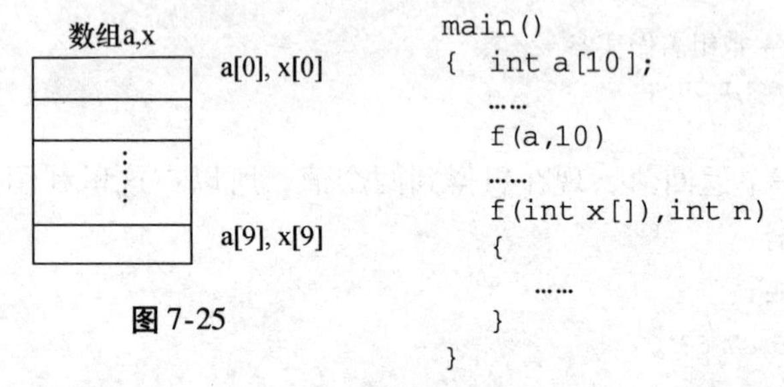


```
main()
{  int a[10];
   ……
   f(a,10)
   ……
   f(int x[]),int n)
   {
      ……
   }
}
```

图7-25

可以认为形参数组和实参数组共用一段内存单元，即a和x指的是同一组数组。如图7-25所示。

(2) 实参用数组名，形参用指针变量。

```
main()
{  int a[10];
   ……
   f(a,10)
   ……
   f(int *x,int n)
   {
      ……
   }
}
```

x　数组a　a[0]　a[9]

图7-26

实参a为数组名，形参x为指向整型变量的指针变量。函数开始执行时，x指向a[0]，即x=&a[0]，通过x值的改变，可以指向a数组的任一元素，如图7-26所示。

(3) 实参、形参都用指针变量。

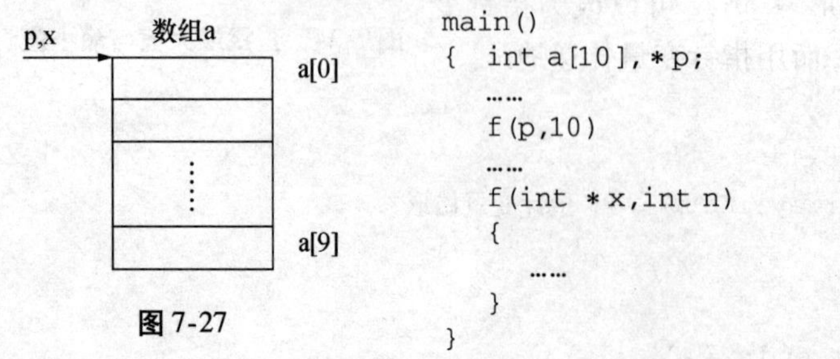


```
main()
{  int a[10],*p;
   ……
   f(p,10)
   ……
   f(int *x,int n)
   {
      ……
   }
}
```

图7-27

实参p和形参x都是指针变量。先使实参指针变量p指向数组a，p的值是&a[0]。然后将 p 的值传递给形参指针变量 x，x 的初始值也是 &a[0]，通过 x 值的改变，可以指向 a 数组的任一元素。如图 7-27 所示。

（4）实参为指针变量，形参为数组名。

```
main()
{  int a[10],*p;
   p=a;
   ……
   f(p,10)
   ……
   f(int x[]),int n)
   {
     ……
   }
}
```

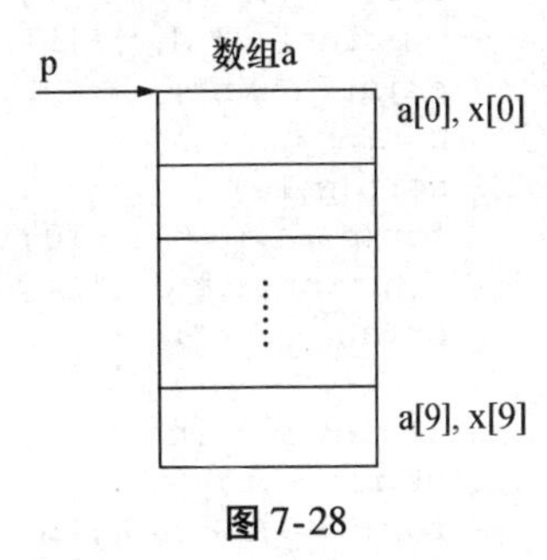

图 7-28

实参 p 为指针变量，它指向 a[0]。形参数组为数组名 x，实际上在编译时，是将 x 作为指针变量处理的，因此可理解为形参数组 x 取得 a 数组的首地址，x 数组和 a 数组共用同一段内存单元。在函数执行过程中，改变 x[i] 的值就改变了 a[i] 的值，见图 7-28。

任务 16：编写程序，实现用指针变量做实参改写任务 14，将 n 个整数按相反顺序存放。

代码如下：

```
#include"stdio.h"
void inv(int *x,int n)                    /*形参是指针变量*/
{int *p,m,temp,*i,*j;
  m=(n-1)/2;
  i=x;j=x+n-1;p=x+m;
  for(;i<=p;i++,j--)
    {temp=*i;*i=*j;*j=temp;}
  return;
}
main()
{
   int i,array[10]={19,8,3,11,0,6,42,5,17,2},*p;
   p=array;
   printf("The original array:\n");
   for(i=0;i<10;i++,p++)
     printf("%d,",*p);
   printf("\n");
   p=array;
   inv(p,10);                              /*实参是指针变量*/
   printf("The array has benn inverted:\n");
   for(p=array;p<array+10;p++)
     printf("%d,",*p);
   printf("\n");
}
```

运行结果同任务 14。

注意：main()函数中的指针变量 p 是有确定值的，即如果用指针变作实参，必须先使指针变量有确定值，指向一个已定义的数组。

再次改写代码如下：

```
#include"stdio.h"
```

```
main()
{int *p,i,a[10]={19,8,3,11,0,6,42,5,17,2};
  printf("The original array:\n");
  for(i=0;i<10;i++)
    printf("%d,",a[i]);
  printf("\n");
  p=a;                                /*实参是指针变量*/
  sort(p,10);
  for(p=a,i=0;i<10;i++)
    {printf("%d  ",*p);p++;}
  printf("\n");
}
sort(int x[],int n)                   /*形参是数组名*/
{int i,j,k,t;
  for(i=0;i<n-1;i++)
  {k=i;
    for(j=i+1;j<n;j++)
      if(x[j]>x[k])k=j;
    if(k!=i)
    {t=x[i];x[i]=x[k];x[k]=t;}
  }
}
```

运行结果同任务14。

7.4　通过指针引用二维数组元素

用指针变量可以指向一维数组，也可以指向多维数组。但在概念和使用上，要比一维数组复杂一些，这里以二维数组为例。

7.4.1　二维数组的指针

有整型二维数组 a[3][4] 如下：

0　1　2　3

4　5　6　7

8　9　10　11

它的定义为：

```
int a[3][4]={{0,1,2,3},{4,5,6,7},{8,9,10,11}}
```

设数组 a 的首地址为1000，各下标变量的首地址及其值如图7-29所示。

1000 0	1004 1	1008 2	1012 3
1016 4	1020 5	1024 6	1028 7
1022 8	1026 9	1030 10	1034 11

图7-29　二维数组的存放

前面介绍过，C语言允许把一个二维数组分解为多个一维数组来处理。因此数组 a 可分解为3个一维数组，如图7-30所示，即 a[0]，a[1]，a[2]代表3个一维数组。每个一维数组又含有4个元素：

a[0]数组，含有 a[0][0]，a[0][1]，a[0][2]，a[0][3] 4个元素；

a[1]数组，含有 a[1][0]，a[1][1]，a[1][2]，a[1][3] 4 个元素；

a[2]数组，含有 a[2][0]，a[2][1]，a[2][2]，a[2][3] 4 个元素。

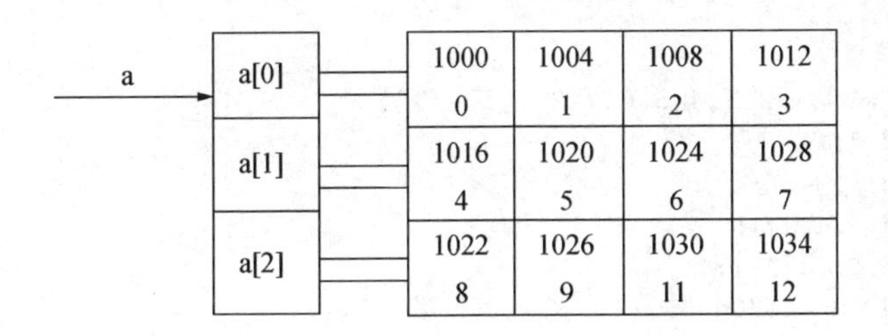

图 7-30 二维数组分解成一维数组

数组及数组元素的地址表示如下：从二维数组的角度来看，a 是二维数组名，a 代表整个二维数组的首地址，也是二维数组 0 行的首地址，等于 1000；a＋1 代表第一行的首地址，等于 1016；a＋2 代表第二行的首地址，等于 1022，如图 7-31 所示。

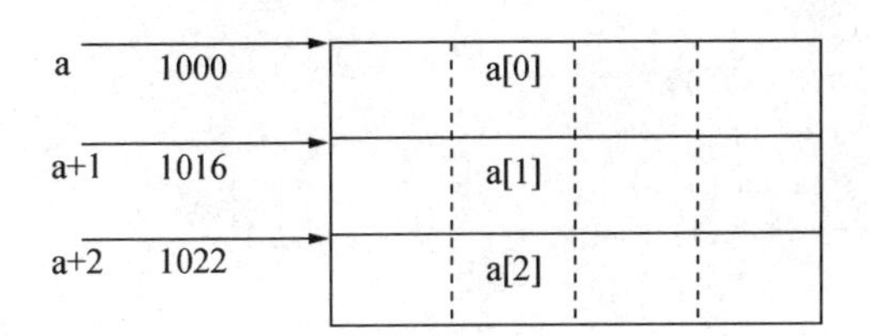

图 7-31 二维数组的地址

a[0]是第一个一维数组的数组名和首地址，因此也为 1000。*（a＋0）或 * a 是与 a[0]等效的，它表示一维数组 a[0]第 0 号元素的首地址，也为 1000。&a[0][0]是二维数组 a 的 0 行 0 列元素首地址，同样是 1000。因此，a、a[0]、*（a＋0）、* a、&a[0][0]是相等的。

同理，a＋1 是二维数组 1 行的首地址，等于 1016。a[1]是第二个一维数组的数组名和首地址，因此也为 1016。&a[1][0]是二维数组 a 的 1 行 0 列元素地址，也是 1016。因此，a＋1、a[1]、*（a＋1）、&a[1][0]是等同的。

由此可得出：a＋i，a[i]，*（a＋i），&a[i][0]是等同的。

此外，&a[i]和 a[i]也是等同的。因为在二维数组中不能把 &a[i]理解为元素 a[i]的地址，不存在元素 a[i]。C 语言规定，它是一种地址计算方法，表示数组 a 第 i 行首地址。由此，我们得出：a[i]，&a[i]，*（a＋i）和 a＋i也都是等同的。

另外，a[0]也可以看成是 a[0]＋0，是一维数组 a[0]的 0 号元素的首地址，而 a [0]＋1 则是a[0]的 1 号元素首地址；由此可得出 a[i]＋j 是一维数组a[i]的 j 号元素首地址，它等于 &a[i][j]，如图 7-32 所示。

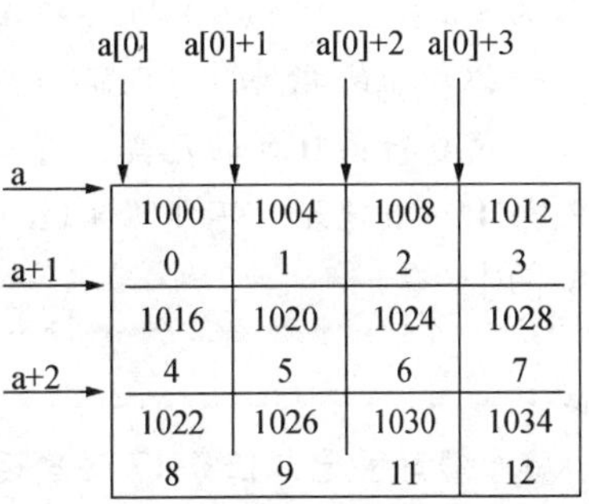

图 7-32 二维数据组地址表示

由 a[i]＝*（a＋i）得，a[i]＋j＝*（a＋i）＋j。由于*（a＋i）＋j 是二维数组 a 的 i 行 j 列元素的首地址，因此，该元素的值等于 *（*（a＋i）＋j）。

任务 17：编写程序，完成定义一个二维数组，以各种形式取出数组的地址，并输出。代码如下：

```
#include <stdio.h>
main(){
  int a[3][4] = {0,1,2,3,4,5,6,7,8,9,10,11};
  printf("% d,",a);
  printf("% d,",*a);
  printf("% d,",a[0]);
  printf("% d,",&a[0]);
  printf("% d\n",&a[0][0]);
  printf("% d,",a+1);
  printf("% d,",*(a+1));
  printf("% d,",a[1]);
  printf("% d,",&a[1]);
  printf("% d\n",&a[1][0]);
  printf("% d,",a+2);
  printf("% d,",*(a+2));
  printf("% d,",a[2]);
  printf("% d,",&a[2]);
  printf("% d\n",&a[2][0]);
  printf("% d,",a[1]+1);
  printf("% d\n",*(a+1)+1);
  printf("% d,% d\n",*(a[1]+1),*(*(a+1)+1));
}
```

运行结果如图 7-33 所示。

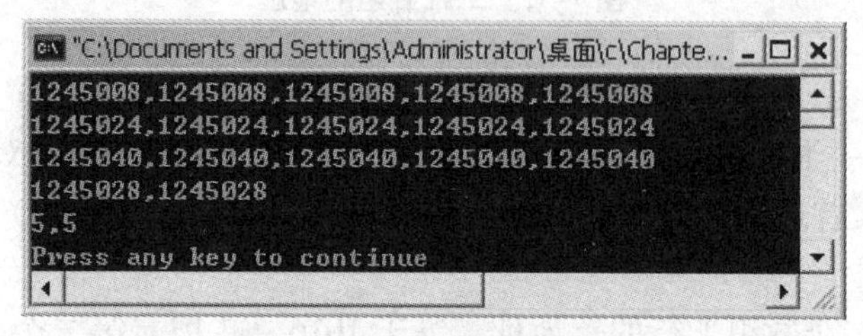

图 7-33　输出数组的首地址

说明： a 是二维数组名，代表整个数组的地址。*a 表示的是 a[0][0]的值。因为*a 相当于*(a+0)（即 a[0]），是二维数组第 0 行的地址。可以把 a 看作是指向一维数组的指针；可理解为行指针；*a 是指向列元素的指针，可理解为列指针，指向第 0 行第 0 列的元素，所以**a 才表示第 0 行第 0 列元素的值。同理，a+1 指向第 1 行首地址，不能用*(a+1) 得到 a[0][1]的值，而应该用**(a+1) 求 a[0][1]的值。

编者手记： 任务 17 每次运行的结果不一定相同，因为数组在内存中的地址是由系统编译时自动分配的。

a 和(a+1) 表达式中需要两个"*"才能找到想要访问的值，即需要访问 3 次才能取出值，**是二级指针，将在后面介绍。

7.4.2 通过指针引用二维数组元素

在了解上面的概念以后，可以定义二维数组和同类型的指针变量，使这个指针变量指向二维数组的首地址，也可以指向二维数组中的某个一维数组，还可以指向二维数组中的某个数组元素。下面分别对以上三种情况进行讨论。

1. 指向二维数组的某个数组元素

任务 18：编写代码，实现用指针变量输出二维数组的数组元素。

代码如下：

```
#include <stdio.h>
main()
{  int a[3][4],*p;        /* 定义二维数组 a 和同类型的指针变量 p */
   int i,j;
   for(i=0;i<3;i++)       /* 用二重循环依次处理二维数组元素 */
     for(j=0;j<4;j++)
   {  p=&a[i][j];         /* 将指针变量指向第 i 行第 j 列元素 */
      scanf("%d",p);      /* 输入数据存入指针变量指向的数组元素 */
   }
   for(p=a[0];p<a[0]+12;p++)
   {
      if((p-a[0])%4==0)
      printf("\n");             /* 输出一行后便换行再输出后一行 */
      printf("%4d",*p)      ;/* 输出指针变量的值和其指向的元素值 */
   }
   printf("\n");
}
```

运行结果如图 7-34 所示。

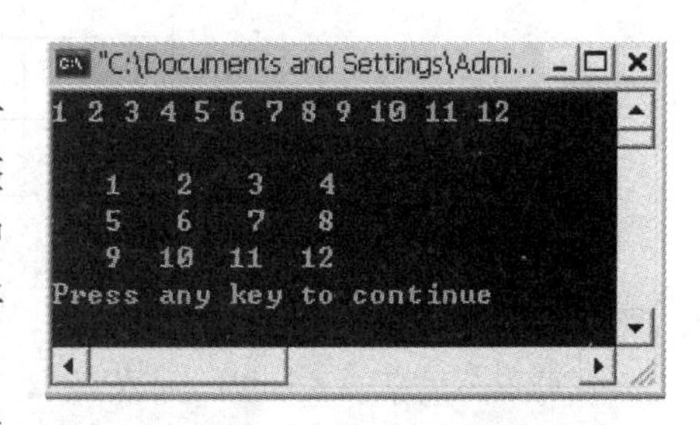

图 7-34 输出二维数组

任务分析：程序中定义一个整型二维数组 a 和一个指向整型变量的指针变量 p，p 可以指向普通的整型变量，也可以指向整型的数组元素。在二重循环中将用户输入的数据存储到二维数组 a 中。循环体先将数组元素的地址赋给指针变量 p，然后才使用scanf()函数将接收到的用户输入的数据，存储到相应的地址单元中。后面的 for 循环的作用是以 3 行 4 列矩阵的格式输出二维数组；if 语句的作用是保证一行输出 4 个数据后换行（用 p 中的地址值与数组第 0 行第 0 列元素的地址值的差是否能被 4 整除来判断）。

从上面的任务可以看出，可以使用赋值的方式让指针变量指向二维数组的某个元素，其格式为：

```
指针变量=&数组名[下标1][下标2];
```

例如，程序中的 p=&a[i][j]；

另外，也可用赋初始化的方式让指针变量指向二维数组的数组元素，格式为：

```
基类型 *指针变量=&数组名[下标1][下标2];
```

例如，int， *p=&a[0][0]；

当指针变量指向二维数组后，引用该数组元素的方法是：*指针变量，例如：

```
printf("%4d",*p);
```

2. 指向二维数组的首地址

指针变量可以象指向一维数组首地址那样指向二维数组的首地址。

(1) 指针变量指向二维数组首地址的格式

① 用赋初始化的方式

```
基类型 *指针变量=二维数组名;
基类型 *指针变量=&二维数组名[0][0];
```

② 用赋值的方式

```
指针变量=二维数组名;
指针变量=&二维数组名[0][0];
```

(2) 通过首地址计算二维数组元素的地址

任务 16 是按相反顺序输出数组中各个元素的值。如果要输出某个指定的数组元素(例如 a[1][2]),则应事先计算出该元素在数组中相对于起始位置的相对位移量,即在数组中的相对位置。假设二维数组的大小为 n×m,a[i][j]在数组中相对位置的计算公式为:

```
i*m+j
```

因为在 a[i][j]元素之前有 i 行元素(每行有 m 个元素),在 a[i][j]所在的行,a[i][j]的前面还有 j 个元素,因此在 a[i][j]之前共有 i*m+j 个元素,如图 7-35 所示。

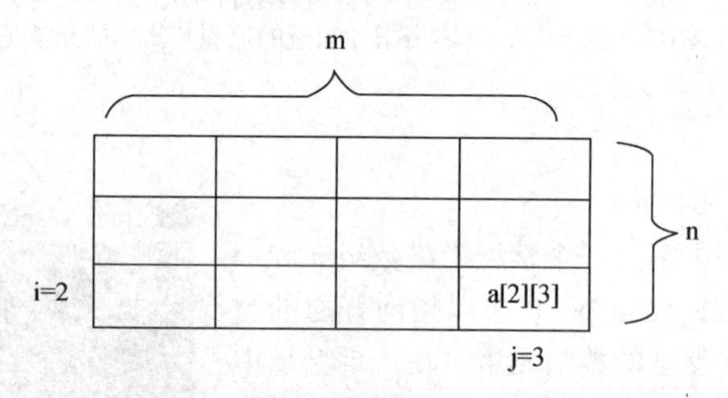

图 7-35　i 行 j 列数组元素的相对位置图

假设有一个 3×4 的二维数组 a,它的第 2 行第 3 列元素(a[2][3])的相对位置为 2*4+3=11,即在 a[2][3]的前面有两行元素,本行内还有 3 个元素在它的前面。如果开始时指针变量 p 指向 a,为了得到 a[2][3]的值,可以用 *(p+2*4+3)表示。即(p+11)是 a[2][3]的地址,a[i][j]的地址为 a[0]+i*m+j。

因此,当指针变量已指向二维数组的首地址后,引用该数组中第 i 行第 j 列元素的方法是:

```
*(指针变量+i*列数+j)
```

编者手记: C 语言规定数组下标从 0 开始,对上面计算数组相对位置比较方便,只要知道 i 和 j 的值,就可以直接用 i*m+j 公式计算出来 a[i][j]相对数组第 0 行第 0 列的相对位置。如果规定下标从 1 开始,则计算 a[i][j]的相对位置所用的公式就要改为 (i-1)*m+ (j-1)。这样就增加了计算的工作量,而且不直观。

如果定义了指针变量 p 并且指向二维数组 a(数组大小 2×3),则这些元素的地址和引用方法如表 7-2 所示。

表 7-2 元素的地址和引用方法

元　素	元素地址	元素引用
a[0][0]	p+0*3+0=p	*(p+0*3+0)=*(p)
a[0][1]	p+0*3+1=p+1	*(p+0*3+1)=*(p+1)
a[0][2]	p+0*3+2=p+2	*(p+0*3+2)=*(p+2)
a[1][0]	p+1*3+0=p+3	*(p+1*3+0)=*(p+3)
a[1][1]	p+1*3+1=p+4	*(p+1*3+1)=*(p+4)
a[1][2]	p+1*3+2=p+5	*(p+1*3+2)=*(p+5)

分析表 7-2 可知，当指针变量指向二维数组首地址后，二维数组元素的排列可以理解成先按行，再按列进行排列而成的一维数组。因而可以用对指针变量每次加 1 的方式顺序处理二维数组的元素

任务 19：编写程序，要求用指向二维数组的首地址的指针变量按一维数组方式处理二维数组。

代码如下：

```
#include "stdio.h"
main()
{  int a[2][3],*p=a[0];         /*定义二维数组 a 和同类型的指针变量 p*/
   int i,j;
   for(i=0;i<2;i++)              /*用二重循环依次处理二维数组无素*/
     for(j=0;j<3;j++)
   {  scanf("%d",p);             /*输入数据存入数组元素 a[j]*/
      p++;                       /*修改指针变量,使其指向下一个元素*/
   }
   p=a[0];                       /*让指针变量 p 重新指向数组 a 首地址*/
   for(i=0;i<2;i++)              /*用二重循环依次处理二维数组元素*/
   {  printf("\n");              /*每行开始先输出一个回车*/
      for(j=0;j<3;j++)
      {  printf("%4d",*p);       /*输出 a[j]元素的值*/
         p++;
      }
   }
}
```

任务分析：程序中声明了一个 2 行 3 列的二维数组 a 和一个指针变量 p，并让指针指向二维数组的首地址；接着用一个二重的 for 循环通过移动指针变量 p 依次将用户输入的数据存放到数组的相应位置上，让指针变量重新指向二维数组的首地址；最后的二重循环将数组 a 的所有元素输出。

运行结果：
```
1 2 3↙
4 5 6↙
1  2  3
4  5  6
```

注意：p=a[0]是很关键的。在循环语句通过改变指针变量的值来访问数组以后，如果想在另外一个循环中再次用这个指针变量来访问数组，就需要在循环之前让指针变量重新指向数组首地址。

3. 指向二维数组中的某个一维数组

二维数组a可以分解为一维数组a[0]，a[1]，a[2]。因些，可以定义一个指针变量，专门用来指向二维数组中的一维数组，其声明格式如下：

```
基类型(*指针变量)[m];
```

表示定义了一个指针变量，它指向包含m个元素的一维数组。其中，m是对应二维数组的列长度。例如：

```
int (*p)[4];
```

它表示p是一个指针变量，它指向包含4个元素的一维数组。

例如，p=a，表示指向第一个一维数组a[0]，其值等于a、a[0]或者&a[0][0]等，而p+i则指向一维数组a[i]。从前面的分析可得出，*(p+i)+j是二维数组第i行第j列的元素地址，而*(*(p+i)+j)则是第i行第j列元素的值。

注意：(*指针变量名)两边的括号不可少，如果缺少括号，则表示是指针数组(本章后面介绍)，意义就完全不同了。m必须是整型常量，并且其值等于希望指向的二维数组的列长度。此时，p只能指向该数组的行的首地址，不能指向其中的某一个元素。

任务20：编写代码，实现利用指向二维数组中的一维数组的指针变量处理二维数组。

代码如下：

```
#include <stdio.h>
main(){
  int a[3][4]={0,1,2,3,4,5,6,7,8,9,10,11};
  int(*p)[4];
  int i,j;
  p=a;
  for(i=0;i<3;i++)
  {for(j=0;j<4;j++)printf("%2d  ",*(*(p+i)+j));
    printf("\n");}
}
```

任务分析：p+i表示二维数组a的第i行地址(p+1表示指向下一个一维数组)，*(p+i)+j是a数组第i行第j列元素的地址，*(*(p+i)+j)才是a[i][j]的值。

运行结果：
```
0  1  2  3
4  5  6  7
8  9  10  11
```

7.5　通过指针引用字符串

在C语言中，可以用两种方法访问一个字符串。一种是在前面提到的用字符数组处理一个字符串，另一种是用字符指针处理字符串。

7.5.1　用字符指针指向一个字符串

在程序中处理字符串时，可以定义一个字符型指针变量(字符指针)，用字符指针来指向字符串中的字符。

任务21：编写程序，实现用字符指针输出字符串。

代码如下：

```
#include <stdio.h>
main(){
  char *string = "I love China!";
  printf("% s \n",string);
}
```

任务分析：程序中定义了一个字符指针变量 string，让其指向字符串常量“I love China!”。C语言中对字符串常量是按字符数组处理的，在内存开辟一个字符数组来存放字符串常量。程序在定义字符指针变量时把字符串首地址赋给该字符指针 string，如图7-36所示。% s 表示输出一个字符串，系统先输出 string 所指向的一个字符数据，然后自动使 string 加1，使之指向下一个字符，然后再输出一个字符，直到遇到字符串结束标志‘\0’为止。

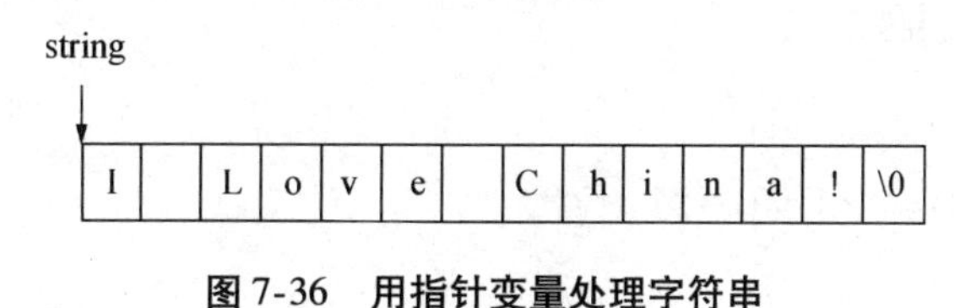

图7-36　用指针变量处理字符串

编者手记：有的人认为 string 是一个字符串变量，以为在定义时是把“I love China!”赋给字符串变量的，这是不对的。定义 string 时：

```
char *string = "I love China!";
```

等价于：

```
char *string;
string = "I love China!";
```

可以看到 string 被定义为一个指向字符型数据的指针变量。注意，它只指向一个字符变量或其他字符型数组，不能同时指向多个字符数据，更不是把“I love China!”这些字符存放到 string 中，也不是把字符串赋给 *string；而只是把“I love China!”的首地址赋给了指针变量 string。

字符串指针变量的定义说明与指向字符变量的指针变量说明是相同的，只能按对指针变量的赋值不同来区别。对指向字符变量的指针变量应赋予该字符变量的地址。例如：

```
char c, *p = &c;
```

表示 p 是一个指向字符变量 c 的指针变量，而：

```
char *s = "C Language";
```

则表示 s 是一个指向字符串的指针变量，把字符串的首地址赋予 s。

当一个字符指针指向了某个字符串常量时，就可以利用字符指针来处理这个字符串。

任务22：编程实现输出字符串中第 n 个字符后的所有字符。

代码如下：

```
#include <stdio.h>
```

```
main(){
  char *ps = "This is a C program. \n";
  int n =10;
  ps =ps +n;
  printf("% s \n",ps);
}
```

任务分析：在程序中对 ps 初始化时，即把字符串首地址赋予 ps，当 ps = ps + 10 之后，ps 指向字符“C”，因此输出为“C program.”。

运行结果：C program.

如果当一个字符串已经存放在一个字符型数组中，并且用字符指针指向这个数组，则处理字符串中的单个字符与处理一维数组元素一样。

任务 23：编程实现输入两个字符串 a 和 b，然后将其连接起来。

代码如下：

```
#include <stdio.h>
main()
{
   char str1[50],str2[30],*p1,*p2;
   p1 =str1;
   p2 =str2;
   printf("please input string1:\n");
   gets(str1);                    /*获取字符串a*/
   printf("please input string2:\n");
   gets(str2);                    /*获取字符串b*/
   while(*p1!='\0')
     p1 ++;                       /*指针移动*/
   while(*p2!='\0')               /*判断指针是否指向字符串a的末尾*/
     *p1 ++ = *p2 ++;             /*将字符串b中的字符逐个复制到字符串a中*/
   *p1 ='\0';                     /*在合并后的字符串的末尾加结束符*/
   printf("the new string is:\n");
   puts(str1);                    /*输出字符串*/
}
```

运行结果如图 7-37 所示。

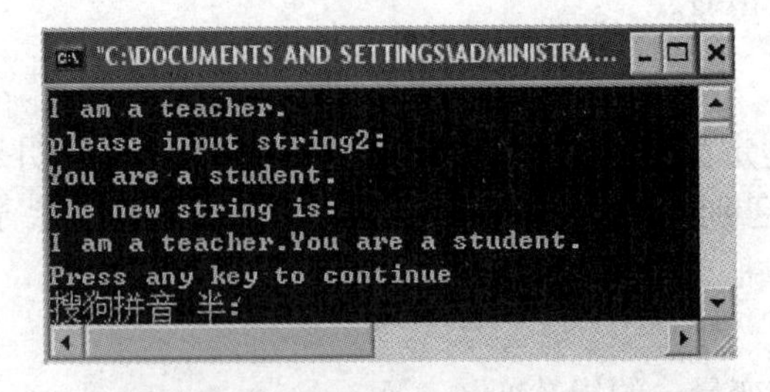

图 7-37　任务 23 的运行结果

7.5.2　字符串指针作函数参数

字符串指针作函数参数就是通过实参和形参共占一段内存来实现的，即地址传递方式。这样，在被调函数中改变此段内存的内容，在主调函数中可以得到改变后的内容。

(1) 用字符数组名作为参数

任务24：编写一个函数，实现将一个字符串的内容复制到字符数组中，并在主函数中调用该函数。

代码如下：

```
#include <stdio.h>
void cpy(char str1[],char str2[])
{  int i=0;
   while(str1[i]!='\0') //当str1数组中元素不为空时,复制到str2数组中
   {str2[i]=str1[i];i++;}
   str2[i]='\0';
}
main()
{
   char a[]="I am a student.";         //定义a,b为字符串数组并初始化
   char b[]="you are a hacker.";
   printf("string a=%s\nstring b=%s\n",a,b);
   printf("let's copy string a to b:\n");
   cpy(a,b);//调用函数cpy
   printf("\bstring a=%s\nstring b=%s\n",a,b);//输出结果
}
```

任务分析：本任务中函数cpy()的作用是将str1[i]的值赋给str2[i]，直到str1[i]的值为'\0'为止。数组a和b的初值如图7-38所示。在调用cpy()函数时，将数组名a和b作为实参传递给形参数组str1和str2。因此，str1[i]和a[i]共占同一段单元，str2[i]和b[i]共占同一段单元。程序执行后，数组b的内容如图7-38所示。

由图7-38可以看到，由于数组b的长度大于数组a，因此在将数组a复制到数组b后，未能全部覆盖数组b原有的内容，数组b的最后3个元素仍保留。但是在输出数组b的内容是是按%s格式输出的，所以遇到第一个'\0'时即结束输出。

运行结果如图7-39所示。

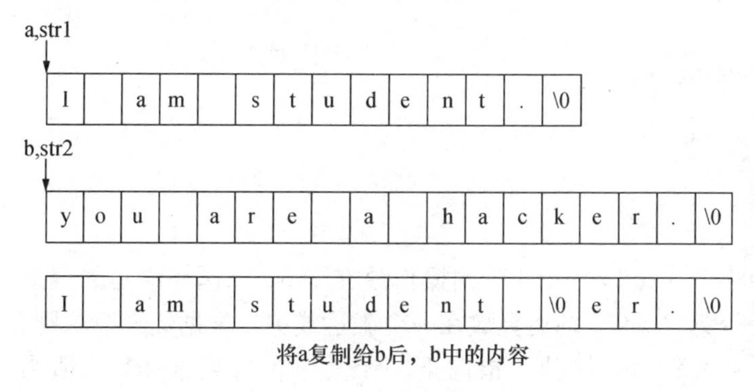

图7-38 字符数组的复制

图7-39 字符数组名做函数参数

(2) 用字符指针作为函数参数

在main()函数中也可以不定义字符数组，而用字符指针代替。main()函数可改写成：

```
main()
{
```

```
    char *a = "I am a student.";      //定义 a,b 为字符串指针变量并初始化
    char *b = "you are a hacker.";
    printf("string a = %s\nstring b = %s\n",a,b);
    printf("let's copy string a to b:\n");
    cpy(a,b);                         //调用函数 cpy(),字符串指针变量作为实参
    printf("\bstring a = %s\nstring b = %s\n",a,b);  //输出结果
}
```

任务 25：编写代码实现将任务 24 修改成用指针变量作为形参。

代码如下：

```
#include <stdio.h>
void cpy(char *str1,char *str2)
{
    while(*str1 = '\0')           //当 str1 数组中元素不为空时,复制到 str2 数组中
    {*str2 = *str1;str1 ++;str2 ++;}
     *str2 = '\0';
}
main()
{
    char a[] = "I am a student.";          //定义 a,b 为字符串指针数组并初始化
    char b[] = "you are a hacker.";
    printf("string a = %s\nstring b = %s\n",a,b);
    printf("let's copy string a to b:\n");
    cpy(a,b);                              //调用函数 cpy()
    printf("\bstring a = %s\nstring b = %s\n",a,b);//输出结果
}
```

任务分析：str1 和 str2 是字符指针，在调用 cpy( ) 函数时，将数组 a 的首地址传递给 str1，将数组 b 的首地址传递给 str2。在函数 cpy( ) 的 while 循环中，依次将 str1 指向的字符（ * str1）赋给 str2 所指向的内存单元（ * str2）中。通过语句 str1 ++; str2 ++; 使 str1 和 str2 分别向下移动指向下一个内存单元。

对 cpy( ) 函数可以做进一步简化。

（1） cpy 函数体改写方式 1

```
void cpy(char *str1,char *str2)
{
    while((*str2 = *str1) = '\0')
    {str1 ++;str2 ++;}
     *str2 = '\0';
}
```

与前面的程序对比，代码中将“ * str2 = * str1” 的操作放在了 while 循环语句的表达式中；同时把赋值运算和判断是否为‘\0’的运算放在一个表达式中，根据优先级原则，先赋值后判断。在循环体中使 str1 和 str2 增值，指向下一个元素，直到 * str1 的值为‘\0’为止。

（2） cpy( ) 函数体改写方式 2

```
void cpy(char *str1,char *str2)
{
    while((*str2 ++ = *str1 ++) = '\0');
}
```

把上面程序中的 str1 ++ 和 str2 ++ 与 * str2 = * str1 合并，它的执行过程是：先将

* str1赋给 * str2，然后使 str1 和 str2 增值。

(3) cpy()函数体改写方式3

```
void cpy(char *str1,char *str2)
{
   while(*str1='\0')
   {*str2++=*str1++;}
   *str2='\0';
}
```

当 * str1 不为‘\0’时，将 * str1 赋给 * stsr2，然后使 str1 和 str2 增值。

编者手记：字符可以用 ASCII 码代替。例如，“ch=’a’”可以用“ch=97”代替，因此，while (* str1 = “\0”) 可以用 while (* str1) 代替（字符‘\0’的 ASCII 码为 0）。所以，cpy()函数体可以简化为：

```
void cpy(char *str1,char *str2)
{
   while(*str1)
   {*str2++=*str1++;}
   *str2='\0';
}
```

(4) cpy()函数体中的 while 语句还可以简化为：

```
while((*str2++=*str1++);
```

它与

```
while((*str2++=*str1++)='\0');
```

是等价的。将 * str1 赋给 * str2，如果赋值后的 * str2 为 0，则结束循环（此时，‘\0’已经赋给了 * str2）。

(5) 函数体中的 while 循环语句也可以用 for 语句替代：

```
for(;(*str2++=*str1++)!='\0';)
```

或

```
for(;(*str2++=*str1++);)
```

(6) 也可以用指针变量，cpy()函数可以写为：

```
void cpy(char str1[],char str2[])
{  char *p1,*p2;
   p1=str1;p2=str2;
   while((*p2++=*p1++)!='\0');
}
```

以上用的各种用法，变化多端，使用十分灵活，初看起来不太习惯，含义不直观，初学者容易出错。但熟练掌握 C 语言之后，以上形式的使用就会应运而生。

任务 26：编写代码，实现判断输入的字符串是否是回文。

代码如下：

```
#include <stdio.h>
#include<string.h>
#define MAX 50                          //定义一个字符常量
int cycle(char *string)                 //定义函数
{
```

```
    char *p,*q;                    //声明两个指针变量
    //从字符的两边向中间检测,判断两个对应位置上的值是否相等
    //当遇到第一个不等的,便退出循环
    for(p=string,q=string+strlen(string)-1;q>p;p++,q--)
      if(*p!=*q) break;
    return q<=p;                   //返回两个指针比较的结果
}
main()
{
    char str[MAX];
    while(1)
    {
      puts("Please input the string (input ^to quit):"); //提示用户输入一个想要判断
                                                         是否回文的字符串
      scanf("%s",str);             //接收字符串
      if(str[0]=='^')              //若用户输入字符'^',则退出 while 循环
        break;
      if(cycle(str))       //调用 cycle()函数,根据返回值判断输入的字符串是不是回文
        printf("%s is a cycle string.\n",str);
      else
        printf("%s is not a cycle string.\n",str);
    }
}
```

任务分析：回文是指顺读和反读内容均相同的字符串，例如“535”、“mam”、“n”等。最后，按“^”退出程序。

运行结果如图 7-40 所示。

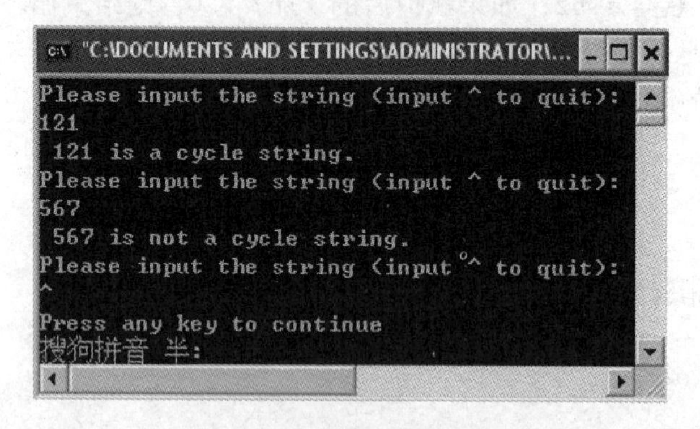

图 7-40　判断字符串是否是回文

7.5.3　字符串指针变量和字符数组的区别

用字符数组和字符指针变量都可实现字符串的存储和运算，但是两者是有区别的，在使用时应注意以下几个问题。

（1）字符串指针变量本身是一个变量，用于存放字符串的首地址。而字符串本身是存放在以该首地址为首的一块连续的内存空间中并以‘\0’作为串的结束。字符数组是由于若干个数组元素组成的，它可用来存放整个字符串。

（2）对字符串指针赋值方式：

```
char *ps="C Language";
```

可以写为：

```
char *ps;
ps = "C Language";
```

而对数组赋值方式：

```
char st[] = {"C Language"};
```

不能写为：

```
char st[20];
st = {"C Language"};
```

而只能对字符数组的各元素逐个赋值。

(3) 如果定义了一个字符数组，在编译时会为它分配内存单元，它有确定的地址。而定义一个字符指针变量时，给指针变量分配内存单元，在其中可以存放一个地址值，即该指针变量可以指向一个字符型数据，但如果未对它赋予一个地址值，则它并未指向一个确定的字符数据。

(4) 指针变量的值是可以改变的，例如：

```
char *p = "I am student.";
p = p + 2;
printf("%s", p);
```

上面代码执行结束后，将输出“am student.”。

而数组名虽然代表地址，但它的值是不能改变的。例如，下面的代码是错误的：

```
char a[] = "I am student.";
a = a + 2;
printf("%s", a);
```

从以上几点可以看出字符串指针变量与字符数组在使用时的区别，同时也可看出使用指针变量更加方便。

前面说过，当一个指针变量在未取得确定地址前使用是危险的，容易引起错误。但是对指针变量直接赋值是可以的，因为C系统对指针变量赋值时要给以确定的地址。

因此，

```
char *ps = "C Langage";
```

或者

```
char *ps;
ps = "C Language";
```

都是合法的。

7.6 指针数组

7.6.1 指针数组的含义

指针数组是一组有序指针的集合。指针数组的所有元素都必须是具有相同存储类型和指向相同数据类型的指针变量，指针数组中的每一个元素都相当于一个指针变量。

指针数组说明的一般形式为：

数据类型说明符 *数组名[数组长度]；

其中，类型说明符为指针值所指向的变量的类型。例如：

```
int *pa[4]
```

由于［］比*优先级高，因此pa先与［4］结合，形成pa[4]形式，这是一个数组形式，有4个数组元素。然后再与“*”结合表示此数组元素都是指针类型，每一个数组元素都可以指向一个整型变量。

说明：(1) 指针数组名命名规则要符合合法标识符，而且前面要有“*”号。

(2) 在一个定义语句中，可以同时定义普通变量、数组、指针变量和指针数组；并可以同时对其赋初值，也可以不赋初值。

(3)“数据类型说明符”可以是任何基本数据类型，也可以是后面要介绍的其他的类型，它是指针所要指向的数据类型。

(4) 注意书写格式不能写成“(*数组名)[长度]”，因为这是前面所讲的指向一维数组的指针变量。

(5) 为指针变量赋值或初始化时，其赋值方式与变量数组赋值或初始化的格式相同。例如：int a,b,c,*p[3]={&a,&b,&c};

7.6.2 指针数组的引用

指针数组元素与变通数组元素的引用方法完全相同，可以利用它来引用所指向的变通变量或数组元素。引用的格式为：

*指针数组名[下标];

通常，可用一个指针数组来指向一个二维数组。指针数组中的每个元素被赋予二维数组每一行的首地址，因此也可理解为指向一个一维数组。

任务27：编程实现用指针数组的方式访问二维数组。

代码如下：

```
#include<stdio.h>
main(){
  int a[3][3]={1,2,3,4,5,6,7,8,9};
  int *pa[3]={a[0],a[1],a[2]};
  int *p=a[0];
  int i;
  for(i=0;i<3;i++)
    printf("%d,%d,%d\n",a[i][2-i],*a[i],*(*(a+i)+i));
  for(i=0;i<3;i++)
    printf("%d,%d,%d\n",*pa[i],p[i],*(p+i));
}
```

任务分析：本任务中，pa是一个指针数组，有3个元素分别指向二维数组a的各行；然后用循环语句输出指定的数组元素。其中，*a[i]表示i行0列元素值；*(*(a+i)+i)表示i行i列的元素值；*pa[i]表示i行0列元素值；由于p与a[0]相同，故p[i]表示0行i列的值；*(p+i)表示0行i列的值。读者可仔细领会元素值的各种不同的表示方法。

运行结果：
```
3,1,1
5,4,5
7,7,9
1,1,1
4,2,2
7,3,3
```

注意：指针数组和二维数组指针变量虽然都可用来表示二维数组，但是其表示方法和意义是不同的。

二维数组指针变量是单个的变量，其一般形式中“（＊指针变量名)”两边的括号不可少。而指针数组类型表示的是多个指针（一组有序指针）在一般形式中“＊指针数组名”两边不能有括号。

例如：

```
int (*p)[3];
```

表示一个指向二维数组的指针变量。该二维数组的列数为 3 或分解为一维数组的长度为 3。

```
int *p[3]
```

表示 p 是一个指针数组，有 3 个下标变量 p[0]，p[1]，p[2]，均为指针变量。

指针数组经常用来处理一组字符串，这时指针数组的每个元素被赋予一个字符串的首地址。指向字符串的指针数组的初始化更为简单。例如，下面代码中采用指针数组来表示一组字符串，其初始化赋值为：

```
char *name[] = {"Illagal day", "Monday","Tuesday","Wednesday", "Thursday","Fri-
day", "Saturday", "Sunday"};
```

完成这个初始化赋值之后，name[0]即指向字符串“Illegal day”，name[1] 指向“Monday”，以此类推。

此外，指针数组也可以用作函数参数。

任务28：编程程序，用指针数组作指针型函数的参数，实现将5个国家的名称按字母顺序进行排序，然后输出。

代码如下：

```
#include <stdio.h>
#include <string.h>
main()
{
    void sort(char *name[],int n);      //声明函数
    void print(char *name[],int n);     //定义指针数组并赋初值
    char *name[5] = { "China","America","Japan","Korea","German"};
    int n =5;
    sort(name,n);                       //排列各字符串
    print(name,n);                      //按字母顺序输出各字符串
}
void sort(char *name[],int n)           //定义函数
{
    char *pt;                           //声明指针变量
    int i,j,k;                          //声明整型数组
    for(i =0;i <n -1;i ++)
    {
        k = i;           //将 name[i]所指的字符串与其后面的字符比较,获得较小者
        for(j = i +1;j <n;j ++)
          if(strcmp(name[k],name[j]) >0) k = j;
        if(k! = i)                      //交互 name 中 k 和 i 的位置元素的指向
```

```
        {
            pt = name[i];
            name[i] = name[k];
            name[k] = pt;
        }
    }
}
void print(char *name[],int n)              //定义函数
{
    int i; //输出排序 name 各元素所指向的字符串
    for (i = 0;i < n;i ++) printf("% s, \n",name[i]);
}
```

任务分析：程序的第5、6行声明了两个排序和输出两个函数，第7行定义了一个指针数组 name 并为其赋初值，第9、10行用 name 和 n 作为实参调用 sort 和 print 函数。

运行结果：America,China,German,Japan,Korea

7.7 指向函数的指针

在C语言中，一个函数总是占用一段连续的内存区，而函数名就是该函数所占内存区的首地址。我们可以把函数的这个首地址（或称入口地址）赋予一个指针变量，使该指针变量指向该函数；然后，通过指针变量就可以找到并调用这个函数。我们把这种指向函数的指针变量称为“函数指针变量”。

函数指针变量定义的一般形式为：

数据类型说明符（*指针变量名）（参数）；

其中，“数据类型说明符”表示所指向函数的返回值的类型。“（* 指针变量名）”表示“*”后面的变量是定义的指针变量。最后的空括号表示指针变量所指的是一个函数。

例如：

```
int (*pf)();
```

表示 pf 是一个指向函数入口的指针变量，该函数的返回值（函数值）是整型。

任务29：求两个数的最大值，用指针形式实现对函数调用的方法。

```
#include <stdio.h>
int max(int a,int b)
{
    if(a > b)return a;
    else return b;
}
main()
{
    int max(int a,int b);
    int(*pmax)();
    int x,y,z;
    pmax = max;
    printf("input two numbers: \n");
    scanf("% d% d",&x,&y);
    z = (*pmax)(x,y);
    printf("maxnum = % d",z);
}
```

任务分析：用函数指针变量形式调用函数的步骤如下：

（1）先定义函数指针变量，如任务 29 中第 10 行 int(* pmax)()；定义 pmax 为函数指针变量。

（2）把被调函数的入口地址（函数名）赋予该函数指针变量，如任务 29 中第 12 行 pmax = max;。

（3）用函数指针变量形式调用函数，如任务 29 中第 15 行 z = （ * pmax)(x，y);。

（4）调用函数的一般形式为：

(*指针变量名)(实参表列);

运行结果：56 78↙

Maxnum =78

使用函数指针变量还应注意以下两点

（1）函数指针变量不能进行算术运算，这是与数组指针变量不同的。数组指针变量加减一个整数可使指针移动指向后面或前面的数组元素，而函数指针的移动是毫无意义的。

（2）函数调用中“(* 指针变量名)”的两边的括号不可少，其中的 * 不应该理解为求值运算，在此处它只是一种表示符号。

7.8 返回指针值的函数

前面介绍过，所谓函数类型是指函数返回值的类型。在 C 语言中允许一个函数的返回值是一个指针（即地址），这种返回指针值的函数称为指针型函数。

定义指针型函数的一般形式为：

数据类型说明符 *函数名(形参表列)

其中，函数名之前加了“ * ”号表明这是一个指针型函数，即返回值是一个指针。类型说明符表示了返回的指针值所指向的数据类型。

例如：

```
int *ap(int x,int y)
{
  ......        /* 函数体 */
}
```

表示函数 ap()是一个返回指针值的指针型函数，它返回的指针指向一个整型变量。

任务 30：本程序是通过指针函数，输入一个 1～7 之间的整数，输出对应的星期名。

```
#include <stdio.h>
main(){
  int i;
  char *day_name(int n);
  printf("input the Day No.:\n");
  scanf("%d",&i);
  if(i<0) printf("error");
  printf("Day No.is:%2d-->%s\n",i,day_name(i));
}
char *day_name(int n)
```

```
{
    static char *name[] = { "Illegal day","Monday","Tuesday", "Wednesday", "Thurs-
    day", "Friday","Saturday","Sunday"};
    return((n<1 || n>7) ? name[0]: name[n]);
}
```

任务分析：本任务中定义了一个指针型函数day_name()，它的返回值指向一个字符串。该函数中定义一个静态指针数组 name，name 数组初始化赋值为 8 个字符串，分别表示各个星期名及出错提示。形参 n 表示与星期名所对应的整数。在主函数中，把输入的整数 i 作为实参，在 printf 语句中调用 day_name()函数并把 i 值传送给形参 n。day_name 函数中的 return 语句包含一个条件表达式，n 值若大于7 或小于1，则把 name[0]指针返回主函数输出出错提示字符串“Illegal day”。否则返回主函数输出对应的星期名。主函数中的第 6 行是个条件语句，其语义是，如输入为负数（i<0），则中止程序运行并退出程序。exit 是一个库函数，exit(1) 表示发生错误后退出程序，exit(0) 表示正常退出。

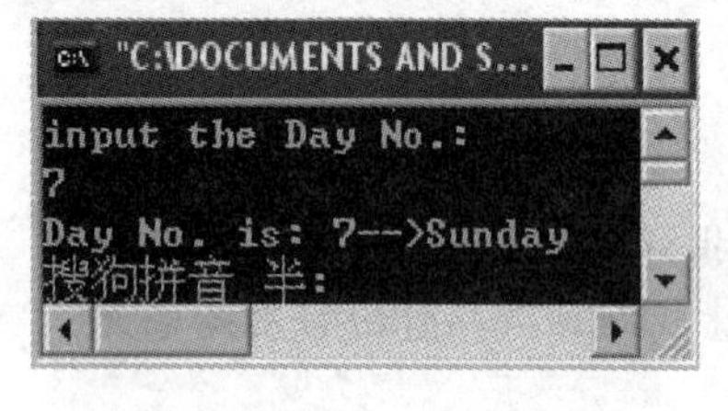

图 7-41　任务 30 的运行结果

运行结果如图 7-41 所示。

注意： 函数指针变量和指针型函数这两者在写法和意义上的区别。例如，int(*p)()和 int *p()是两个完全不同的量。

int(*p)()是一个变量说明，说明 p 是一个指向函数入口的指针变量，该函数的返回值是整型量，(*p) 的两边的括号不能少。

int *p()则不是变量说明而是函数说明，说明 p 是一个指针型函数，其返回值是一个指向整型变量的指针，*p 两边没有括号。作为函数说明，在括号内最好写入形式参数，这样便于与变量说明区别。

对于指针型函数定义，int *p()只是函数头部分，一般还应该有函数体部分。

7.9　多重指针

如果一个指针变量存放的又是另一个指针变量的地址，则称这个指针变量为指向指针的指针变量，通常称为指针的指针。

在前面已经介绍过，通过指针访问变量称为间接访问。由于指针变量直接指向变量，因此称为“单级间址”。而如果通过指向指针的指针变量来访问变量则构成“二级间址”，如图 7-42 所示。

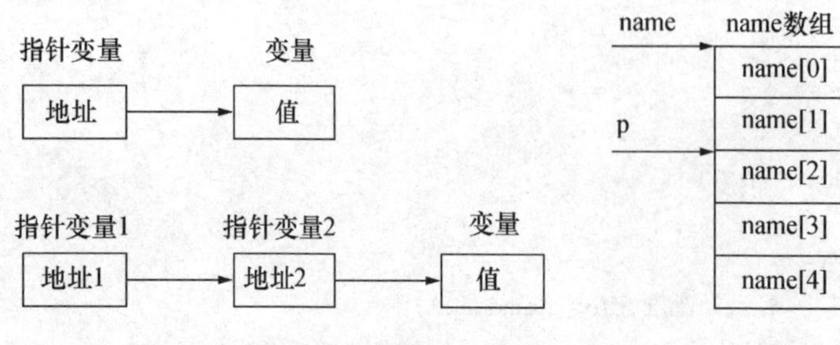

图 7-42　二级指针变量

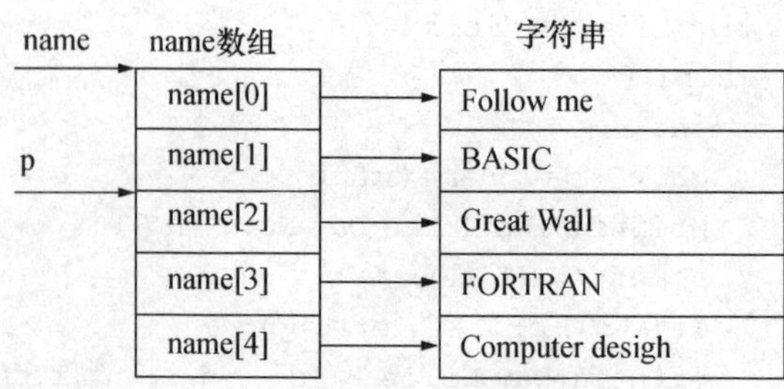

图 7-43　二级指针的应用

从图7-43可以看到，name是一个指针数组，它的每一个元素是一个指针型数据，其值为地址。数组名name代表该指针数组的首地址。是mane[i]的地址，是指向指针型数据的指针（地址）。还可以设置一个指针变量p，使它指向指针数组元素。p就是指向指针型数据的指针变量，为二级指针变量。

怎样定义一个指向指针型数据的指针变量呢？

格式如下：

```
数据类型说明符  * *变量名;
```

例如：

```
char * *p;
```

p前面有两个*号，相当于*(*p)。显然*p是指针变量的定义形式，如果没有最前面的*，那就是定义了一个指向字符数据的指针变量。现在它前面又有一个*号，表示指针变量p是指向一个字符指针型变量的。

p就是p所指向的另一个指针变量； *p就是p所指向的指针变量所指的变量。

如果有：

```
p=name+2;
printf("% o\n",*p);
printf("% s\n",*p);
```

那么，第1个printf()函数语句输出name[2]的值（它是一个地址）；第2个printf()函数语句以字符串形式（%s）输出字符串“Great Wall”。

任务31：编写代码，使用指向指针的指针。

代码如下：

```
#include <stdio.h>
main()
{  char * name[] = {"Follow me","BASIC","Great Wall","FORTRAN","Computer de-
sighn"};
   char * *p;
   int i;
   for(i=0;i<5;i++)
   { p=name+i;
     printf("% s\n",*p);
   }
}
```

运行结果如图7-44所示。

任务分析：p是指向指针的指针变量，在第一次执行循环体时，赋值语句p=name+i；使p指向name数组的0号元素name[0]；*p是name[0]的值，即第一个字符串的起始地址，用pritnf()函数输出第一个字符串，接着输出5个字符串。

图7-44 任务31的运行结果

7.10 本章小结

本章介绍了指针的基本概念和应用。指针是C语言中一个重要的概念，使用指针可以提高程序效率；在调用函数时变量改变了的值能够为主调函数使用。现对指针做一总结。

1. 有关指针的数据类型的小结，如表7-3所示

表7-3　指针的小结

定　义	含　义
int i;	定义整型变量i
int *p	p为指向整型数据的指针变量
int a[n];	定义整型数组a，它有n个元素
int *p[n];	定义指针数组p，它由n个指向整型数据的指针元素组成
int(*p)[n];	p为指向含n个元素的一维数组的指针变量
int f();	f为带回整型函数值的函数
int *p();	p为带回一个指针的函数，该指针指向整型数据
int(*p)();	p为指向函数的指针，该函数返回一个整型值
int **p;	p是一个指针变量，它指向一个指向整型数据的指针变量

2. 指针运算小结

现把全部指针运算列出如下：

(1) 指针变量加（减）一个整数。

例如：p++、p--、p+i、p-i、p+=i、p-=i

一个指针变量加（减）一个整数并不是简单地将原值加（减）一个整数，而是将该指针变量的原值（是一个地址）和它指向的变量所占用的内存单元字节数加（减）。

(2) 指针变量赋值：将一个变量的地址赋给一个指针变量。

```
p=&a;            (将变量a的地址赋给p)
p=array;         (将数组array的首地址赋给p)
p=&array[i];     (将数组array第i个元素的地址赋给p)
p=max;           (max为已定义的函数，将max的入口地址赋给p)
p1=p2;           (p1和p2都是指针变量，将p2的值赋给p1)
```

注意：p=1000；是不正确的。

(3) 指针变量可以有空值，即该指针变量不指向任何变量，例如：

```
p=NULL;
```

(4) 两个指针变量可以相减：如果两个指针变量指向同一个数组的元素，则两个指针变量值之差是两个指针之间的元素个数。

(5) 两个指针变量比较：如果两个指针变量指向同一个数组的元素，则两个指针变量可以进行比较。指向前面的元素的指针变量“小于”指向后面元素的指针变量。

3. void指针类型

ANSI C新标准增加了一种void指针类型，即可以定义一个指针变量，但不指定它是指向哪一种类型数据。

练习与自测

一、填空题

1. 指针的本质就是一个要访问的（　　　　）。

2. 在C语言中，允许用一个变量来存放指针，这种变量称为（　　　　）。

3. 指针有两个运算符分别是（　　　　）和（　　　　）。

二、选择题

1. 若有定义：int　x，*pb;，则以下正确的赋值表达式是（　　）。

A. pb = &x　　B. pb = x　　C. *pb = &x　　D. *pb = *x

2. 以下程序段的输出结果是（　　）。

```
main( )
{  int  k=2,m=4,n=6;
   int  *pk=&k,*pm=&m,*p;
   *(p=&n)=*pk*(*pm);
   printf("%d\n",n);
}
```

A. 4　　B. 6　　C. 8　　D. 10

3. 已知a[5] = {10，20，30，40，50}，指针p指向a[1]，则执行语句*p++；后，*p的值是（　　）。

A. 20　　B. 30　　C. 21　　D. 31

4. 以下程序输出结果是（　　）

```
main()
{int **k, *a, b=100;
  a=&b;  k=&a;  printf("%d\n",**k);}
```

A. 运行出错　　B. 100　　C. a的地址　　D. b的地址

三、编程题

1. 输入3个整数，按由小到大的顺序输出。

2. 输入一行文字，找出其中大写字母、小写字母、空格、数字以及其他字符各有多少。

3. 要求利用指针编制一个程序，能够比较两个字符串，如果两个字符串完全相同，则输出“OK!”；否则输出“NO!”。

4. 编写一个子函数建立一个字符指针数组，利用该指针数组实现将一个班级的学生信息按姓名字母顺序输出，并在主函数中调用它。

提 高 篇

第 8 章　结构体、共用体、枚举

学习目标

1. 掌握结构体类型的说明、结构体变量（数组）的定义及初始化方法
2. 掌握结构体变量成员的引用
3. 了解共用体类型的说明、共用体变量的定义及引用
4. 了解枚举类型的说明、枚举变量的定义及引用
5. 了解 typedef 的含义和使用

迄今为止，已经介绍了基本数据类型变量，如整型、实型、字符型，也介绍了数组这种数据结构。但是在实际问题中，简单的变量类型是不能满足程序中各种复杂数据要求的。例如，在学生登记表中，姓名应为字符型；学号可为整型或字符型；年龄应为整型；性别应为字符型；成绩可为整型或实型。显然不能用一个数组来存放这一组数据，因为数组中各元素的类型和长度都必须一致。为了解决这个问题，C 语言中给出了另一种构造数据类型——“结构（structure）”或叫“结构体”。

8.1　结构体

8.1.1　结构体类型的定义

结构体相当于其他高级语言中的记录。“结构”是一种构造类型，它是由若干“成员”组成的。每一个成员可以是一个基本数据类型或者又是一个构造类型。“结构体”既然是一种“构造”而成的数据类型，那么在说明和使用之前必须先定义它，也就是构造它。如同在说明和调用函数之前要先定义函数一样。

定义结构类型的一般形式为：

```
struct 结构体名
{成员列表};
```

成员表列由若干个成员组成，每个成员都是该结构的一个组成部分。对每个成员也必须作类型说明，其形式为：

数据类型说明符 成员名；

成员名的命名应符合标识符的书写规则。例如，定义一个学生的结构体类型，包括学号、姓名、性别和成绩基本信息：

```
struct student
{
   int num;
```

```
    char name[20];
    char sex;
    float score;
};
```

在这个结构体定义中，结构体类型名为struct student，该结构体由4个成员组成。第1个成员为num，整型变量；第2个成员为name，字符数组；第3个成员为sex，字符变量；第4个成员为score，实型变量。应注意在大括号后的分号是必不可少的。结构体定义之后，即可进行变量说明。凡说明为结构体类型struct student的变量都由上述4个成员组成。由此可见，结构体是一种复杂的数据类型，是数目固定，类型不同的若干变量的集合。

对于结构体类型的几点说明

(1) 结构体成员的类型可以是简单类型、数组类型，也可以是结构体类型等任何数据类型。

(2) 结构体类型和提供的标准类型一样具有同样的地位和作用，都可以用来定义变量的类型，只不过结构体类型需要由用户自己定义。

(3) 结构体类型的定义只是描述结构体的组织形式，它规定这个结构体类型使用内存的模式，并没有分配一段内存单元来存放各成员。只有在定义了这种类型的变量之后，系统才为变量分配内存空间，占据存储单元。

(4) 结构体类型定义可以在函数内部，也可以在函数外部。在函数内部定义的只能在该函数内部使用，而在函数外部定义的结构体，可以在定义处开始到本文件结束的地方使用。

(5) 在定义结构体类型时，数据类型相同的成员可以在一行中进行说明，成员之间用逗号作分隔。

8.1.2 结构体类型变量的含义及定义

上面只是定义了一个结构体类型，它相当于一个模型，但其中并无具体数据，系统对其也不能分配内存单元，只有在定义了结构体类型的变量之后，才能分配内存单元。

定义结构体变量有以下3种方法。

(1) 先定义结构体，再声明结构体变量，一般格式为：

```
struct 结构体名 结构体变量名;
```

例如：

```
struct student
{
    int num;
    char name[20];
    char sex;
    float score;
};
struct student stu1,stu2;
```

声明了两个变量stu1和stu2为struct student结构体类型，也可以用宏定义使用一个符号常量来表示一个结构类型。

例如：

```
#define STU struct student
```

```
STU
{
   int num;
   char name[20];
   char sex;
   float score;
};
STU stu1,stu2;
```

定义了结构变量后，系统为其分配内存单元。例如，结构体变量stu1和stu2在内存中各占29个字节（4+20+1+4=29）。

编者手记： 将一个变量定义为结构体类型与定义为基本数据类型是有区别的。前者不仅要求指定变量为结构体类型，而且要求指定为某一特定的结构体类型（如struct student类型）。因为可以定义出许许多多具体的结构体类型，所以在定义变量为整型时，只需指定为int型即可。

如果程序规模比较大，通常将对结构体类型的声明集中放到一个以.h为后缀的文件中。哪个源文件需要用到此结构体类型，就用#include命令将该文件包含到本文件中。

（2）在定义结构体类型的同时定义结构体变量，一般格式为：

```
struct 结构体名
{
   成员列表
}变量名列表;
```

例如：

```
struct student
{
   int num;
   char name[20];
   char sex;
   float score;
}stu1,stu2;
```

它的作用与第一种方法一样。

（3）直接定义结构体变量，一般格式为：

```
struct
{
   成员列表
}变量名列表;
```

例如：

```
struct
{
   int num;
   char name[20];
   char sex;
   float score;
}stu1,stu2;
```

第3种方法与第2种方法的区别在于，第3种方法中省去了结构体名，而直接给出结构体变量。3 种方法中说明的 stu1，stu2 变量都具有如图 8-1 所示的结构。

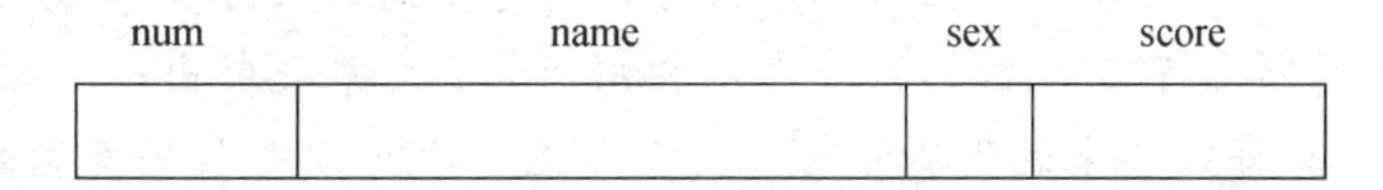

图 8-1　结构体变量的结构

> **说明：**（1）类型与变量是不同的概念。只能对变量赋值、存取或运算，而不能对一个类型赋值、存取或运算。因此，在编译时，对类型是不分配内存空间的，只能对变量分配内存空间。
>
> （2）对结构体中的成员，可以单独使用，作用与普通变量一样。
>
> （3）成员也可以是一个结构体变量，即构成了嵌套的结构。例如，图 8-2 给出了另一个数据结构。

num	name	sex	birthday			score
			month	day	year	

图 8-2　结构体变量的嵌套定义

按图 8-2 可给出以下结构定义：

```
struct date
{
   int month;
   int day;
   int year;
};
struct stu{
   int num;
   char name[20];
   char sex;
   struct date birthday;
   float score;
}stu1,stu2;
```

首先定义一个结构体 date，由 month（月）、day（日）、year（年）3 个成员组成。在定义并说明变量 stu1 和 stu2 时，其中的成员 birthday 说明为 data 结构体类型。成员名可与程序中其他变量同名，互不干扰。

例如，在学生成绩管理系统中，链表中的每个节点是一个结构体类型，节点中的成员 data 也是结构体类型。

```
typedef struct node                    //定义链表节点
{
   struct student data;
   struct node *next;
}Node,*Link;
```

编者手记：一个结构体变量在内存中占有的内存空间的实际字节数，就是结构体类型定义时各个成员所占字节数的总和，可以利用 sizeof 运算符求出一个结构体类型数据的长度。sizeof 运算符所要求的运算量可以是变量名，也可以是数据类型的名称，例如：

```
printf("struct stu = % d \n",sizeof(struct stu));
printf("struct stu = % d \n",sizeof(stu1));
```

运行的结果都是：

```
struct stu = 44
```

8.1.3 结构体变量的初始化

和其他类型变量一样，对结构体变量可以在定义时进行初始化。

任务 1：编写代码实现对结构体变量进行初始化。

代码如下：

```
#include <stdio.h>
main()
{
   struct stu     /* 定义结构体 */
   {
      int num;
      char *name;
      char sex;
      float score;
   }stu1,stu2 = {102,"Zhang ping",'M',78.5};
   stu1 = stu2;
   printf("Number = % d \nName = % s \n",stu1.num,stu1.name);
   printf("Sex = % c \nScore = % f \n",stu1.sex,stu1.score);
}
```

任务分析：stu1，stu2 均定义为外部结构体变量，并对 stu2 做了初始化赋值。在 main()函数中，把 stu1 的值整体赋予 stu2，然后用两个 printf 语句输出 stu1 各成员的值。这种结构体变量的初始化形式，只需在结构体变量后面加上赋值运算符，把成员的对应值用一对花括号括起来，放在赋值运算符后面即可。

运行结果如图 8-3 所示。

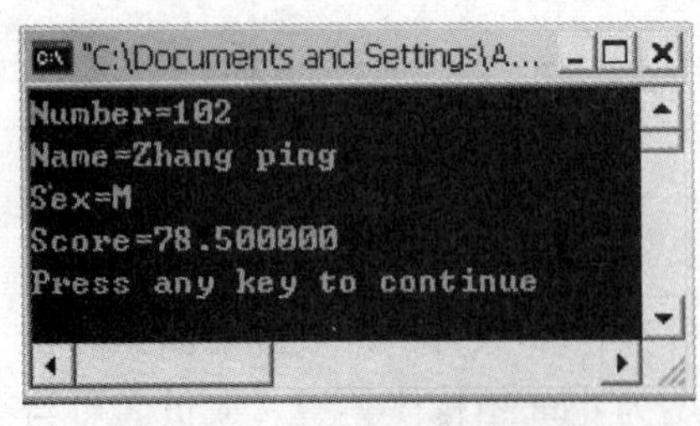

图 8-3 任务 1 的运行结果

8.1.4 结构体变量的引用

在程序中使用结构体变量时，一般不把它作为一个整体来使用。在 ANSI C 中除了允许具有相同类型的结构体变量相互赋值以外，一般对结构体变量的使用，包括赋值、输入、输出、运算等都是通过结构体变量的成员来实现的。

结构体变量成员的一般形式是：

结构体变量名.成员名

其中，“.”是成员运算符，表示对结构体变量的成员进行访问运算，它的优先级最高，结合方向从左至右。

例如：

stu1. num　　　　即第 1 个人的学号

stu2. sex　　　　即第 2 个人的性别

如果成员本身又是一个结构体，则必须逐级找到最低级的成员才能使用。

例如：

```
stu1.birthday.month
```

即第一个人出生的月份。成员可以在程序中单独使用，与普通变量完全相同。

可以引用结构体变量成员的地址，也可以引用结构体变量的地址。例如：

```
scanf("% d",&stu1.num);        //输入 stu1.num 的值
printf("% o",&stu1);           //输出 stu1 的首地址
```

例如，在学生管理系统中，每个函数对学生信息的输入、输出等操作都是通过引用结构体中成员的值来实现的。代码如下：

```
void printe(Node *p)          //本函数用于输出学生的信息
{
  printf("% -12s% s\t% s\t% d\t% d\t% d\t% d\t% d\n",p->data.num,p->
  data.name,p->data.sex,p->data.egrade,p->data.mgrade,p->data.cgrade,
  p->data.totle,p->data.ave);
}
```

任务 2：编写程序实现引用结构体变量的成员。

```
#include "stdio.h"
struct date              //定义一个表示日期的结构体类型
{ int year;
  int month;
  int day;
};
struct account           //定义一个客户的基本信息的结构体类型
{ long id;
  char name[20];
  struct date Date;
  float money;
};
main()
{ struct account liu,wang;
  liu.id=3408301; //用赋值语句给结构体变量 liu 的各个成员项赋值
  strcpy(liu.name,"Liu Hai Ling");
  liu.Date.year=1983;
  liu.Date.month=04;
  liu.Date.day=17;
  liu.money=5000.00;
  printf("\nThe wang id:"); //通过键盘输入结构体变量 wang 的各个成员项的值
  scanf("% ld",&wang.id);  //输入 id
  printf("The wang name:");
  fflush(stdin);            //清空缓冲区
  //这个是必须的,否则由于 scanf 读入 id 后,还有回车在输入流中,下一句就只读了回车
  gets(wang.name);          //输入 name
  printf("\nThe wang Date:"); //输入 Date
  scanf("% d% d% d",& wang.Date.year,&wang.Date.month,&wang.Date.day);
  printf("\nThe wang money:");
  scanf("% f",&wang.money);  //输入 money
  printf("\n  id     name                  year  month day   money ");
  printf("\n*************************************");
```

```
    //输出第1个客户信息
    printf ( " \ n% ld  %  - 20s% 5d% 5d% 5d% 10.2f ", liu.id, liu.name,
    liu.Date.year,  liu.Date.month,liu.Date.day,liu.money);
    //输出第2个客户信息
    printf ( " \ n% ld  %  - 20s% 5d% 5d% 5d% 10.2f ", wang.id, wang.name,
    wang.Date.year,  wang.Date.month,  wang.Date.day, wang.money);
    printf("\n* * * * * * * * * * * * * * * * * * * * * * * * * * * * * * * * * \n");
}
```

任务分析：程序先定义了一个名为date的结构体，包含3个整型结构体成员。又定义了一个名为account的结构体，包含4个成员，分别是客户的账号、客户的姓名、客户存款日期和存款金额。程序中声明了两个account结构体变量liu和wang。第15行到第20行是为结构体变量liu的各个成员赋值。第21行到第29行是让用户输入结构体变量wang的各个成员的值。第32行到第35行是输出两个struct account结构体类型的变量liu和wang的各个成员的值。

运行结果如图8-4所示。

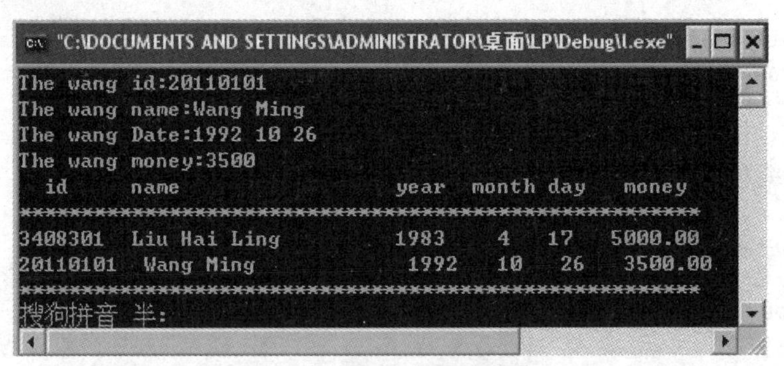

图8-4　结构体变量的引用

编者手记：fflush(stdin)是作用是刷新标准输入缓冲区，把输入缓冲区里的东西丢弃，当输入语句太多时，用这个可以避免一些错误。stdin是默认的输入流文件，对应输入缓冲区。

上面程序在实际运行时，输入id之后按回车键，理论上会出现提示“The wang name:”，然后用户输入name的值便可，但是实际上系统会自动跳过该name值的输入而紧跟着出现提示“The wang Date:”。这是因为scanf读入id后，在输入流中还有回车，下一句就只读了回车。为了避免这种情况的发生，所以要在输入name值之前使用fflush(stdin)来刷新缓冲区，但fflush(stdin)的可移植性不好，也可以使用getchar()函数来实现同样的作用。

8.2　结构体数组

数组的元素也可以是结构体类型的，因此可以构成结构体数组。结构体数组的每一个元素都是具有相同结构体类型的下标结构体变量。在实际应用中，经常用结构体数组来表示具有相同数据结构的一个群体。例如，一个班的学生档案，一个车间职工的工资表等。

8.2.1 结构体数组定义

定义结构体数组的方法和结构体变量相似，只需说明它为数组类型即可。

例如：

```
struct stu
{
   int num;
   char *name;
   char sex;
   float score;
};
struct stu student[5];
```

定义了一个结构体数组 student，共有 5 个元素，即 student[0]～student[4]。每个数组元素都具有 struct stu 的结构形式，也可以直接定义一个结构体数组，例如：

```
struct stu
{
   int num;
   char *name;
   char sex;
   float score;
}student[5];
```

或

```
struct
{
   int num;
   char *name;
   char sex;
   float score;
}student[5];
```

8.2.2 结构体数组的初始化

对结构体数组进行初始化时，可将每个元素的数据分别用“{}”括起来。例如：

```
struct stu
{
   int num;
   char *name;
   char sex;
   float score;
}student[5]={{101,"Wang ming",'M',45},
{102,"Zhang ping",'M',62.5},
{103,"He fang",'F',92.5},
{104,"Cheng ling",'F',87},
{105,"Li ping",'M',58}};
```

当对全部元素作初始化赋值时，也可不给出数组长度，编译时系统会根据给出的结构体常量的个数确定数组元素的个数。可以看出结构体初始化的一般形式是在定义结构体数组的后面加上“={初值表列};”。

任务3：编程实现计算学生的平均成绩和不及格的人数。

代码如下：

```
#include <stdio.h>
```

```
struct stu
{
   int num;
   char *name;
   char sex;
   float score;
}student[5]={
   {101," Wang ming ",'M',45},
   {102,"Zhang ping",'M',62.5},
   {103,"He fang",'F',92.5},
   {104,"Cheng ling",'F',87},
   {105," Li ping ",'M',58},
};
main()
{
   int i,c=0;
   float ave,s=0;
   for(i=0;i<5;i++)
   {
      s+=student[i].score;
      if(student[i].score<60) c+=1;
   }
   printf("s=%f\n",s);
   ave=s/5;
   printf("average=%f\ncount=%d\n",ave,c);
}
```

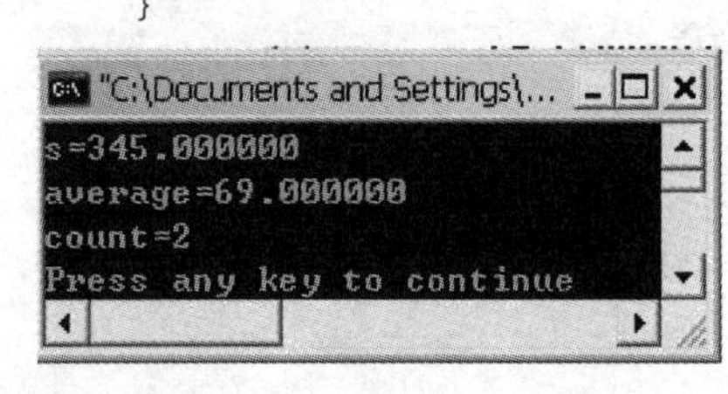

图8-5 任务3的运行结果

任务分析：本程序中定义了一个外部结构体数组student，共5个元素，并作了初始化赋值。在main()函数中用for语句逐个累加各元素的score成员值存于s之中，如果成员score的值小于60（不及格）时，则计数器C加1；循环完毕后计算平均成绩，并输出全班总分，平均分及不及格人数。

运行结果如图8-5所示。

8.2.3 结构体数组的引用

一个结构体数组元素相当于一个结构体变量，因此引用结构体变量的规则也适用于结构体数组元素。

（1）引用结构体数组元素中的一个成员，例如：

```
student[i].score
```

（2）将一个结构体数组元素赋值给同类型数组中的另一个元素，或赋给同类型的结构体变量。

任务4：编写程序，实现输入3个学生的信息并打印出来。

代码如下：

```
#include "stdlib.h"
#include "stdio.h"
struct stutype          //定义结构体类型
{  char name[20];
   long num;
   int age;
```

```
    char sex;
    float score;
};
main()
{
    struct stutype student[3]; //定义结构体类型数组
    int i;
    char ch, numstr[20];
    for (i=0;i<3;i++)//依次输入3个学生的信息
    {
        printf("enter all data of student[% d]: \n",i);
        gets(student[i].name);//输入学生姓名
        gets(numstr); student[i].num=atol(numstr);//输入学号
        gets(numstr); student[i].age=atoi(numstr);//输入年龄
        student[i].sex=getchar(); ch=getchar();//输入性别
        gets(numstr); student[i].score=atof(numstr);//输入成绩
    }
    for (i=0;i<3;i++)//输出结构体数组各元素的值
    printf("% d \ % s \ % ld \ % d \ % c \ % f \ n",i,student[i].name,student[i]
    .num,student[i].age,student[i].sex,student[i].score);
}
```

任务分析：本任务先定义了一个外部结构体类型 struct stutype，在 main()函数内定义了 struct stutype 类型的结构体数组 student[]。在第1个 for 循环语句中，用户输入3个学生的信息保存到结构体数组中；atoi()函数是将用户输入的学生的年龄转换成 int 型，保存到结构体数组 student 的第 i 个元素的成员 age 中，atoi 的功能是将字符串转化为整数；atol 的功能是将字符串转化为长整型；atof 的功能是将字符串转化为单精度类型。

运行结果如图8-6所示。

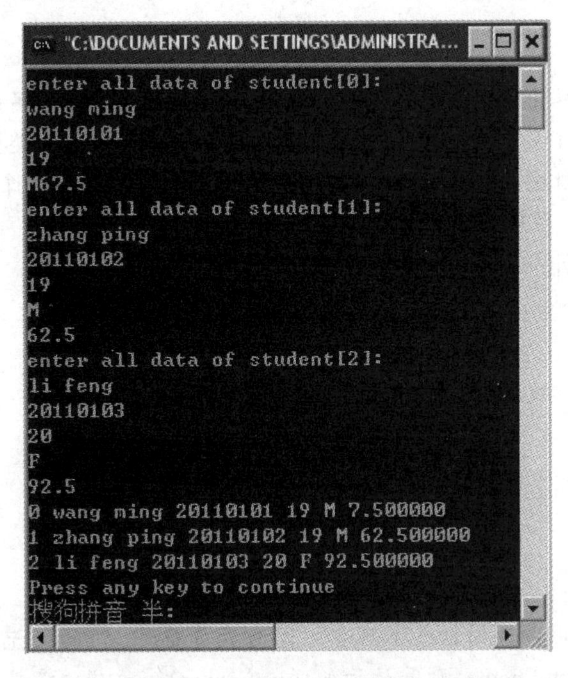

图8-6 任务4的运行结果

8.3　结构体指针

指针可以指向任何数据类型的变量，同样可以定义一个指向结构体类型变量的指针。把这种指向结构体类型变量的指针称为指向结构体的指针或结构体指针，结构体指针定义的格式为：

```
struct 结构体名 *结构体指针名
```

8.3.1　指向结构体变量的指针

一个指针变量可以用来指向一个结构体变量，称为结构体指针变量。结构体指针变量中的值是所指向结构体变量的首地址。通过结构体指针就可以访问该结构体变量，这与数组指针和函数指针的情况是相同的。

结构体指针变量说明的一般形式为：

```
struct 结构名 *结构体指针变量名
```

例如，在前面的程序中定义过的 stu 这个结构体，如要说明一个指向 stu 的指针变量 pstu，可写为：

```
struct stu *pstu;
```

当然也可在定义 stu 结构体同时说明 pstu。与前面讨论的各类指针变量相同，结构指针变量也必须要先赋值后才能使用。

赋值是把结构体变量的首地址赋予该指针变量，不能把结构名赋予该指针变量。如果 student 说明为 stu 类型的结构变量，则：

```
pstu = &student
```

是正确的，而：

```
pstu = &stu
```

是错误的。

结构体名和结构体变量是两个不同的概念，不能混淆。结构体名只能表示一个结构体形式，编译系统并不对它分配内存空间。只有当某变量说明为这种类型的结构时，才对该变量分配存储空间。因此，上面 &stu 写法是错误的，不可能去取一个结构体名的首地址。有了结构体指针变量，就能更方便地访问结构体变量的各个成员。

结构指针变量访问的一般形式为：

```
(*结构体指针变量名).成员名
```

或为：

```
结构体指针变量名->成员名
```

例如：

```
(*pstu).num
```

或者：

```
pstu->num
```

注意：（*pstu）两侧的括号不可少，因为成员符“.”的优先级高于“*”。如果去掉括号写作 *pstu.num，则等效于*（pstu.num），这样，意义就完全不对了。

任务5：编写程序，完成指向结构体变量的指针的应用。

代码如下：

```
#include <stdio.h>
struct stu
{
   int num;
   char *name;
   char sex;
   float score;
} student1 = {102,"Zhang ping",'M',78.5}, *pstu;
main()
{
   pstu = &student1;
   printf ("Number =% d \nName =% s \n",
   student1.num,student1.name);
   printf("Sex =% c \nScore =% .2f \n \n",
   student1.sex,student1.score);
   printf("Number =% d \nName =% s \n",(*
   pstu).num,(*pstu).name);
   printf("Sex =% c \nScore =% .2f \n \n",
   (*pstu).sex,(*pstu).score);
   printf ("Number =% d \nName =% s \n",
   pstu->num,pstu->name);
   printf("Sex =% c \nScore =% .2f \n \n",
   pstu->sex,pstu->score);
}
```

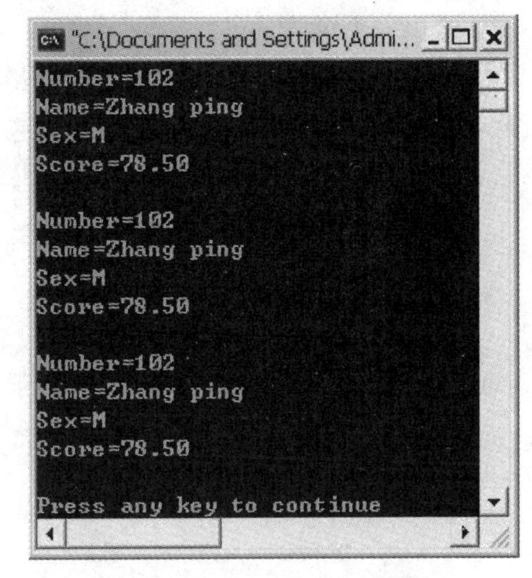

图8-7 任务5的运行结果

任务分析：本程序中定义了一个结构体 stu，定义了 stu 类型结构体变量 student1 并作了初始化赋值，还定义了一个指向 stu 类型结构体的指针变量 pstu。在 main()函数中，pstu 被赋予 student1 的地址，因此 pstu 指向 student1。然后在 printf 语句内用3种形式输出 student1 的各个成员值。从运行结果可以看出：

结构变量.成员名

(*结构指针变量).成员名

结构指针变量->成员名

这3种用于表示结构成员的形式是完全等效的。

运行结果如图8-7所示。

小知识：成员运算符“.”和指向结构体成员的运算符“->”有什么区别？

两者都是用来引用结构体变量的成员，但它们的应用环境完全不一样；前者用在一般结构体变量中，而后者与指向结构体变量的指针连用，例如：有定义

```
struct stut
{
   long num;
   float score;
};
struct stud student, *ptr=&student;
```

则 student. num、student. score、ptr -> num 都是正确的引用方式，但 ptr. num、student -> num 是错误的。其实，ptr -> num 相当于（ *ptr）. num，只是为了更为直观而专门提供了 -> 运算符。

最后指出，这两者都具有最高优先级，按自左向右的方向结合。

8.3.2　指向结构体数组的指针

指针变量可以指向一个结构体数组，这时结构体指针变量的值是整个结构体数组的首地址。结构体指针变量也可指向结构体数组的一个元素，这时结构体指针变量的值是该结构体数组元素的首地址。

设 p 为指向结构体数组的指针变量，则 p 指向该结构体数组的第 0 号元素，p +1 指向第 1 号元素，p +i 指向第 i 号元素。这与普通数组的情况是一致的。

任务 6：编写程序用指针变量输出结构体数组。

代码如下：

```
#include <stdio.h>
struct stu
{
   int num;
   char *name;
   char sex;
   float score;
}student[5] = {
   {101,"Wang ming",'M',45},
   {102,"Zhang ping",'M',62.5},
   {103,"Liou fang",'F',92.5},
   {104,"Cheng ling",'F',87},
   {105,"Zhou ping",'M',58},
};
main()
{
   struct stu *p;
   printf("No\tName\t\t\tSex\tScore\t\n");
   for(p = student;p < student +5;p ++)
   printf("%d\t%s\t\t%c\t%.2f\t\n",p -> num,p -> name,p -> sex,p ->
   score);
}
```

任务分析：在程序中，定义了 stu 结构类型的外部数组 student 并作了初始化赋值。在 main()函数内定义 p 为指向 stu 类型的指针。在循环语句 for 的表达式 1 中，p 被赋予 student 的首地址，也就是数组 student 的起始地址。在第 1 次循环中输出 student[0]的各个成员值；然后再执行 p ++，使 p 自动加 1，指向下一个数组元素；输出 student[1]的各成员值，直到循环 5 次，输出 student 数组中其他各成员值。

运行结果如图 8-8 所示。

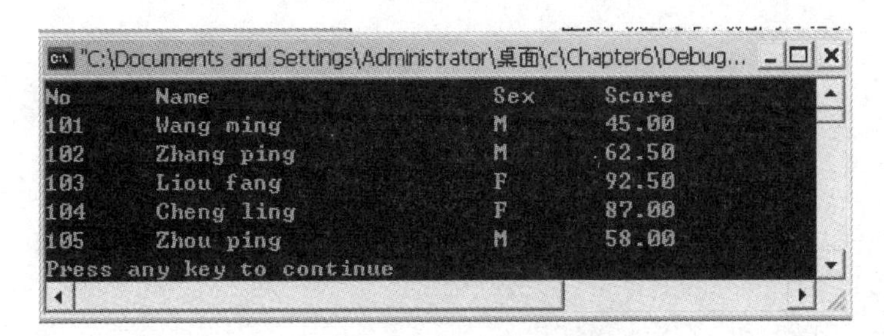

图 8-8 任务 6 的运行结果

编者手记：应该注意的是，一个结构指针变量虽然可以用来访问结构变量或结构数组元素的成员，但是，不能使它指向一个成员。也就是说，不允许取一个成员的地址来赋予它。因此，下面的赋值是错误的。

p = &student[1]. sex;

而只能是：

p = student;（赋予数组首地址）

或者是：

p = &student[0];（赋予第 0 号元素首地址）

注意：（++p）->num 与（p++）->num 的区别。在任务 6 中如果 p 的初值为 student，则 p+1 指向下一个元素的起始地址。（++p）->num 是先使 p 加 1，然后得到它所指向元素中的 num 成员的值（102）；（p++）->num 是先得到 p 所指向元素中的 num 成员的值（101），然后使 p 自动加 1。

8.4 用结构体变量和结构体变量的指针作为函数参数

将一个结构体变量的值传递给另一个函数，有以下 3 种方法。

（1）用结构体变量的成员作为参数。与用普通变量作为函数的参数一样。例如，用 student[1] . num作为函数实参，将实参值传送给形参，属于“值传递”方式。要注意保持实参与形参类型的一致。

（2）用结构体变量作实参。ANSI C 允许用结构变量作为函数参数进行整体传送。但是这种传送要将全部成员逐个传送，特别是成员为数组时将会使传送的时间和空间开销很大，严重地降低了程序的效率。因此，最好的办法就是使用指针，即用指针变量作为函数参数进行传送。这时由实参传向形参的只是地址，从而减少了时间和空间的开销。此外，由于采用的也是值传递方式，如果在执行被调函数过程中改变了形参的值，该值也不能返回主调函数，因此一般较少用这种方法。

（3）用指向结构体变量或数组的指针作为函数参数，将结构体变量（或数组）的地址传送给形参。

任务 7：编写程序，完成定义一个结构体变量（包括年、月、日），然后编写一个 days( ) 函数，实现计算该天在这一年中是第几天，最后在主函数中调用该函数获得天数，并输出。

代码如下：

```
#include <stdio.h>
struct date  //定义结构体类型
{  int year;
   int month;
   int day;
}dt;
days(struct date dt)//定义函数
{  int daysum =0,i;
   int daytab[13] = {0,31,28,31,30,31,30,31,31,30,31,30,31};//定义静态整型数组
   for(i =1;i <dt.month;i ++)//累加各月的天数
     daysum + =daytab[i];
   daysum + =dt.day;//将当前天数加到天数内
   if((dt.year% 4 ==0&&dt.year% 100! =0 ||dt.year% 400 ==0)&&dt.month >=3)
     daysum + =1;//若当前的年份是闰年,则要将总天数再加 1
   return(daysum);
}
main()
{  printf("Please input the year, month and day(yy - mm - dd): \n");
   scanf("% d - % d - % d",&dt.year,&dt.month,&dt.day);//输入年月日

   printf(" \ndays: % d \n",days(dt));//调用 days()函数,并输出函数的返回值
}
```

任务分析：程序中定义了一个外部 struct date 类型变量 dt，这样，在同一个源文件中，各个函数都可以用它作为定义变量的类型。days( )函数中的形参 dt 也定义为 struct date 类型变量。在 main( )函数中用 dt 结构体变量作为实参进行值传递调用 days( )函数。

运行结果如图 8-9 所示。

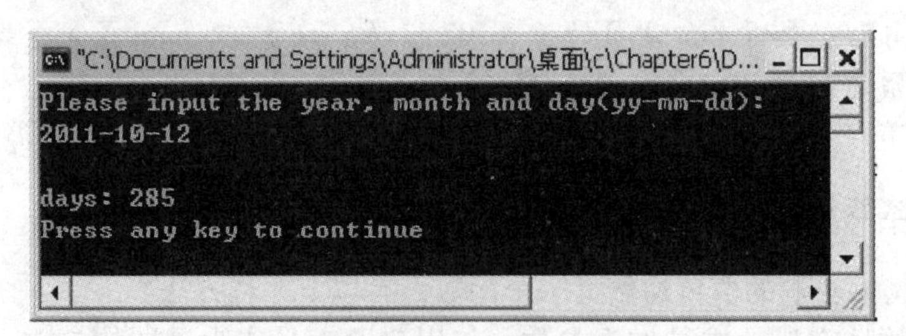

图 8-9　任务 7 的运行结果

任务 8：修改任务 7 中的 days( )函数，用指向结构体变量的指针作为函数参数来实现同样的功能。

代码如下：

```
#include <stdio.h>
struct date  //定义结构体类型
{  int year;
   int month;
   int day;
}dt;
days(struct date *p)//定义函数
{  int daysum =0,i;
   static int daytab[13] = {0,31,28,31,30,31,30,31,31,30,31,30,31};//定义静态整型
   数组
```

```
    for(i =1;i <p ->month;i ++)//累加各月的天数
      daysum + =daytab[i];
    daysum + =p -> day;//将当前天数加到天数内
    if((p ->year% 4 ==0&&p ->year% 100! =0 ||p ->year% 400 ==0)&&p ->month >=3)
      daysum + =1;//若当前的年份是闰年,则要将总天数再加1
    return(daysum);
}
main()
{  struct date *pd =&dt;
    printf("Please input the year, month and day(yy - mm - dd): \n");
    scanf("% d - % d - % d",&pd ->year,&pd ->month,&pd -> day);//输入年月日
    printf(" \ndays: % d \n",days(pd));//调用 days()函数,并输出函数返回值
}
```

任务分析：days( )函数中的形参是一个指向 struct dt 类型的指针变量。在 main( )函数中用结构体指针 pd 作为实参进行“地址传递”调用 days 函数。

任务 7 和任务 8 的运行结果是一样的，但由于任务 8 全部采用指针变量运行运算和处理，故速度更快，程序效率更高。

任务 9：编写代码，实现计算一组学生的平均成绩和不及格人数，用指向结构体数组的指针作为函数参数编写。

代码如下：

```
#include <stdio.h >
struct stu
{
    int num;
    char *name;
    char sex;
float score;}student[5] ={
    {101,"Li ping",'M',45},
    {102,"Zhang ping",'M',62.5},
    {103,"He fang",'F',92.5},
    {104,"Cheng ling",'F',87},
    {105,"Wang ming",'M',58},
};
main()
{
    struct stu *p;
    void ave(struct stu *p);
    p =student;
    ave(p);
}
void ave(struct stu *p)
{
    int c =0,i;
    float ave,sum =0;
    for(i =0;i <5;i ++,p ++)
    {
       sum + =p -> score;
       if(p -> score <60) c + =1;
    }
    printf("总分数 =% .2f \n",sum);
    ave =sum/5;
    printf("平均成绩 =% .2f \n 不及格人数:% d \n",ave,c);
}
```

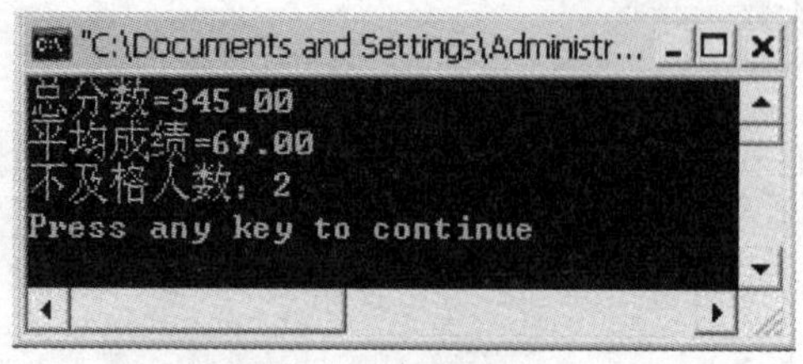

图 8-10　任务 9 的运行结果

任务分析：本程序中定义了函数 ave()，其形参为结构体指针变量 p。student 被定义为外部结构体数组，因此在整个源程序中有效。在 main()函数中定义说明了结构体指针变量 p，并把结构体数组 student 的首地址赋予它，使 p 指向 student 数组。然后以 p 作为实参调用函数 ave()。在函数 ave()中完成计算平均成绩和统计不及格人数的工作并输出结果。

运行结果如图 8-10 所示。

8.5　共用体

共用体类型是指将不同的数据类型存放在同一段内存单元的一种构造数据类型，它的类型说明和变量定义与结构体类型说明和变量定义的方式基本相同，两者间的区别在于使用内存的方式上。

8.5.1　共用体类型及共用体变量的定义

共用体类型定义的一般形式为：

```
union 共用体名
{
   成员表列
}变量表列;
```

其中，成员表列由若干个成员组成，每个成员都是该结构的一个组成部分。对每个成员也必须做类型说明，其形式为：

数据类型说明符 成员名;

成员名的命名应符合标识符的命名规则。

例如：

```
union data
{int a;
 long b;
 char ch;
};
```

定义了一个共用体类型 union data，它由 3 个成员组成：一个整型成员 a、一个长整型成员 b 和一个字符型成员 ch。

定义共用体类型的变量与结构体变量定义的方式相同，可以先定义类型，再定义变量。例如：

```
union data
{int a;
 long b;
 char ch;
};
union data d1;
```

也可以定义类型的同时定义变量，例如：

```
union data
{int a;
```

```
 long b;
 char ch;
}d1;
```

也可以直接定义共用体变量，例如：

```
union
{int a;
 long b;
 char ch;
}d1;
```

8.5.2 共用体变量的初始化与引用

引用共用体变量中的成员与引用结构体变量中成员的方法是一样的，引用方式为：

共用体变量名.成员名

例如：d1.a，d1.b，d1.ch 分别表示引用共用体变量 d1 中的成员 a，b 和 ch。

不能只引用共用体变量，例如：

```
printf("% d",d1);
```

是错误的，这是因为共用体变量 d1 中的各个成员在内存中共占同段空间，所以一个共用体变量在某一时刻，只能存放其中一个成员的值。如果只写共用体变量名 d1，系统就难以确定空间输出的是哪一个成员的值。

使用共用体类型时，要注意以下几点。

（1）同一个内存段可以用来存放几种不同类型的成员，但在每一时刻只能存放其中的一种，而不是同时存放几种。也就是说，每一时刻只有一个成员起作用，其他的成员不起作用，即不是同时都存在和起作用的。

（2）共用体变量中起作用的成员是最后一次存放的成员的值，在存入一个新的成员后原有的成员就失去了作用。例如：

```
d1.a =1;
d1.b =3;
d1.ch ='a';
```

在连续完成上述 3 个赋值运算以后，只有 d1.ch 是有效的，d1.a 和 d1.b 已经没有意义了。此时如果用 printf（"%d"，d1.a）是不行的，而用 printf（"%d"，d1.ch）是可以的。因此，在引用共用体变量时要注意当前存放在共用体变量中究竟是哪一个成员。

（3）共用体变量的地址和它的成员地址都是同一地址。例如 &d1.a，&d1.b 和 &d1.ch 的地址是一样的。

（4）不能对共用体变量名赋值，也不能引用变量名来得到一个值，另外，不能在定义共用体变量的同时对它进行初始化。如下面这样写是不对的：

```
union data
{int a;
   long b;
   char ch;
}d1 = {1,3,'a'};//不能初始化
a =1;//不能对共用体变量赋值
m =a;//不能引用共用体变量名以得到一个值
```

（5）不能把共用体变量作为函数参数，也不能使函数带回共用体变量，但可以使用指向共用体变量的指针（与结构体变量用法相似）。

（6）共用体类型可以出现在结构体类型定义中，也可以定义共用体数组。反之，结构体也可以出现在共用体类型定义中，数组也可以作为共用体成员。

任务10：编写程序实现输出一个长整数的低8位和低16位的值。

代码如下：

```
#include <stdio.h>
union un//定义共用体
{  long a;
   int b;
   char c;
};
main()
{
   union un u = {0x12345678};//定义共用体变量并为它的第一个成员符初值
   printf("Long_value:% lx\n",u.a);//输出当第一个成员的值
   printf("Low_16_value:% x\n",u.b);//输出长整型数的低16位
   printf("Low_8_value:% x\n",u.c);//输出长整型数的低8位
}
```

任务分析：长整数的4个字节数据在内存中是按高位占高字节，低位占低字节。而共用体变量各成员的存储空间都是从低字节开始占用。因此，由于u.b是int型，也是4个字节，即000100100- 0110100010101100111 1000，转换为16进制形式就是5678；u.c是char型，使用一个低字节，即01111000，转换为16进制就是78。

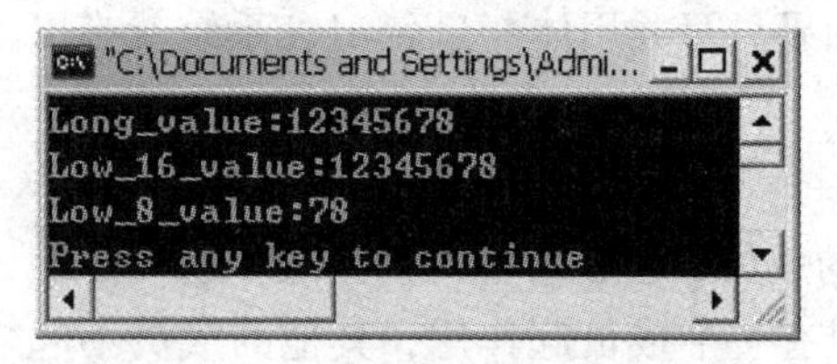

图8-11 任务10的运行结果

运行结果如图8-11所示。

结构体和共用体的区别如下

（1）结构体和共用体都是由多个不同的数据类型成员组成，但在任何同一时刻，共用体中只存放了一个被选中的成员，而结构体的所有成员都存在。在结构体中，各成员都占有自己的内存空间，它们是同时存在的。一个结构体变量的总长度等于所有成员长度之和。在共用体中，所有成员不能同时占用它的内存空间，它们不能同时存在。共用体变量的长度等于最长的成员的长度。

（2）对于共用体的不同成员赋值，将会对其他成员重写，原来成员的值就不存在了，而对于结构体的不同成员赋值是互不影响的。

8.6 枚举

在实际问题中，有些变量的取值被限定在一个有限的范围内，例如，一个星期内只有7天，一年只有12个月等。如果把这些变量说明为整型，字符型或其他类型显然是不妥当的。为此，C语言提供了一种称为“枚举”的类型。在“枚举”类型的定义中列举出所有可能的取值，被说明为该“枚举”类型的变量取值不能超过定义的范围。应该说明的是，枚举类型是一种基本数据类型，而不是一种构造类型，因为它不能再分解为任何基本类型。

8.6.1 枚举类型及枚举变量的定义

枚举是将变量的值一一列举出来，枚举类型定义的一般形式为：

```
enum 枚举名{枚举值表列};
```

enum 是枚举类型的关键字，枚举名是用户定义的枚举类型名；枚举值表列是一个由逗号分隔的所有可用值列表，这些值也称为枚举元素。

例如：

```
enum weekday{Sunday,Monday,Tuesday,Wednesday,Thursday,Friday,Saturday};
```

声明了枚举名为 weekday，枚举值共有 7 个，即一周中的 7 天。凡被说明为 weekday 类型变量的取值只能是 7 天中的某一天。

枚举变量的定义：如同结构体和共用体一样，枚举变量也可以用不同的方式说明，即先定义后说明，同时定义说明或直接说明。

设有变量 a，b，c 说明为上述的 weekday，可采用下述任一种方式：

```
enum weekday{{Sunday,Monday,Tuesday,Wednesday,Thursday,Friday,Saturday};
enum weekday a,b,c;
```

或者为：

```
enum weekday{Sunday,Monday,Tuesday,Wednesday,Thursday,Friday,Saturday}a,b,c;
```

或者为：

```
enum {Sunday,Monday,Tuesday,Wednesday,Thursday,Friday,Saturday}a,b,c;
```

说明：(1) 枚举元素作为常量，是有值的，第 1 个枚举常量值为 0，第 2 个为 1，以此类推。例如，上面定义的 Sunday 值为 0，Saturday 的值为 6，这样执行下面的语句：

```
printf("% d,% d",Sunday,Saturday);
```

其输出结果为 0，6

也可以改变枚举的值，在定义时指定枚举常量的值，例如：

```
enum weekday{{Sunday =7,Monday =1,Tuesday,Wednesday,Thursday,Friday,Saturday};
```

定义 Sunday 值为 7，Monday 值为 1，后面的顺序加 1。

(2) 不同的枚举变量可以相同的值，例如：

```
enum status{Loss = -1,Bye,Tie =0,Win};
```

其中，枚举常量 Loss 的值为 -1，而 Bye 和 Tie 的值都为 0，Win 的值为 1。

同一作用域内的枚举类型中不能有相同的枚举常量，例如：

```
enum enum1{a,b,c,d};
enum enum2{a,b,e,f,g};
```

上面定义的枚举类型 enum1 和 enum2 中都有同名枚举常量 a 和 b，那么这两个枚举类型不能在同一程序中定义。

8.6.2 枚举变量的赋值和使用

在定义枚举变量时可以进行初始化赋值，例如：

```
enum weekday day =Wednesday;
```

定义了枚举变量 day，同时初始化为 Wednesday。

说明：(1) 枚举类型中的枚举元素按常量处理，是用户定义的合法标识符。不能对枚举值赋值，例如：Sunday =0；是错误的。

(2) 枚举值表列中每一个标识符虽然表示一个整数，不能将一个整数直接赋给枚举变量，是可以用强制类型转换将一个整数所代表的枚举常量赋给枚举变量，例如：

a =1；是错误的，

a = （enum weekday）1；是正确的

(3) 枚举变量可以进行比较。比较的规则是按其在定义时的顺序号比较。如果定义时未指定，则第一个枚举值为0。

(4) 枚举值不能直接输入、输出，但可以作为整数进行输入和输出，此时输入、输出的是其序号，而不是枚举常量本身。

任务 11：编写程序，实现输入今天是星期几，计算若干天后是星期几。

代码如下：

```
#include <stdio.h>
char weekstring[][10] = {"Sunday","Monday","Tuesday","Wednesday","Thursday","Friday","Saturday"};//定义二维数组
enum week {Sun =0,Mon,Tue,Wed,Thu,Fri,Sat};//定义枚举类型
void main()
{  int d;
   enum week today,w;//定义枚举类型的变量
   printf("Today:");
   scanf("% d",&today);//输入今天的星期序号
   printf("\nDays:");
   scanf("% d",&d);//输入天数
   printf("\nToday is % s \n",weekstring[today]);
   w = (enum week)((today + d)% 7);//求该天数所在的星期序号
   printf("% d days later is % s \n",d,weekstring[w]);//输出结果
}
```

运行结果如图 8-12 所示。

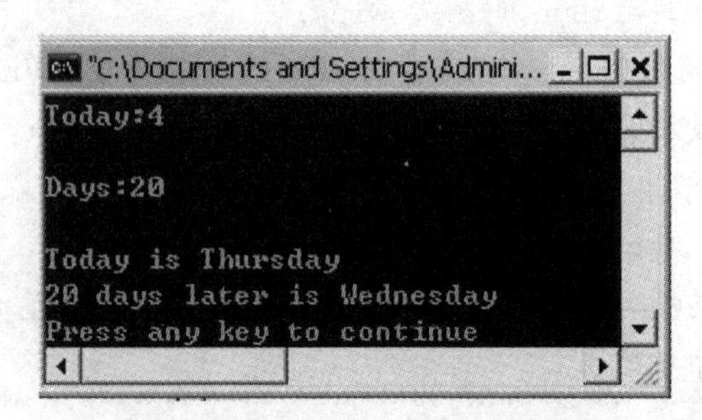

图 8-12　任务 11 的运行结果

8.7　用 typedef 定义类型

C 语言不仅提供了丰富的数据类型，而且还允许由用户自己定义类型说明符，也就是说，允许由用户为数据类型取“别名”。类型定义符 typedef 即可用来完成此功能，例如，有整型量 a，b，其说明如下：

```
int a,b;
```

其中，int 是整型变量的类型说明符。int 的完整写法为 integer，为了增加程序的可读性，可把整型说明符用 typedef 定义为：

```
typedef int INTEGER
```

以后就可用 INTEGER 来代替 int 作为整型变量的类型说明了。

例如：

```
INTEGER a,b;
```

它等效于：

```
int a,b;
```

用 typedef 定义数组、指针、结构等类型将带来很大的方便，不仅使程序书写简单而且使意义更为明确，因而增强了可读性。

例如：

```
typedef char NAME[20];
```

表示 NAME 是字符数组类型，数组长度为 20。然后可用 NAME 说明变量，例如：

```
NAME a1,a2,s1,s2;
```

完全等效于：

```
char a1[20],a2[20],s1[20],s2[20]
```

又如：

```
typedef struct stu
{ char name[20];
  int age;
  char sex;
} STU;
```

定义 STU 表示 stu 的结构类型，然后可用 STU 来说明结构变量：

```
STU body1,body2;
```

typedef 定义的一般形式为：

```
typedef 类型名  新类型名
```

其中，typedef 是关键字，类型名是系统定义的基本数据类型或用户自己定义的构造类型名等，新类型名是用户对已有类型所取的新名字，一般用大写表示，以便于区别。

有时也可用宏定义来代替 typedef 的功能，但是宏定义是由预处理完成的，而 typedef 是在编译时完成的，后者更为灵活方便。

说明：用 typedef 只是用新的类型名代替已有的类型名，并没有由用户建立新的数据类型。

(1) 用 typedef 可以声明各种类型名，但不能用来定义变量。

(2) 用 typedef 只是给已有的类型增加了一个别名，并不能创造一个新的类型。

(3) 当不同的源文件中用到同一类型数据时，常用 typedef 声明一些数据类型，并把它们单独放在一个文件中，然后在需要时用#include 命令把它们包含进来。

任务 12：编写程序实现求两个复数的乘积。

代码如下：

```
#include "stdio.h"
typedef int INTEGER; /* 定义新的类型 INTEGER(整型) */
```

```
typedef struct complex /* 定义新的类型COMP(结构) */
{
   INTEGER real, imag; /* real为复数的实部,imag为复数的虚部 */
}COMP;
main ( )
{  static COMP za = {10,21}; /* 说明静态COMP型变量并初始化 */
   static COMP zb = {-9,6};
   COMP z, cmult(); /* 说明COMP型的变量z和函数cmult() */
   void cpr( );
   z=cmult(za, zb); /* 以结构变量调用cmult()函数,返回值赋给结构变量z */
   cpr (za, zb, z); /* 以结构变量调用cpr()函数,输出计算结果 */
}

COMP cmult (COMP za,COMP zb) /* 计算复数za×zb,函数的返回值为COMP类型 */
/* 形式参数为COMP类型 */
{  COMP w;
   w.real = za.real * zb.real - za.imag * zb.imag;
   w.imag = za.real * zb.imag + za.imag * zb.real;
   return (w); /* 返回结果 */
}
void cpr (COMP za,COMP zb,COMP z) /* 输出复数za×zb=z,形式参数为COMP类型*/
{
   printf ("(%d+%di)*(%d+%di)=", za.real, za.imag, zb.real, zb.imag);
   printf ("(%d+%di)\n", z.real, z.imag);
}
```

运行结果如图8-13所示。

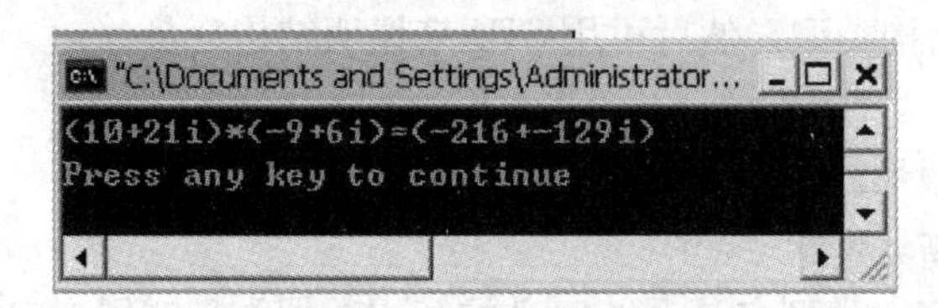

图8-13　任务12的运行结果

8.8　本章小结

本章介绍了C语言的构造类型定义形式，从定义形式上看，它们非常相似。首先，介绍了结构体类型的定义；其次，介绍了共用体和枚举类型的定义和引用；最后，介绍了用typedef给已有的类型取一个别名。

本章的内容，对于学习第9章“链表”会有很大的帮助。

练习与自测

一、填空题

1. 若有以下的说明和定义，则对初值中整数2的引用方式为（　　　　）。

```
static struct
{  char ch;
```

```
    int i;
    double x;
} array[2][3] = {{{'a',1,3.45},{'b',2,7.98},{'c',3,1.93}}};
```

2. 若有以下的说明、定义和语句，则输出结果为（　　　　）（字母 A 的十进制数为65）。

```
union un
{  int a;
   char c[2];
}w;
w.c[0] = 'A'; w.c[1] = 'a';
printf("%o\n",w.a);
```

二、选择题

1. 根据以下定义，能输出字母 M 的语句是（　　）。

```
Struct person {char name[9]; int age;};
Struct person  class[10] = { "John",17,"Paul",19,"Mary",18,"Adam",16,};
```

A. `printf("%c\n",class[3].name);`

B. `printf("%c\n",class[3].name[1]);`

C. `printf("%c\n",class[2].name[1]);`

D. `printf("%c\n",class[2].name[0]);`

2. 以下程序的输出结果是（　　）。

```
main()
{  struct  cmplx{int  x; int  y;}  cnum[2] = {1,3,2,7};
   printf("%d\n",cnum[0].y/cnum[0].x*cnum[1].x);  }
```

A. 0　　B. 1　　C. 3　　D. 6

3. 以下程序的输出结果是（　　）。

```
struct  st
{  int x;
   int *y;
} *p;
int dt[4] = {10,20,30,40};
struct  st  aa[4] = {50,&dt[0],60,&dt[0], 60,&dt[0], 60,&dt[0],};
main()
{  p = aa;
   printf("%d\n", ++p->x);
   printf("%d\n",(++p)->x);
   printf("%d\n", ++(*p->y));
}
```

A. 10　20　20　　B. 50　60　21　　C. 51　60　11　　D. 60　70　31

三、编程题

1. 编写一个函数 print()，打印一个学生的成绩数组，该数组中有 5 个学生的数据记录，每个记录包括 num、name、score[3]，用主函数输入这些记录，用 print() 函数输出这些记录。

2. 用 10 个学生，每个学生的数据包括学号、姓名、3 门课的成绩，从键盘输入 10 个学生数据要求打印出 3 门课总平均成绩，以及最高分的学生的数据。

第9章　链　　表

学习目标

1. 了解动态内存分配的原理
2. 掌握链表的查找、插入和删除操作

在第5章中，曾介绍过数组的长度是预先定义好的，不可以动态定义数组长度。但是在实际生活中，往往会发生这种情况，即所需要的内存空间取决于实际输入的数据，而无法预先确定。对于这种问题，用数组的办法很难解决，这时只能使用链表的方法来解决。

9.1　动态内存分配简介

所谓的动态内存分配就是指在程序执行的过程中动态地分配或者回收存储空间的分配内存的方法。动态内存分配不像数组等静态内存分配方法那样需要预先分配存储空间，而是由系统根据程序的需要即时分配，且分配的大小就是程序要求的大小。从动态和静态内存分配比较可以知道动态内存分配相对于静态内存分配的特点：

- 不需要预先分配存储空间；
- 分配的空间可以根据程序的需要扩大或缩小。

要实现这种动态地内存分配，就必须要用到以下几个函数。

> **注意**：在使用这几个动态存储分配的函数之前需要包含头文件“sdilib. h”，有的时候用的是“malloc. h”或“alloc. h”。请读者在使用时查阅相关手册。

1. malloc( )函数

malloc 函数的函数原型为：

```
void *malloc(unsigned int size)
```

函数功能：是在内存的动态存储区中分配一个长度为 size 字节的连续空间。其参数是一个无符号整型数，返回值是一个指向所分配的连续存储域的起始地址的 void 型指针。还有一点必须注意的是，当函数未能成功分配存储空间（如内存不足）时，就回返回一个空指针（NULL）。因此，在调用该函数时应该检测返回值是否为 NULL 并执行相应操作。

任务1：编写一段代码，使用 malloc( )函数动态分配5个实型存储区域，然后进行赋值并打印。

代码如下：

```
#include <stdio.h>
#include "stdlib.h"
main()
{
   int i;
   float *p;
```

```
    if((p = (float *) malloc(5 * sizeof(float))) == NULL)
    {
        printf("Cannot succeed the assignment storage space. ");
        exit(1);
    }
    printf("plese input the 5 numbers:");
    for (i = 0;i < 5;i ++)                          /* 给数组赋值 */
      scanf("% f",&p[i]);
    for(i = 0;i < 5;i ++)                           /* 打印数组元素 */
      printf("% f  ",p[i]);
    printf("\n");
}
```

任务分析：程序调用 malloc( )动态分配了一段存储空间，由指针 p 指向该存储区域的起始位置。若分配不成功，则执行 exit(1)语句，程序正常退出进行；若分配成功，则循环输出指针 p 所指向的数组的各元素。

程序运行结果如图 9-1 所示。

图 9-1　调用 malloc 函数的运行结果

2. calloc( )函数

calloc( )函数也用于内存分配空间，函数原型为：

```
Void * calloc(unsigned n,unsigned size)
```

函数功能：是在内存动态区域中分配 n 块长度为 size 字节的连续区域，并且把这段内存区域的数据全部清 0。其参数是两个无符号整型数，返回值是一个指向所分配的连续区域的起始地址的 void 型指针。如果空间分配失败或者 n 或 size 的值为 0，则函数返回一个空指针（NULL）。

说明： malloc( )函数和 calloc( )函数虽然都可以分配内存区，但 malloc( )一次只能申请一个内存区，calloc( )一次可以申请多个内存区。此外，calloc( )函数会把分配来的内存区域的整型元素和字符型元素初始化为 0，将指针类型元素初始化为空指针，将实型元素初始化为浮点型的 0，而 malloc( )函数则不会进行初始化。

任务 2： 编写一段代码，使用 calloc( )函数动态分配 30 个字节的连续存储区域，然后进行赋值并打印。

代码如下：

```
#include <stdio.h>
#include <stdlib.h>
#include <string.h>
void main(void)
{
    char * str = NULL;
```

```
    str = calloc(30,sizeof(char));                 /* 为字符串分配10个内存空间 */
    strcpy(str, "Welcome to the C Language");      /* 复制字符串给字符串 str */
    printf("The string is:\n%s\n", str);           /* 显示字符串 */
}
```

运行结果：The string is:

Welcome to the C Language

编者手记：malloc()函数和calloc()函数所返回的指针还没有确定的类型，理论上需要用类型转换。但实际上，由于赋值时C语言自动转换类型，因此类型转换可以不要。所以这里的程序代码第7行调用calloc()函数后未进行强制类型转换，而直接赋值也是可以的。

3. realloc()函数

realloc()函数用于改变使用malloc()函数或calloc()函数分配的内存块的大小，其函数原型为：

```
void *realloc(void *p,unsigned size)
```

函数功能：是将p指向的对象的长度修改为size字节，其中，p是指向原来内存块的指针。

说明：realloc函数的执行结果有多种：

（1）如果有足够字节的空间分配给p，则分配额外的内存，并返回p。

（2）如果没有足够的空间分配给p，则分配一个size字节的新内存块，并将原有的内存块中的数据复制到新内存块的开头，然后释放原来的内存块，并返回指向新内存块的指针。

（3）如果p为NULL，则类似于malloc()函数，分配一个size字节的内存块，并返回一个指向该内存块的指针。

（4）如果size为0，则释放p指向的内存，并返回NULL。

（5）如果没有足够的内存空间来完成重新分配（扩大原来的或重新分配内存块），则返回NULL，而原来的内存块保持不变。

任务3：编写一段代码，使用realloc()函数重新分配内存块，然后进行赋值并打印。代码如下：

```
#include <stdio.h>
#include <stdlib.h>
#include <string.h>
void main()
{
    char str[80],*string;                    /* 声明一个数组和一个指向字符串首地址的指针 */
    puts("Please input a string:");
    gets(str);                               /* 输入一个字符串 */
    string=realloc(NULL,strlen(str)+1);      /* 分配该字符串大小加1个字节内存块 */
    strcpy(string,str);                      /* 将字符串复制给string指向的字符串 */
    puts(string);                            /* 输出string指向的字符串 */
    string=realloc(string,strlen(str)-3);
    puts(string);
}
```

程序运行结果如图 9-2 所示。

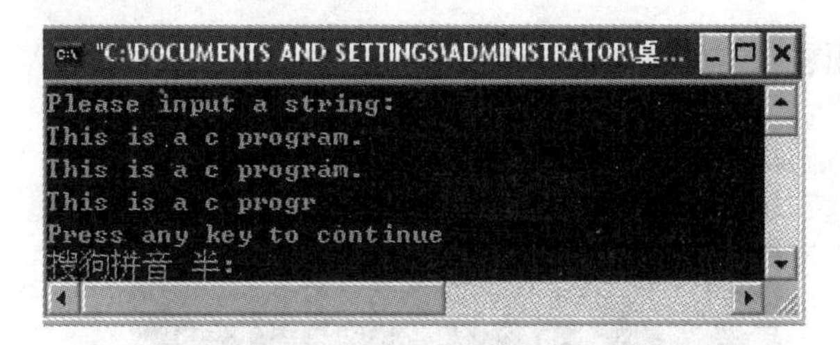

图 9-2 调用 realloc()函数运行结果

4. free()函数

内存区域是有限的，而且是很宝贵的资源，不能无限的分配下去，一个程序也要尽量节省资源，所以当所分配的内存区域不用时，就要释放它，以便其他的变量或者程序可以使用。可以使用 free()函数来完成该功能。

free()函数的原型：

```
void free(void *p)
```

函数功能：是释放指针 p 所指向的内存区。

注意： free()函数的参数 p 必须是先前调用的 malloc()函数、calloc()函数或 realloc()函数时返回的指针。若给 free()函数传递其他的值可能有灾难性的后果！若 p 为 NULL，则 free()函数什么也不做。

另外，这里重要的是指针的值，而不是指针本身。即只要是 malloc()函数、calloc()函数或 realloc()函数的返回值，不管指针名称是什么，都可以作为 free 函数的参数。

编者手记： 使用完动态分配的内存后，一定要将它释放。在使用 malloc()函数、calloc()函数或 realloc()函数时要注意检查是否成功分配了内存。

任务 4： 编写一段代码，先使用 malloc()函数分配一个很大的内存区域，并查看是否分配成功，用 free()函数释放分配的内存区域。

代码如下：

```
#include   <stdio.h>
#include   <stdlib.h>
void main()
{  long *buf1;
   long size =10000 * sizeof(long);
   buf1 = (long *)malloc(size); /* 分配一个 10000 个 long 类型的元素的数组 */
   if(buf1 ==NULL)              /* 若返回数值为 null,表示内存不足,没有分配成功 */
   {
      printf("\nAttempt to allocate %ld bytes failed.\n",size);
      exit(0);
   }
   else
   {  printf("\nAllocation of %ld bytes successful.\n",size);
      printf("Freeing the block.\n");
```

```
    free(buf1); }                    /* 释放内存块 */
}
```

程序运行结果如图9-3所示。

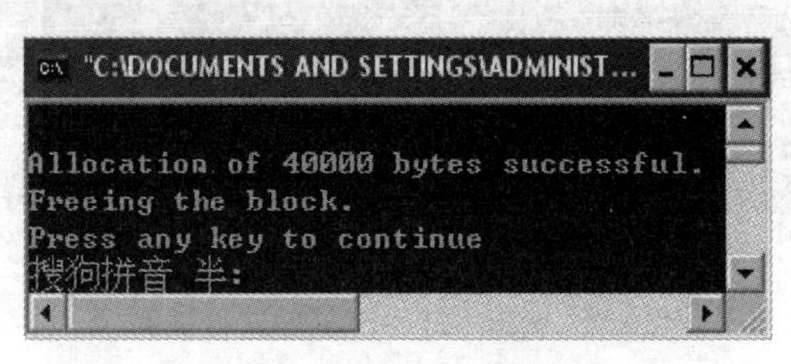

图9-3　调用free函数运行结果

9.2　链表

9.2.1　链表概述

链表是一种常见的很有用的数据结构，它是动态进行分配存储空间的一种链式存储结构，它可以根据需要开辟内存单元。

任务5：调用函数，完成动态分配一块内存区域，输入一个学生数据，并将数据输出，然后释放该内存区。

代码如下：

```
#include <stdio.h>
#include <stdlib.h>
main()
{
   struct stu                                /* 定义结构体变量和该结构体类型的指针 */
   {
      int num;
      char name;
      char sex;
      float score;
   }*ps;
   ps = (struct stu *)malloc(sizeof(struct stu));   /* 为ps分配一个结构体大小的内存块 */
   ps->num = 1001;
   ps->name = "WangLi";
   ps->sex = 'M';
   ps->score = 86.4;
   printf("Number = %d\nName = %s\n",ps->num,ps->name);
   printf("Sex = %c\nScore = %f\n",ps->sex,ps->score);
   free(ps);                              /* 释放ps指向的内存块 */
}
```

每一次分配一块内存空间用来存放一个学生的数据，称为一个节点。有多少个学生就申请分配多少块内存空间，即要建立多少个节点，成为一个链表。

用动态存储方法的好处如下所述。

（1）无需预先确定学生人数，有一个学生分配一块存储区域，操作灵活。

（2）可根据学生情况，灵活增减节点数，释放节点所占存储空间，从而节约了内存资源。

（3）每个节点之间存储空间不必连续（节点内部地址必须连续），节点之间的联系通过指针实现。

那么，什么是链表呢？链表包括一个“头指针”变量，头指针中存放一个地址，该地址指向链表中的一个元素。链表中每个元素称为“节点”，每个节点由两部分组成——存储数据元素的数据域和存储直接后继存储位置的指针域（指针域中存储的即是链表的下一个节点的存储位置，也是一个指针），多个节点即组成一个链表。链表的结构示意图如图9-4所示。

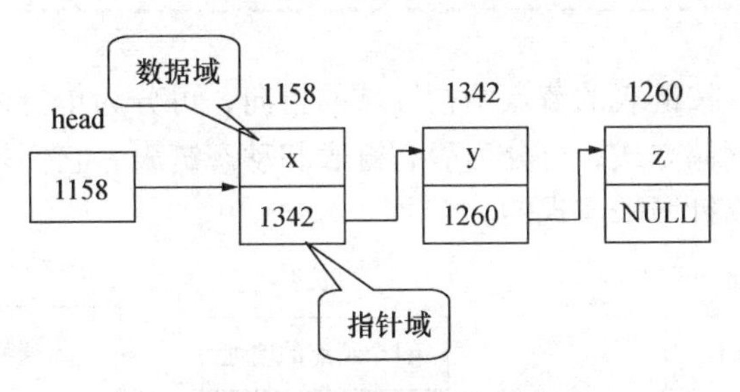

图9-4　链表的结构示意图

说明：head是头指针，它没有数据域，只是一个指针，指向链表的第一个节点；x，y，z是链表中的元素，存放具体数据；NULL表示指针值为空，表示链表结束。一个链表可以由头指针唯一确定。

小知识：链表是由节点构成的，在使用链表前必须先定义节点的数据结构。我们可以用前面学过的结构体的知识声明节点的数据结构。

```
struct 结构体名称
{   数据类型  数据变量;
    strtct 结构名称 *next;
};
例如：struct student
      {int num;
        float score;
        struct student *next;
      };
```

例如，第1章的学生成绩管理系统中定义的链表节点如下：

```
typedef struct node
{
   struct student data;
   struct node *next;
}Node,*Link;
```

综上所述，链表的头指针以head表示，它存放第一个节点的地址，如果整个链表为空（不包含任何节点），则将头指针设置为NULL。头指针指向第一个元素，第一个元素指向第二个元素，以此类推，直到最后一个元素，该元素不再指向其他元素，它称为“表尾”，它的地址部分存放一个“NULL”，即地址为空，链表到此结束。图9-5（a）所示表示链表为空，图9-5（b）表示链表含一个节点，图9-5（c）表示链表含两个节点。

编者手记：链表的头指针是很重要的，如果没有头指针是无法访问链表的。虽然链表中的各元素在内存中不是连续存放的，但是链表就如同一条铁链一样，一环扣一环，中间是不能断开的。要找其中某个元素，必须先找到它的上一个元素（前驱节点），根据它的指针域提供的地址才能找到下一个元素（后继节点）。

链表有很多种类，按链表的节点中指针域的指向，可分为单链表、双链表和循环链表等；按照链表的数据存储方式，可分为静态链表和动态链表。它们之间的共同点之一就是节点之间的链是通过指针域来实现的。

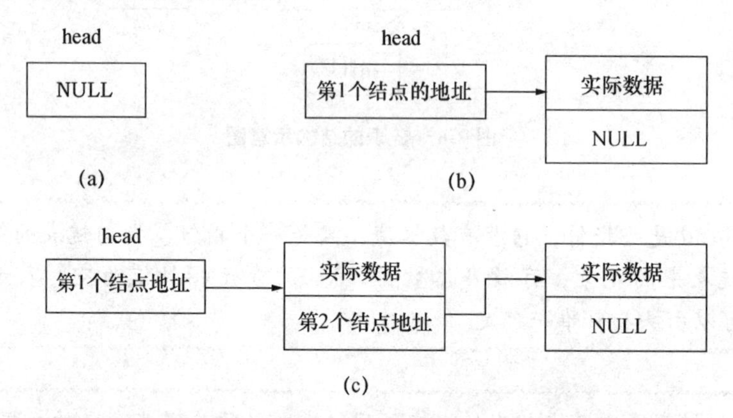

图9-5　链表包含0个节点、1个节点和2个节点的结构示意图

9.2.2　单向链表

如图9-4、图9-5所示的链表结构都是简单的链表结构，这种只能从当前节点找到下一个节点的链表称为“单向链表”，简称单链表。通过前面的学习可知，单链表可由头指针唯一确定，因此单链表可以用头指针的名字来命名，例如，头指针名为head的单链表称为表head，且头指针指向链表的第一个节点。

单链表是最常用的链表类型，下面主要介绍单向链表的相关知识。

任务6：编写一段代码，建立一个单向链表，它由三个节点组成，并输出各节点中的数据。

代码如下：

```
#define NULL  0                        /* 定义字符常量 */
struct node                            /* 定义结构体类型 */
{  int data;
   struct node *next;
};
main()
{
   struct node *head, *p,x,y,z;  /* 定义结构体类型的变量,即链表的头指针和各节点 */
   x.data=25;                          /* 为节点的 data 成员赋值 */
   y.data=108;
   z.data=153;
   head=&x;                            /* 定义指针 head 指向节点 x */
   x.next=&y;                          /* 定义节点 x 的 next 成员指向节点 y */
```

```
    y.next =&z;                    /* 定义节点 y 的 next 成员指向节点 z */
    z.next =NULL;                  /* 定义节点 z 的 next 成员为空指针,链表结束 */
    p =head;                       /* 定义指针 p 也指向节点 x */
    while(p! =NULL)
    {  printf("%d  ",p ->data);    /* 输出 p 指向的节点的 data 成员 */
       p =p ->next;                /* 指针 p 指向下一个节点 */
    }
}
```

运行结果：25　108　153

这种方式建立的单链表是比较简单的，所有的节点均在程序中定义，由系统在内存中开辟了固定的、不连续的存储单元，在程序的执行过程中，不可能人为地再产生新的存储单元，也不可能人为地使已经开辟的存储单元消失。这种链表的存储单元是在静态的存储区域中开辟存储单元，可称这种链表为“静态链表”。在实际应用中，更广泛使用的是“动态链表”。

9.2.3　动态链表

动态链表是只在程序执行过程中从无到有地建立一个链表，即一个一个地开辟节点和输入节点数据，并建立起前后相连的关系。

注意：在动态链表中，每个节点元素没有自己的名字，只能靠指针维系节点间的接续关系。一旦某个元素的指针“断开”，其后续节点就再也无法寻找。

一般一个动态链表的创建过程有以下几步。

（1）定义链表的数据结构。

（2）创建一个空表。

（3）利用 malloc 函数、calloc 函数和 realloc 函数分配一个新节点。

（4）将新节点的指针成员赋值为空。若是空表，则将新节点指针连接到表头；若是非空表，则将新节点的连接到表尾。

（5）判断以下是否有后续节点要接入链表，若有，则转到步骤（3），否则结束。

对于链表的输出过程有以下几步。

（1）找到表头，也就是找到 head 的值。

（2）设一个指针变量 p 指向链表的第一个节点。

（3）判断 p 指向的节点是否为空，若是非空，则输出节点成员的值；若是空，则推出。

（4）使 p 指向下一个节点。

（5）转到步骤（3）。

说明：动态链表的创建步骤只适用于动态链表，对于任务 6 建立的静态链表不合适。而链表的输出步骤，则对所有链表都适用。

任务 7：编写一段代码，创建一个存放正整数（输入 -1 作为结束标志）的动态链表，并打印输出。

代码如下：

```
#include <stdlib.h>                         /*包含 malloc()的头文件*/
#include <stdio.h>
struct node                                 /*创建链表节点的数据结构*/
{
   int num;
   struct node *next;
};
main()
{
   struct node *creat();                    /*函数声明*/
   void print();
   struct node *head;                       /* 定义头指针*/
   head=NULL;                               /*建立一个空表*/
   head=creat(head);                        /*调用函数创建单链表*/
   print(head);                             /*打印单链表*/
}
struct node*creat(struct node*head)         /*函数返回的是与节点相同类型的指针*/
{
   struct node *p1,*p2;
   p1=p2=(struct node*)malloc(sizeof(struct node));   /*申请新节点*/
   scanf("%d",&p1->num);                    /*输入节点成员的值*/
   p1->next=NULL;                           /*将新节点的指针置为空*/
   while(p1->num>=0)                        /*输入节点的数值大于等于0*/
   {
      if(head==NULL) head=p1;               /*空表,在表头接入第一个节点*/
      else
        p2->next=p1;                        /*非空表,新节点接到表尾*/
      p2=p1;                                /*指针 p2 指向新接入的节点*/
      p1=(struct node*)malloc(sizeof(struct node));   /*申请下一个新节点*/
      scanf("%d",&p1->num);                 /*输入节点的值*/
   }
   p2->next=NULL;                           /*链表创建结束,尾节点的指针域为空*/
   return head;                             /*返回链表的头指针*/
}
void print(struct node*head)                /*输出以 head 为头的链表各节点的值*/
{
   struct node *q;
   q=head;                                  /*取得链表的头指针*/
   while(q!=NULL)                           /*只要是非空表*/
   {
      printf("%3d",q->num);                 /*输出链表节点的值*/
      q=q->next;                            /*将指针 q 指向链表的下一个节点*/
   }
   printf("\n");
}
```

任务分析：本程序用函数调用来实现：① 编写链表创建函数 creat()，调用 malloc 函数创建动态链表，并输入各结点的数据，当输入的数据为 -1 时，链表创建结束，返回链表的头指针；② 编写打印输出函数 print()，完成链表数据的输出操作；③ 主函数实现函数 creat()和 print()的调用，传递的实参为链表的头指针 head。

创建过程如图 9-6 所示。

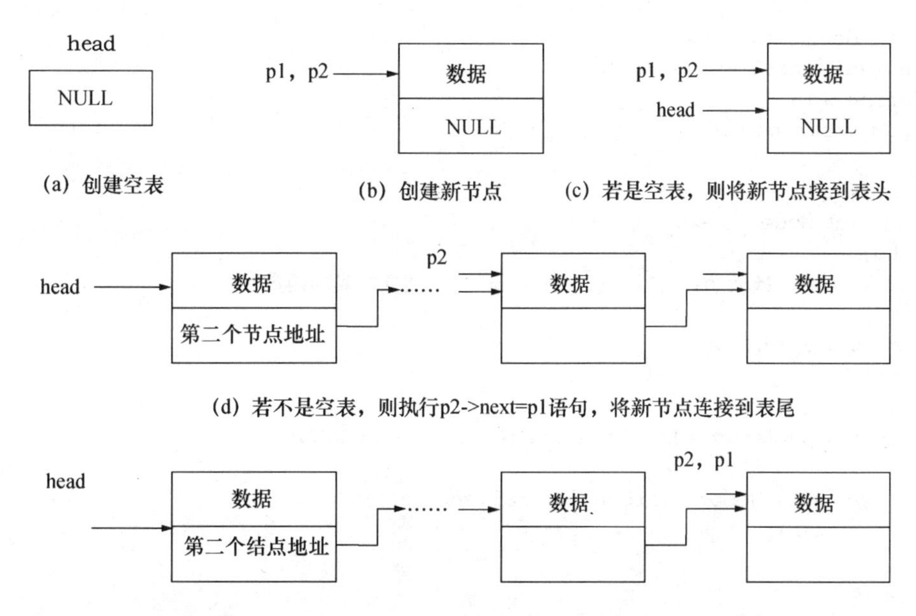

(a) 创建空表 (b) 创建新节点 (c) 若是空表，则将新节点接到表头

(d) 若不是空表，则执行p2->next=p1语句，将新节点连接到表尾

(e) 执行p2=p1语句，使p2指向表尾；若节点创建结束，则执行p2->next=NULL语句，将尾结点的指针域置为空。链表创建结束

图 9-6 动态链表创建过程

> **注意：**在对链表进行相关操作时，如输出链表，不能随意改变头指针（head）的值，头指针唯一确定一个链表，不能随意移动，以免无法确定表头的位置。可以定义其他指针指向表头，进行相关操作，如图 9-7 所示。

程序运行结果如图 9-8 所示。

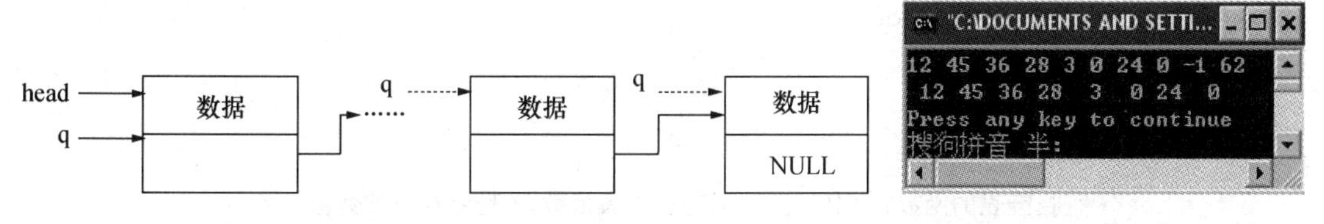

图 9-7 通过 q 指针将链表输出过程　　**图 9-8 动态链表的建立结果**

9.2.4 单链表的相关操作

1. 链表的查找操作

要想查找单链表中的某个节点，首先应该对单链表的各个节点进行扫描，检测节点的数据域是否与要查找的值相同，若是，则返回该节点的指针，查找成功；否则返回 NULL，查找失败。

根据链表的特点，各节点之间通过指针域进行连接，所以在进行查找时，只要找到该链表的头指针，即可通过指针域找到每个节点的后继节点，从而完成扫描。

任务 8：编写一段代码，先创建一个链表，然后输入一个数据，从该链表中查找这个数据，并输出是否查找成功的消息。

代码如下：

```
#include <stdio.h>
#include <malloc.h>
#define N 10
typedef struct node
{
   int data;
   struct node *next;
}stud;
stud * creat(int n)                      /*建立链表的函数*/
{
   stud *p,*h,*s;
   int i;
   h=NULL;
   if((s=p=(stud *)malloc(sizeof(stud)))==NULL)
   {
      printf("Memory allocation failed!\n");
      exit(1);
   }
   else
   {  printf("Please input the data(1):");
      scanf("%d",&p->data);               /*输入节点的成员的值*/
      p->next=NULL;
   }
   for(i=1;i<n;i++)
   {
      if(h==NULL)                          /*空表,新节点接到表头*/
        h=p;
      else
        s->next=p;                         /*非空表,新节点接到表尾*/
      s=p;                                 /*指针s指向新接入的节点*/
      p=(stud *)malloc(sizeof(struct node));  /*申请下一个新节点*/
      printf("Please input the data(%d):",i+1);
      scanf("%d",&p->data);
   }
   p->next=NULL;
   return(h);
}
        /*查找链表的函数,其中h指针是链表的头指针,x是要查找的数值*/
stud *search(stud *h,int x)
{
   stud *p;                               /*当前指针,指向要与所查找的数据比较的节点*/
   int y;                                 /*保存当前节点中的数据*/
   p=h;
   while(p!=NULL)
   {
      y=p->data;
            /*把数据域里的数据与所要查找的数据比较,若相同则返回0,即条件成立*/
      if(y==x)
        break;                             /*返回所查找节点的地址*/
      else p=p->next;
   }
   return(p);
}
main()
```

```
{
    int sdata;
    stud *head,*sp;            /* head 是表头指针,sp 是保存符合条件的节点地址的指针 */
    head=creat(N);
    printf("\nPlease input the data which you want to search:");
    scanf("%d",&sdata);
    sp=search(head,sdata);                  /* 调用查找函数,并把结果赋给 sp 指针 */
    if(sp==NULL)
      printf("Has not searched!\n");
    else
      printf("Searches successfully!\nIts position in:%d\n",sp->next-1);
}
```

程序运行结果如图 9-9 所示。

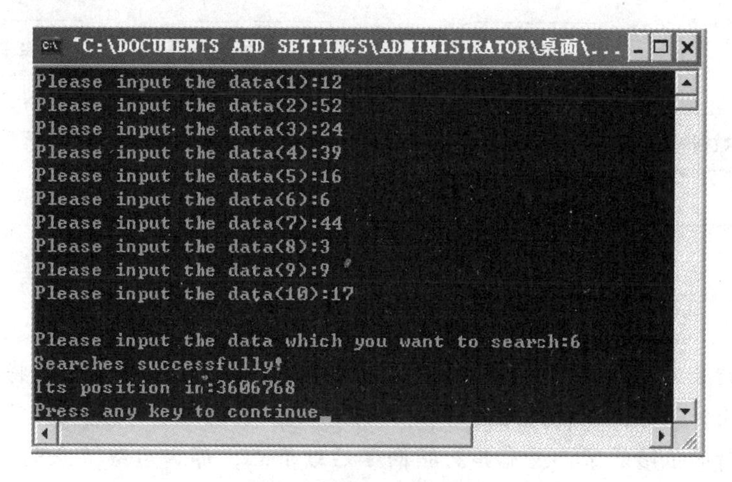

图 9-9 链表的查找操作

2. 链表的插入操作

链表的插入是指将一个节点插入到一个已有的链表中。具体步骤，根据节点要插入到链表中的位置可分为三种情况：在表头插入节点、在表尾插入节点和在链表中某个节点后插入节点。

(1) 在表头插入节点

在表头插入节点即将头指针指向新插入的节点，新节点的后继节点为原来链表的第一个节点，具体步骤如下。

① 使用前面学习的 malloc 函数、calloc 函数或 realloc 函数分配存储空间，创建一个新节点。

② 将新节点的指针域设置为头指针的值。如果原链表为空，则指针域的值为 NULL；否则指针域的值为原链表第一个节点的值，新节点成为链表的第一个节点。

③ 使头指针指向新节点。

假设节点的数据结构为 struct node，插入过程的代码如下：

```
p=(struct node *)malloc(sizeof(struct node));
p->next=head;
head=p;
```

插入过程如图9-10所示。

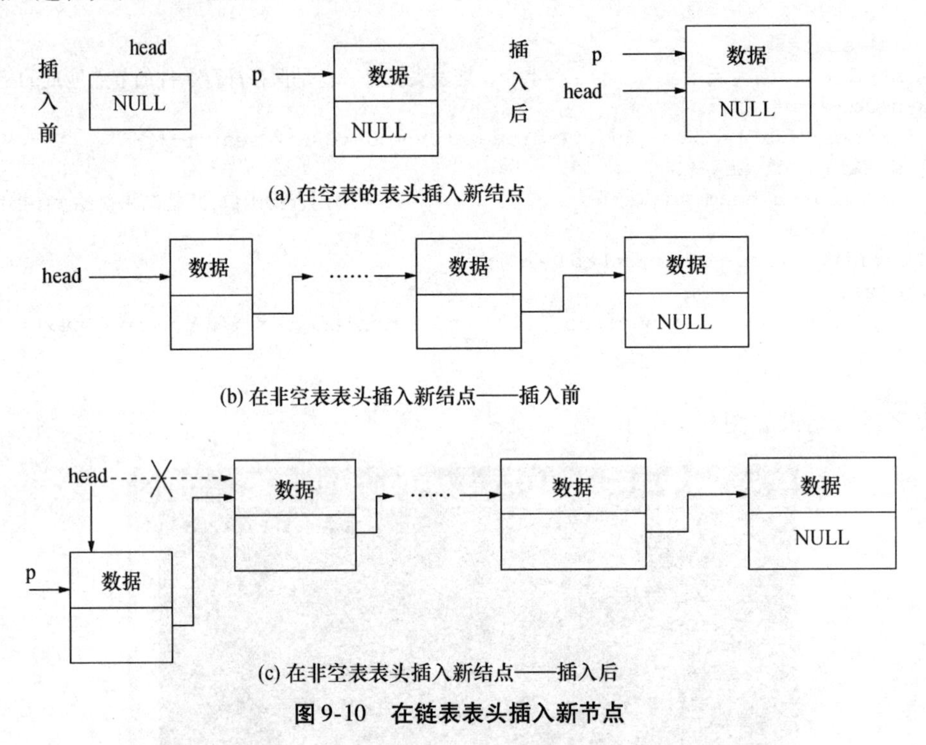

(a) 在空表的表头插入新结点

(b) 在非空表表头插入新结点——插入前

(c) 在非空表表头插入新结点——插入后

图9-10　在链表表头插入新节点

注意：链表的插入操作中，执行语句的顺序是很重要的，一定要先将插入位置的后继节点的指针保存，即先执行语句 p -> next = head；否则如果先执行了 head = p 语句，将头指针的值修改了，没有指针指向了后续节点，那么后继节点的地址将丢失，链表断开就无法找到了。

(2) 在表尾插入节点

在表尾插入新节点是在创建链表最常用的，如前面创建动态链表的例子所述，将新节点插入到链表的尾节点的后面即可。

假设两个指针 p1 和 p2 都指向同一个链表的节点，p1 指向新建立的节点，p2 指向链表的尾节点，则在表尾插入新节点的语句如下：

```
p1 ->next =NULL;
p2 ->next =p;
```

(3) 在链表中某个节点后面插入新节点

在链表的使用过程中，往往会将新节点按某种条件插入到链表中的某个节点后面。例如，已有一个学生链表，各节点是按节点成员项 number（学号）的值由小到大的顺序进行排序的。现在要插入一个新生的节点，就要按照新生的学号在链表中选取合适的位置插入。这样就要解决两个问题：① 怎样确定插入的位置；② 如何实现插入操作。

这个过程往往需要两个指针。假设两个指针 p1 和 p2 都指向同一个链表的节点，p1 指向新建立的节点，p2 指向要插入的位置，则在 p2 指向的节点后插入新节点的语句如下：

```
p1 = (struct node * )malloc(sizeof(struct node));
p1 ->next =p2 ->next;
```

```
p2 ->next =p;
```

插入过程如图 9-11 所示。

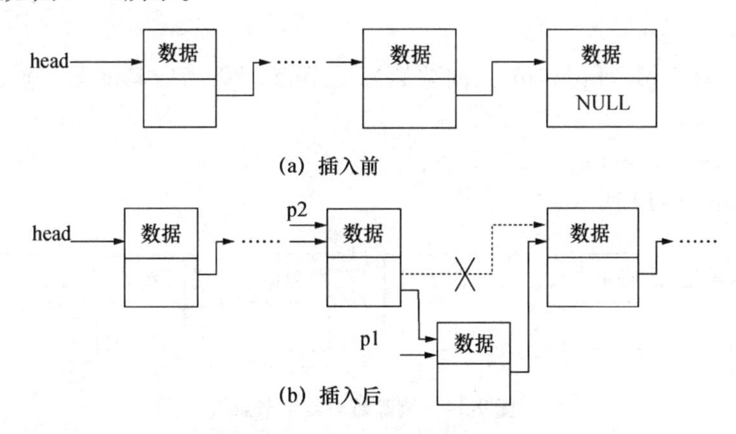

图 9-11　在链表中插入新节点

3. 链表的删除操作

删除链表中的节点时，根据删除节点位于链表中的位置，可分为三种情况：删除表头节点；删除表尾节点；删除其他节点。下面介绍每种情况下删除节点的具体步骤。

（1）删除表头节点

要删除的节点是链表的第一个节点。具体操作是将头指针值改为第二个节点的地址，也就是让头指针跳过第一个节点，直接指向第二个节点。具体语句如下：

```
head =head ->next;
```

删除过程如图 9-12 所示。

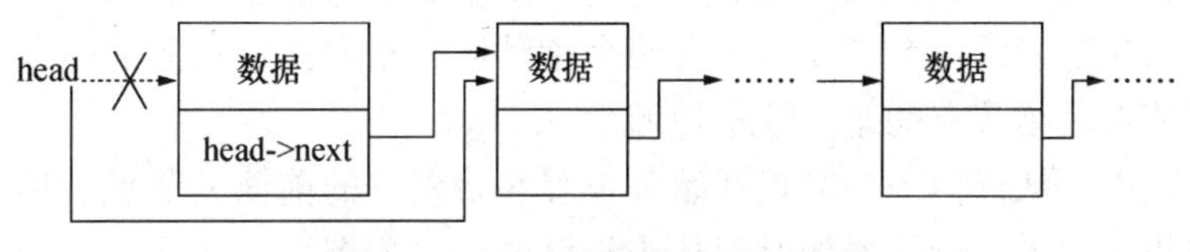

图 9-12　删除链表中第一个节点

（2）删除表尾节点

要删除链表最后一个节点，需要找到链表的倒数第二个节点，将该节点的指针域置为 NULL 即可。

假设指针 p 指向链表的倒数第二个节点，则具体删除语句如下：

```
p ->next =NULL;
```

删除过程如图 9-13 所示。

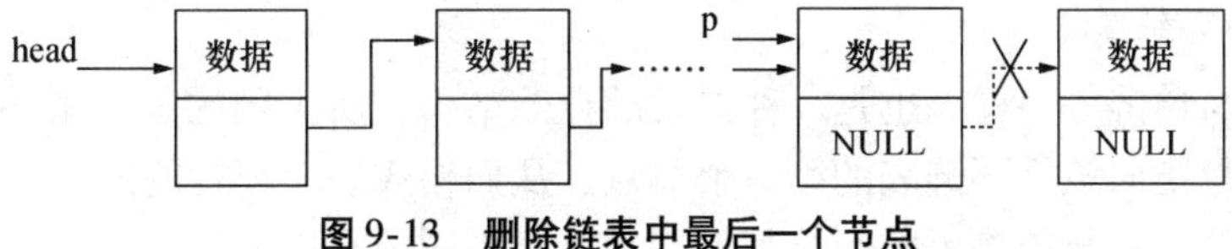

图 9-13　删除链表中最后一个节点

（3）删除其他节点

要删除链表中某个节点，需要找到要删除的节点的前驱节点，将其指针域的值改为要删除节点的后续节点的地址。假设指针 p 指向要删除的节点的前驱节点，则具体语句如下：

```
p=p->next->next;
```

如果设两个指针 p1 和 p2，p1 指向要删除的节点，p2 指向其前驱节点，则具体语句如下：

```
p2->next=p1->next;
```

删除过程如图 9-14 所示。

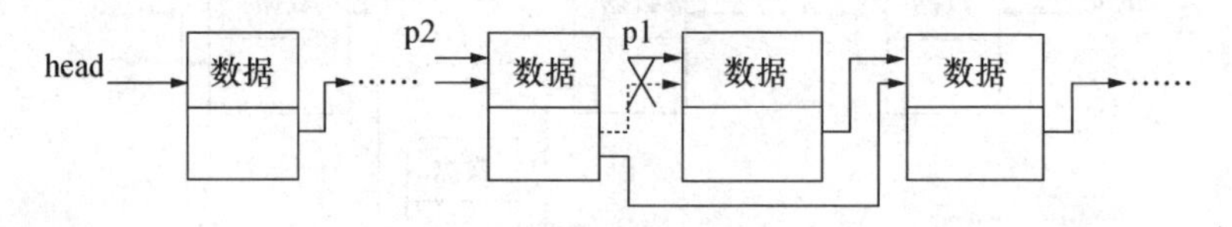

图 9-14　删除链表某个节点

编者手记：链表中删除的节点如果没有用函数释放掉，那它仍然是存在的，但已经与链表脱离。因为该节点已与其前驱节点失去了联系，所以不能通过前驱节点的指针域找到该节点了。指针 p1 还指向它，为了节省存储空间，一般通过指针 p1 将其释放掉。

9.2.5　双向链表

前面所介绍的链表的节点中，只包含一个指针域，即后继节点的指针域，这种链表称为单向链表。在对单向链表进行查找、插入和删除操作时，必须从头指针开始逐个扫描链表中的每个节点，直到找到要操作的节点为止，修改该节点前驱节点指针域的值，建立新的连接关系。双向链表的每个节点中包含两个指针域，指向该节点的前驱节点的是前驱指针域，指向该节点后续节点的是后续指针域。

在双向链表中，从任何一个节点开始都很容易找到它的前面的节点和后面的节点，不需要在进行查找、插入和删除操作时都从头指针开始，如图 9-15 所示。

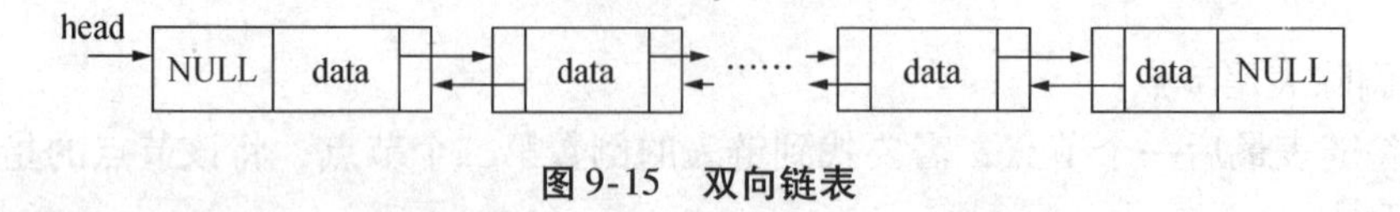

图 9-15　双向链表

双向链表的插入和删除操作要对插入或删除节点的两个指针域的值进行修改，同时修改其前驱节点的后续指针域，修改其后继节点的前驱指针域。具体操作在这里不详细介绍，如读者需要可参考《数据结构》中的链表部分。

9.2.6　循环链表

循环链表与单链表一样，也是一种链式的存储结构，所不同的是，循环链表的最后一个节点的指针是指向该循环链表的第一个节点，从而构成一个环行的链。

循环链表的运算与单链表的运算基本一致，所不同的有以下两点。

（1）在建立一个循环链表时，使最后一个节点的指针指向表头节点，不能置为 NULL。

（2）在判断是否到表尾时，是判断该节点指针域的值是否是表头节点。如图 9-16

所示。

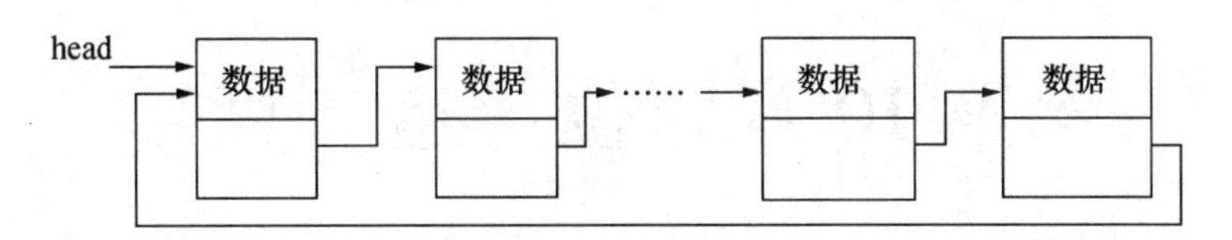

图 9-16　单向循环链表

对双向链表进行处理也可构成双向循环链表，如图 9-17 所示。

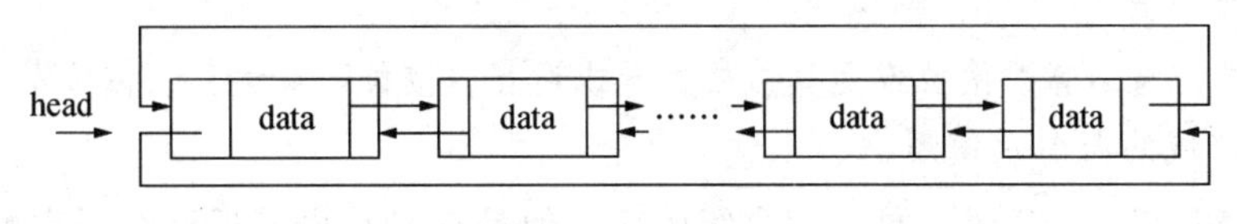

图 9-17　双向循环链表

9.3　本章小结

本章主要介绍了什么是动态分配内存，动态内存分配的函数 molloc( )、calloc( )、realloc( )和 free( )函数。链表的链式存储结构及查找、插入和删除操作。通过本章的学习，读者在使用 C 语言进行程序设计时，能够进行动态内存分配，灵活地使用内存，并能通过链表的相关操作使自己的程序更简洁、灵活。

练习与自测

编程题

1. 编写一个 C 语言程序，建立一个单链表，遍历链表中的各元素，并输出。
2. 编写一个 C 语言程序，动态建立一个单链表，输出该链表的长度。
3. 编写一个 C 语言程序，建立一个单链表，查找该链表中的最小节点，并删除。

第10章 位 运 算

学习目标

1. 了解位运算符
2. 了解按位与运算、按位或运算、按位异或运算、按位取反运算、按位左移和右移运算
3. 了解位域的概念及使用

前面已经介绍过，C语言是一门高级语言，但是它又是最接近低级语言的一门编程语言，因而具有广泛的用途和很强的生命力，很多系统软件都是用C语言编写的。在计算机系统用于检测和控制领域中要用到位运算的知识，对于一个C语言的爱好者或者系统开发人员来讲，应当学习和掌握本章的内容。

所谓位运算是指进行二进制位的运算。在很多系统程序中，常常要求按“位”（bit）进行运算或处理。例如，将一个存储单元中的各位取反，或将两个数按位相加等。

C语言提供了位运算的功能，使它可以向汇编语言那样来编写系统程序，相较很多高级语言，它具有很大的优越性，这也是为什么至今为止C语言仍然倍受亲睐的原因。

10.1 位运算符和位运算

C语言提供了6种位运算符，如表10-1所示。

表10-1 位运算符

运 算 符	含 义	运 算 符	含 义
&	按位与	～	按位取反
|	按位或	<<	按位左移
∧	按位异或	>>	按位右移

说明：（1）位运算符中除了取反运算符（～）是单目运算符外，其余均为双目运算符，即要求有两个运算量。

（2）运算量只能是整形或字符型数据，不能是其他数据类型的运算量。

下面分别介绍各个运算符及其运算，以及它们的特殊用途。

10.1.1 按位与运算

（1）功能：参与运算的两个数各对应的二进制位进行“与”运算，运算符为&。如果两个相应的二进制位都是1，则该位的运算结果就为1；否则为0。

（2）真值表达式：0&0＝0

0&1＝0

1&0 =0

1&1 =1

例如：7&9 =1，运算式可表示如下：

```
    00000111 ——（7 的二进制补码）
&   00001001 ——（9 的二进制补码）
------------
    00000001
```

注意：如前所述，整数是以二进制补码形式存储在内存的，参与运算的实际上是这两个数的补码（补码前面已经介绍过，这里不再重复）。这里进行运算时不要与前面所学的逻辑运算相混淆，例如，7&&9 =1，它是一个逻辑真值和另一个逻辑真值进行逻辑与运算，结果为“真”。

（3）特殊用途。

① 清零。如果想将某个存储单元清零，即全部二进制位为 0，可以找一个二进制数，使该数与原存储单元中的数进行与运算，结果为 0 即可。那么这个数应该符合以下条件：原来的数中为 1 的位，新数中相应位应为 0。这样经过与运算后结果一定为 0，原来的数即被清零。

例如：将一个整数 14 清零，14 的二进制补码为 00001110，根据上面的条件找到一个数为 00110001，运算式可表示如下。

```
    00001110 ——（14 的二进制补码）
&   00110001
------------
    00000000
```

注意：符合条件的数不止一个，可以用其他的数，只要符合条件即可。如上例也可以用 11000001 等。

② 保留一个数中的某些指定位。例如，有一个短整型数 i（2 个字节），想保留该数的低 8 位，高 8 位清零，则运算的规则需将该数与一个高 8 位为 0，而低 8 位全为 1 的数进行与运算即可。表达式如下所示：

```
    00001110  01100110
&   00000000  11111111
----------------------
    00000000  01100110
```

运算后，原数 i 的低 8 位仍为 01100110，而高 8 位被清零。

③ 保留一个数中的某些位，其余清零。同样找一个数与该数进行与运算，只要保证要保留的位与 1 相与即可。例如，有一个整数 i，它的二进制补码为 11001101，若想保留它的第 3 位和第 4 位数，则该数与 00001100 相与运算即可。表达式如下所示：

```
    11001101
&   00001100
------------
    00001100
```

10.1.2 按位或运算

（1）功能：参与运算的两个数的各对应二进制位进行“或”运算，运算符为 |。如

果两个相应的二进制位都是0；则该位的运算结果就为0；否则为1。

（2）真值表达式：0 | 0 =0

0 | 1 =1

1 | 0 =1

1 | 1 =1

例如：7 | 9 =15，运算式可表示如下：

```
   00000111 ——（7 的二进制补码）
|  00001001 ——（9 的二进制补码）
   --------
   00001111
```

（3）特殊用途。

根据或运算的特点，通常用来将一个数的某些位定值为1。如果将一个短整型数 i 的高8位置为1，低8位不变，则需将这个数和1111111100000000进行相或运算，表达式表示如下：

```
   00001110  01100110
|  11111111  00000000
   ------------------
   11111111  01100110
```

10.1.3 按位异或运算

（1）功能：参与运算的两个数的各对应二进制位进行“异或”运算，运算符为∧。如果两个相应的二进制位相“异”，值不同，则该位的运算结果就为1；否则为0。

（2）真值表达式：0∧0 =0

0∧1 =1

1∧0 =1

1∧1 =0

例如：7∧9 =14，运算式可表示如下：

```
   00000111 ——（7 的二进制补码）
∧  00001001 ——（9 的二进制补码）
   --------
   00001110
```

（3）特殊用途。

① 使特定位翻转。例如，将一个数01100110的低4位翻转，其余位不变，即1变0，0变1，则需将这个数和00001111相异或运算，表达式表示如下：

```
   01100110
∧  00001111
   --------
   01101001
```

当然，根据异或运算的特点，也可将一个数的某些指定的位翻转。

② 与0相异或，保留原值。例如，12∧0 =12。也就是说，0和任何数相异或都得原来的数值本身。

```
   00001100
∧  00000000
   --------
   01101100
```

③ 不用临时变量，交换两个值。例如，有两个变量 a 和 b，a =8，b =6，如果想将 a

和 b 的值相交换，则可以使用下面的语句实现：

a = a ∧ b;

b = b ∧ a;

a = a ∧ b;

运算式可表示如下：

```
        00001000      a = 8
∧       00000110      b = 6
---------------------
        00001110      a = 14
∧       00000110
---------------------
        00001000      b = 8
∧       00001110
---------------------
        00000110      a = 6
```

经运算后，a =6，b =8，完成了交换。

10. 1. 4 按位取反运算

（1）功能：对参与运算的数的各二进制位进行“取反”运算，运算符为～ 。

（2）真值表达式：～0 =1

～1 =0

例如：～15 的运算是 ～(00001111)，结果为 11110000

> **注意：** 取反运算符的优先级比算术运算符、关系运算符、逻辑运算符和其他运算符都高，在进行运算时要按优先级的高低进行运算。

（3）特殊用途。如果希望一个数的最低位的 1 变为 0，可以使用语句：a = a& ～1；（按 8 位的计算机处理，1 的值是 00000001，～1 的值是 11111110）。当然也可以直接使用 a = a&254；。但是这样的语句就降低了程序的可移植性，因为 a = a&254 只适用于 8 位的计算机，对于 16 位的或 32 位的计算机，此语句不再适用，需要做修改；否则会出现错误。假如使用的是a = a& ～1 语句，就可以适用于各种计算机系统，使程序的可移植性增强。

10. 1. 5 按位左移运算

（1）功能：用来将一个数的各个二进制位全部左移若干位，运算符为 << 。

（2）规则：向左移后，高位移出舍弃，低位补 0。

例如：变量 a =12，二进制为 00001100，执行语句 a <<2，表示将 a 左移 2 位；左移后 a 的值变为 00110000。左移运算详细过程如表 10-2 所示。

表 10-2 左移运算

a 的值	a 的二进制	a <<1		a <<2	
		被丢弃位	左移后 a 的值	被丢弃位	左移后 a 的值
64	01000000	0	10000000	01	00000000
127	01111111	0	11111110		11111100

小知识： 从例题及表10-2中可以看出，12左移2位后为48；64左移1位后变成128，即一个数左移1位相当于该数乘以2，左移2位相当该数乘以4，以此类推，左移n为相当于该数乘以2的n次方。但是，这种规则只适用于移出的高位中不包含1的情况。

10.1.6 按位右移运算

（1）功能：用来将一个数的各个二进制位全部右移若干位，运算符为> >。

（2）规则：右移时需要注意符号问题。对于带符号数，当右移时，符号位若为0（该数是正数），则高位补0；若符号位原来为1（该数是负数），则左边最高位补0还是补1取决于所在的系统。有的系统补0，称为逻辑右移；有的系统补1，称为算术右移。

例如：a的值为-19，则执行a> >1之后的值如下：

11101101 （a原来的二进制补码）

01110110 （右移1位后，高位补0，逻辑右移）

11110110 （右移1位后，高位补1，算术右移）

说明：（1）位运算符与赋值运算符可以组成复合的赋值运算符。例如：&=、∧=、|=、> >=、< <=。

例如，a&=b相当于a=a&b；a< <=3相当于a=a< <3。

（2）若参与位运算的两个数据长度不同，如a&b，a为long型，b为int型，则系统会将二者按右端对齐。若b为正数，则左端应补满0；若b为负数，则左端应补满1；若b为无符号整数，则左端补满0。

10.1.7 位运算综合应用

任务1： 编写一个函数，实现将两个数进行位运算，并输出运算结果。

代码如下：

```
#include "stdio.h"
main()
{
   int a =127,b =41,i;
   printf("The % d & % d is % d \n",a,b,a & b);  /* 计算两个数的与运算 */
   printf("The % d | % d is % d \n",a,b,a | b); /* 计算两个数的或运算 */
   printf("The % d ^% d is % d \n",a,b,a ^b);   /* 计算两个数的异或运算 */
   printf("The ~ % d is % d \n",a,~ a);          /* 计算a进行取反运算的值 */
   printf("decimal \t \tshift left by \tresult \n");
   for(i =1;i <5;i ++)
   {
     b =a < <i;
     printf("% d \t \t% d \t \t% d \n",a,i,b);          /* 输出当前左移结果 */
   }
   printf("decimal \t \tshift right by \tresult \n");
   for(i =1;i <5;i ++)
   {
     b =a > >i;
```

```
    printf("% d\t\t% d\t\t% d\n",a,i,b);          /* 输出当前右移结果 */
  }
}
```

运行结果如图 10-1 所示。

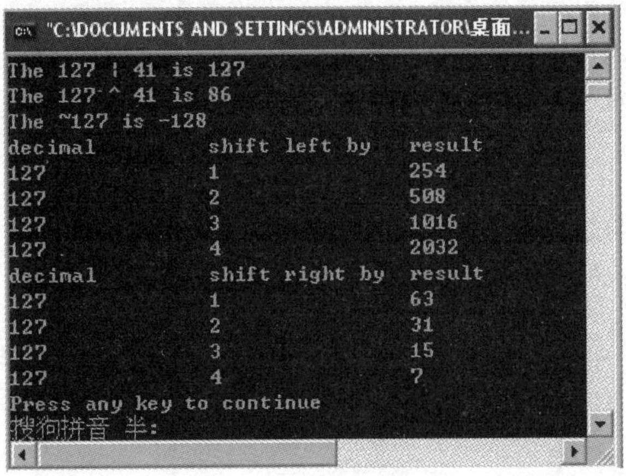

```
"C:\DOCUMENTS AND SETTINGS\ADMINISTRATOR\桌面...
The 127 | 41 is 127
The 127 ^ 41 is 86
The ~127 is -128
decimal          shift left by    result
127              1                254
127              2                508
127              3                1016
127              4                2032
decimal          shift right by   result
127              1                63
127              2                31
127              3                15
127              4                7
Press any key to continue
搜狗拼音 半:
```

图 10-1 位运算的执行

10.2 位域

前面已经介绍过，内存的存储单位是字节。位域是指信息在存储时，并不需要占用一个完整的字节，而只需占几个或一个二进制位。例如，在存放一个开关量时，只有 0 和 1 两种状态，用一位二进位即可。为了节省存储空间，并使处理简便，C 语言又提供了一种数据结构，称为“位域”或“位段”。

所谓位域是把一个字节中的二进制位划分为几个不同的区域，并说明每个区域的位数，有时也称为位段。每个域有一个域名，允许在程序中按域名进行操作。这样就可以把几个不同的对象用一个字节的二进制位域来表示。

在很多情况下，可以使用位来存储信息。比如，假设某公司有 3 个不同的学习培训计划，而人事部门需要记录每个员工参加学习的计划。我们可以使用 0 来表示没有参加任何学习计划；分别使用 1、2、3 来记录参加了第 1、2、3 种学习计划。为此，使用两个二进制位的位域就足够了，用 00 表示没有参加，01 表示参加第 1 种，10 表示参加第 2 种，11 表示参加第 3 种。同样，3 位的二进制可以表示 0～7，4 位的可以表示 0～15 等。

1. 位域和位域变量的定义

(1) 位域定义与结构定义相仿，其形式为：

```
struct 位域结构名
{ 位域列表 };
```

其中，位域列表的形式为：类型说明符 位域名：位域长度

例如：

```
struct bs
{
  int a:5;
  int b:3;
```

```
    int c:8;
};
```

说明：该结构体中包含了3个成员，一个位域名为a，长度为5的成员；一个名为b，长度为3的成员；一个名为c，长度为8的成员。

结构体中也可以同时定义其他非位域成员，但位域的定义必须放在结构体定义的最前面，然后才能定义其他的非位域成员。

（2）位域变量的定义

位域变量的定义与结构体变量定义的方式相同。包括先定义位域再定义位域变量；在定义位域的同时定义位域变量；直接定义位域变量3种方式，例如：

```
struct wy1
{
   int a:2;
   int b:6;
   int c:8;
};
struct wy1 data1;          /* 先定义位域,再定义位域变量 */
struct wy2
{
   int a:1;
   int b:2;
   int c:5;
} data2;                   /* 定义位域的同时定义位域变量 */
struct
{
   int a:1;
   int b:2;
   int c:3;
} data3;                   /* 直接定义位域 */
```

位域的定义还有以下几点说明。

① 一个位域必须存储在同一个字节中，不能跨两个字节。例如，当一个字节所剩空间不够存放另一位域时，应从下一单元起存放该位域，也可以有意使某位域从下一个单元开始。

例如：

```
struct wy
{
   unsigned a:4;
   unsigned:0;                  /* 空域 */
   unsigned b:4;                /* 从下一单元开始存放 */
   unsigned c:4;
};
```

在这个位域定义中，a占第1个字节的4位，后4位填0表示不使用，使b从第2个字节开始占用4位，c占用4位。

② 位域成员的类型必须指定为unsigned或int类型；位域的长度不能大于指定类型的固有长度，例如，int的位域长度不能超过32。

③ 位域可以无位域名，这时它只用来作为填充或调整位置。无名的位域是不能使用

的，例如：

```
struct m
{
  int a:1;
  int:2;        /* 无名位域,该两位不能使用 */
  int b:3;
  int c:2
};
```

图示如图 10-2 所示。

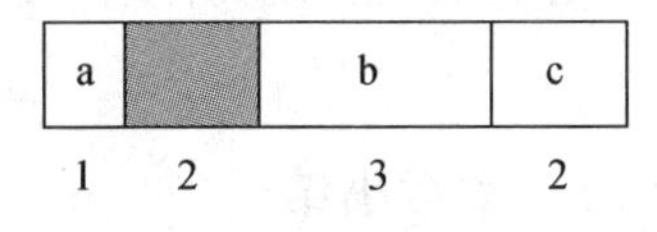

图 10-2 位域的内存分配

从以上分析可以看出，位域在本质上就是一种结构类型，不过其成员是按二进位分配的。

④ 位域可以用整形格式符输出。

例如：printf("% d% d% d\n",m.a,m.b,m.c);

也可以使用其他整型格式符%u,%o,%x 输出。

⑤ 位域可以在数值表达式中引用，它会被系统自动地转换成整形数。

例如：m.a+m.b*m.c 是合法的。

2. 位域的使用

位域的使用和结构成员的使用相同，其一般形式为：

位域变量名 .位域名

任务 2：编写代码，实现将位域中成员的值重置并输出。

代码如下：

```
#include"stdio.h"
main()
{
  struct bf                        /* 定义位域及位域变量 */
  {
    unsigned a:1;
    unsigned b:3;
    unsigned c:4;
  }wy,*p;
  wy.a=1;                          /* 位域变量赋值 */
  wy.b=5;
  wy.c=12;
  printf("% d,% d,% d\n",wy.a,wy.b,wy.c);
  p=&wy;                            /* 指针指向位域变量 */
  p->a=0;
  p->b=3;
  p->c=10;
  printf("% d,% d,% d\n",p->a,p->b,p->c);/* 通过指针输出位域变量各成员的值 */
}
```

运行结果：1,5,12

0,3,10

3. 位域的对齐

如果结构体中含有位域，那么 VC6 中的准则是：

（1）如果相邻位域字段的类型相同，且其位宽之和小于类型的 sizeof 大小，则后面的字段将紧邻前一个字段存储，直到不能容纳为止；

（2）如果相邻位域字段的类型相同，但其位宽之和大于类型的 sizeof 大小，则后面的字段将从新的存储单元开始，其偏移量为其类型大小的整数倍；

（3）如果相邻的位域字段的类型不同，则各编译器的具体实现有差异，VC6 采取不压缩方式（不同位域字段存放在不同的位域类型字节中），Dev - C++ 和 GCC 都采取压缩方式。

系统会先为结构体成员按照对齐方式分配空间和填塞（padding），然后对变量进行位域操作。

10.3 本章小结

本章介绍了位运算符及位运算的过程。位运算是 C 语言的一种特殊的运算功能，它是以二进制为单位进行运算的。通过位运算能够实现数据按位（bit）处理，能够节省存储空间。

同时，介绍了位域的概念。位域本质上也是结构体类型，它的成员是按二进制分配内存的。其定义、说明和存储方式都与结构体相同。使用位域能节省存储空间，提高程序的执行效率。

习题与自测

一、填空题

1. 设有 char a，b；若要通过 a&b 运算屏蔽掉 a 中的其他位，只保留第 2 和第 8 位(右起为第 1 位)，则 b 的二进制数是（　　　　）。

2. 测试 char 型变量 a 第 6 位是否为 1 的表达式是（　　　　）（设最右位是第 1 位）。

3. 设二进制数 x 的值是 11001101，若想通过 x&y 运算使 x 中的低度 4 位不变，高 4 位清零，则 y 的二进制数是（　　　　）。

4. 设 x 是一个整数（16bit），若要通过 x | y 使 x 低度 8 位置 1，高 8 位不变，则 y 的二进制数是（　　　　）。

5. 设 x = 10100011，若要通过 x^y 使 x 的高 4 位取反，低 4 位不变，则 y 的二进制数是（　　　　）。

6. 以下程序片段的输出结果是（　　　　）。

```
int m=20,n=025; if(m^n) printf("mmm\n"); else printf("nnn\n");
```

7. 以下程序的运行结果是（　　　　）。

```
main()
{unsigned a,b;l
  a=0x9a; b=~a;
  printf("a:%x\nb:%x=n",a,b);}
```

8. 以下程序的运行结果是（　　　　）。

```
unsigned a=16; printf("%d,%d,%d\n",a>>2,a=a>>2,a);
```

9. 以下程序运行的结果是（　　　　）。

```
main()
{unsigned a=0112,x,y,z;
x=a>>3; printf("x=%o,",x);
y=~(~0<<4); printf("y=%o,",y);
```

```
z=x&y;printf("z=%o\n",z);}
```

二、选择题

1. 以下运算符中优先级最低的是________，优先级最高的是________。

A. && B. & C. || D. |

2. 若有运算符 < <，sizeof，^，& = 则他们按优先级由高到低的正确排列次序是________。

A. sizeof，& =， < <，^ B. sizeof， < <，^，& =

C. ^， < <，sizeof，& = D. < <，^，& =，sizeof

3. 以下叙述中不正确的是________。

A. 表达式 a& = b 等价于 a = a&b B. 表达式 a | = b 等价于 a = a | b

C. 表达式 a! = b 等价于 a = a!b D. 表达式 a^ = b 等价于 a = a^b

4. 若 x = 2，y = 3，则 x&y 的结果是________。

A. 0 B. 2 C. 3 D. 5

5. 在位运算中，操作数每左移一位，则结果相当于________。

A. 操作数乘以 2 B. 操作数除以 2

C. 操作数除以 4 D. 操作数乘以 4

6. 若 a = 1，b = 2；则 a | b 的值是________。

A. 0 B. 1 C. 2 D. 3

7. 若有以下程序段，则执行以下语句后 x，y 的值分别是________。

```
int x=1,y=2; x=x^y; y=y^x; x=x^y;
```

A. x = 1，b = 2 B. x = 2，y = 2 C. x = 2，y = 1 D. x = 1，y = 1

三、编程题

1. 编写程序，利用本章所学的知识求一个 int 类型的二进制数据中 1 的个数。

2. 编写程序实现循环移位。要求从键盘输入一个十六进制数，然后输入要移位的位数（为正时表示向右循环移位，为负时表示向左循环移位），将移位后的结果显示在屏幕上。

3. 编写一个函数，在 Visual C++ 6.0 下输出一个整型二进制数据的各个奇数位的数值。

第 11 章　编译预处理

学习目标

1. 掌握不带参数的宏定义
2. 掌握带参数的宏定义
3. 掌握#include 语句的使用
4. 了解条件编译命令的使用

预处理是 C 语言特有的功能，也是 C 语言和其他高级语言的重要区别之一。预处理程序有许多有用的功能，例如，已经多次使用的以#开头的预处理命令。在 C 语言中提供了多种预处理功能，合理地加以应用可以便于程序的修改、移植和调试。

严格来说，预处理命令并非 C 语言语法的组成部分，它只是对代码书写的一种约定和简化的表示方式。编译预处理，顾名思义就是在编译之前对源代码进行的处理工作。这些处理工作在源代码中按照约定被写成预处理命令。

C 语言提供的预处理功能主要有三种：宏定义，文件包含，条件编译。它们分别用宏定义命令、文件包含命令、条件编译命令来实现。为了与一般 C 语句相区别，这些命令以符号“#”开头。

11.1　宏定义

11.1.1　不带参数的宏定义

不带参数的宏定义的一般格式为：

```
#define 标识符 字符串
```

其中的标识符就是所谓的符号常量，也称为宏名，简称为宏。字符串是宏的替换正文，通过定义，使得标识符等同于字符串。

例如：`#define PI 3.1415926`

其功能就是指定符号 PI 来代替字符串 3.1415926，在源程序编译之前，先将程序中所有的 PI 替换成“3.1415926”字符串，然后再编译源程序。

这种替换的好处是用一个有意义的标识符代替一个字符串，这样便于记忆和修改，并能提高程序的可移植性。

例如：宏定义的代码如下：

```
#define PI 3.1415926
#include"stdio.h"
main()
{
   float l,s,v,r;
   printf("input r:");
   scanf("% f",&r);
   l =2.0 * PI * r;
```

```
    s = PI * r * r;
    v = 3.0/4 * PI * r * r * r;
    printf("l = % 10.4f \nS = % 10.4f \nv = % 10.4f \n",l,s,v);
}
```

在预编译时，将宏名替换成字符串的过程称为宏展开，上面的程序经宏展开后为：

```
main()
{float l,s,v,r;
   printf("input r:");
   scanf("% f",&r);
   l = 2.0 * 3.1415926 * r;   /* 将 PI 替换成了字
   符串 3.1415926 * /
   s = 3.1415926 * r * r;
   v = 3.0/4 * 3.1415926 * r * r * r;
   printf("l = % 10.4f \nS = % 10.4f \nv = %
   10.4f \n",l,s,v);
}
```

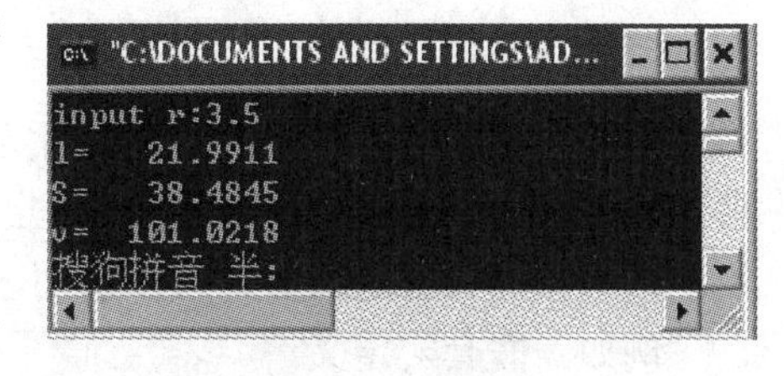

图 11-1　宏替换

程序运行结果如图 11-1 所示。

对不带参的宏定义说明如下。

(1) 宏名一般习惯用大写字母表示，以便与变量名相区别。但这并非规定，也可用小写字母。

(2) 使用宏名代替一个字符串，可以减少程序中重复书写某些字符串的工作量。例如，如果不定义 PI 代表 3.1415926，则在程序中要多处出现 3.1415926，这样不仅麻烦，而且容易写错（或敲错）；用宏名代替，简单不易出错，因为记住一个宏名（它的名字往往用容易理解的单词表示）要比记住一个无规律的字符串容易，而且在读程序时能立即知道它的含义；当需要改变某一个常量时，可以只改变#define 命令行。

例如，定义数组大小，可以用

```
#define array_size 10
int array[array_size];
```

先指定 array_size 代表常量 10，因此数组 array 大小为 10；如果需要改变数组大小，只需修改#define 行：

```
#define array_size 20
```

(3) 宏定义是用宏名代替一个字符串，也就是做简单的置换，不做正确性检查。只有编译系统对宏展开后的源程序进行编译时，才可能报错。如果写成

```
#define PI  3.l4l59
```

即把数字 1 写成小写字母 l，预处理时也照样代入，不管其含义是否正确。

(4) 宏定义不是 C 语句，不需要使用语句结束符。如果加了分号，则会连分号一起进行置换。如：

```
#define PRICE 126;
Total = PRICE * num;
```

经过宏展开后，该语句为 Total = 126；*num；显然出现语法错误。

(5) #define 命令出现在程序中函数的外面，宏名的有效范围为定义命令之后到本源文件结束。通常，#define 命令写在文件开头，在函数之前，作为文件的一部分，在此文件范围内有效。

(6) 可以用#undef 命令终止宏定义的作用域，例如：

```
#define G  12.14
main()           ┐
{                │
   |             │
   ….            │  G的有效范围
}                │
#undef G         ┘
mm()
{
   …
}
```

由于#undef的作用，使G的作用范围在#undef行处终止，因此在mm()函数中，G不再代表12.14，这样可以灵活控制宏定义的作用范围。

(7) 在进行宏定义时，可以引用已定义的宏名，可以层层置换。

例如：嵌套宏定义

```
#define R 3.0
#define PI  3.1415926
#define L  2*PI*R
#define S  PI*R*R
main()
{
   printf("L=%f\ns=%f\n",L,S);
}
```

经过宏展开后，printf()函数中的输出项L被展开为2*3.1415926*3.0；S展开为3.1415926*3.0*3.0，printf()函数调用语句展开为printf（“L=%f\ns=%f\n”，2*3.1415926*3.0，3.1415926*3.0*3.0）。

运行结果：

```
L=18.849556
s=28.274333
```

(8) 对程序中用括号括起来的字符串内的字符，即使与宏名相同，也不进行置换。

(9) 宏定义是专门用于预处理命令的一个专用名词，它与定义变量的含义不同，只做字符替换，不分配内存空间。

(10) 当宏定义在一行中写不下，需要在下一行继续写时，只需要在最后一个字符后紧接着加一个反斜杠“\”。

11.1.2　带参数的宏定义

除了一般的字符串替换，还要做参数代换，其格式为：

`#define 宏名(参数表) 字符串`

例如：`#define MIN(x,y) ((x)<(y)?(x):(y))`

若程序中有语句c=MIN（1+6，5+8）;，则该语句将替换为c=((1+6)<(5+8)?(1+6):(5+8));。

当进行宏替换时，先用实参替换“字符串”中的参数，然后再用替换参数后的“字符串”替换“宏名（形参表）”。上述宏定义语句的替换过程是：用实参1+6替换字符串中的x，用实参5+8替换字符串中的y，字符串变为“（（1+6）<（5+8)?（1+6):(5+8))”；然后用该字符串替换“MIN（1+6，5+8)”，最后得到c=（（1+6）<

(5+8)?(1+6):(5+8))。

注意：使用带参数的宏时，除了前面在不带参数的宏的使用时介绍的几点注意事项外，还要特别注意以下几点。

(1) 如果宏的实参使用表达式，则在宏定义时对应的形参要加圆括号。

例如：#define MIN (x, y) ((x) < (y)? (x): (y))，定义时若形参不加括号，则执行 c=MIN (1+6, 5+8)；后，字符串变为 (1+6<5+8? 1+6: 5+8)，很显然是不对的。

(2) 宏名和参数的括号间不能有空格。

(3) 形参不分配内存单元，因此不用做类型定义。

有些读者容易把带参数的宏和函数混淆，它们之间有一定类似之处，在引用函数时都要在函数名后的括弧内写实参，并且要求实参与形参的数目相等。带参的宏定义与函数有以下不同。

(1) 函数调用时，先求出实参表达式的值，然后代入形参。而使用带参的宏只是进行简单的字符替换。例如上面的 MIN (1+6, 5+8)，在宏展开时并不求 1+6 和 5+8 的值，而只将实参字符"1+6"、"5+8"代替形参 x 和 y。

(2) 函数调用是在程序运行时处理的，分配临时的内存单元。而宏展开则是在编译时进行的，在展开时并不分配内存单元，不进行值的传递处理，也没有"返回值"的概念。

(3) 对函数中的实参和形参都要定义类型，二者的类型要求一致，如不一致，应进行类型转换。而宏不存在类型问题，宏名无类型，它的参数也无类型，只是一个符号代表，展开时代入指定的字符即可。在宏定义时，字符串可以是任何类型的数据，例如：

```
#define CHAR1 CHINA          (字符)
#define a 3.6                (数值)
```

CHAR1 和 a 不需要定义类型，它们不是变量，在程序中凡遇 CHAR1 均以 CHINA 代之；凡遇 a 均以 3.6 代之，显然不需定义类型。同样，对带参的宏：

```
#define  S(r)  PI*r*r
```

r 也不是变量，如果在语句中有 S (3.6)，则展开后为 PI*3.6*3.6，语句中并不出现 r。当然，也不必定义 r 的类型。

(4) 调用函数只可得到一个返回值，而用宏可以设法得到几个结果。

(5) 当使用宏次数多时，宏展开后源程序增长，因为每展开一次都使程序增长；而函数调用不使源程序变长。

(6) 宏替换不占运行时间，只占编译时间；而函数调用占运行时间（分配单元、保留现场、值传递、返回）。

一般用宏来代表简短的表达式比较合适。有些问题，用宏和函数都可以。例如：

```
#define MAX(x,y)  (x) > (y)?(x):(y)
main()
{int a,b,c,d,t;
   ...
   t=MAX(a+b,c+d);
   ...
}
```

赋值语句展开后为

```
t = (a + b) > (c + d)?(a + b):(c + d);
```

注意：MAX 不是函数，这里只有一个 main( )函数，在 main( )函数中就能求出 t 的值。

这个问题也可用函数来求：

```
int max(int x,int y)
{return(x >y?x:y);}
main()
{int a,b,c,d,t;
   ...
   t =max(a +b,c +d);
   ...
}
```

此处，max( )是函数，在 main( )函数中调用 max( )函数才能求出 t 的值。

请仔细分析以上两种方法。

任务 1：编写代码，实现利用宏求两个数的乘积。

代码如下：

```
#include < stdio.h >
#define MUL(a,b) ((a) * (b))                    /* 宏定义求两个数的混合运算 * /
main()
{
   int x,y;
   printf("please input x and y: \n");
   scanf("% d% d",&x,&y);
   printf("the result is:% d \n",MUL(x,y));   /* 宏定义调用 * /
}
```

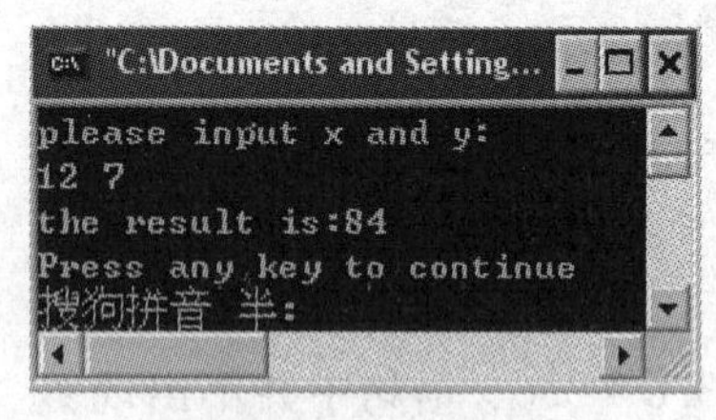

图 11-2 宏的实例

运行结果如图 11-2 所示。

如果善于利用宏定义，可以实现程序的简化，如事先将程序中的“输出格式”定义好，以减少在输出语句中每次都要写出具体输出格式的麻烦。

11.2 文件包含处理

所谓文件包含处理是指一个源文件可以将另外一个源文件的全部内容包含进来，即将另外的文件包含到本文件之中。C 语言提供了#include 命令用来实现文件包含的操作，其一般形式为：

```
#include "文件名"或  #include  <文件名>
```

其中，被包含的文件名是一个应经存在于系统中的文件名。被包含进来的文件称为“头文件”，其扩展名为“. h”。

说明：（1）双引号和尖引号的区别：双引号表示系统现在当前目录中寻找 file 所在的目录，若找不到，则按系统指定的标准方式寻找其他目录；尖引号仅查找按系统标准方式指定的目录。

（2）一个#iinclude 只能指定一个包含文件，如果要把多个文件都嵌入到源文件之中，则必须使用多个#iinclude。

（3）C 语言允许嵌套使用#iinclude。如果文件 1 包含文件 2，而文件 2 中要用到文件 3 的内容，则可在文件 1 中用两个 include 命令分别包含文件 2 和文件 3，而且文件 3 应出现在文件 2 之前，即在 file1. c 中定义：

```
#include  "file3.h"
#include  "file2.h"
```

这样，file1 和 file2 都可以用 file3 的内容，在 file2 中不必再用#include <file3. h>。（以上是假设 file2. h 在本程序中只被 file1. c 包含，而不出现在其他场合）

（4）被包含文件（file2. h）与其所在的文件（即用#include 命令的源文件 file1. c），在预编译后已成为同一个文件（而不是两个文件）。因此，如果 file2. h 中有全局静态变量，它也在 file1. c 文件中有效，不必用 extern 声明。

一般#include 命令用于包含扩展名为 . h 的头文件，如 stdio. h、string. h、math. h。在这些文件中，一般定义符号常量、宏，或声明函数原型。包含过程如图 11-3 所示。

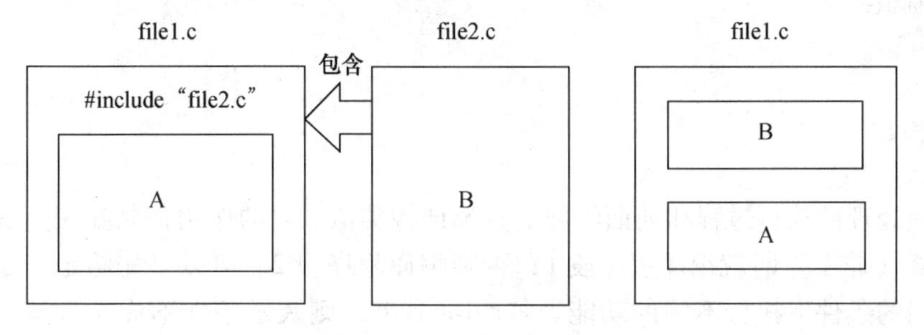

图 11-3　文件包含示意图

在图 11-3 中的文件 file1. c，有一个#include <file2. c>命令，然后还有其他内容（以 A 表示）。另一个文件 file2. c，文件内容以 B 表示。在编译预处理时，要对#include 命令进行文件包含处理：将 file2. c 的全部内容复制插入到#include <file2. c>命令处，即 file2. c 被包含到 file1. c 中，得到图 11-3 所示的结果。在编译中，将包含以后的 file1. c 作为一个源文件单位进行编译。

任务 2：编写代码，实现编写 3 个文件，然后使用文件包含命令来处理这 3 个文件。

代码如下：

```
/* file1.c 源程序文件清单,求两个整数中最小数 * /
int min1(int a, int b )
{  if(a >b) return(b);
   else
     return(a);
}
/* file2.c 源程序文件清单,求 3 个整数中的最小数 * /
```

```
int min2(int a, int b, int c)
{ int z,m;
  z = min1(a,b);
  m = min1(z,c);
  return (m);
}
/*第三个文件 file3.c,主函数*/
#include "file1.c"
#include "file2.c"
main()
{ int x1,x2,x3,min;
  scanf("% d,% d,% d",&x1,&x2,&x3);
  min = min2(x1,x2,x3);
  printf("min = % d \n",min);
}
```

11.3 条件编译

一般情况下，源程序中所有的行都参加编译。但是有时希望对其中一部分内容只在满足一定条件才进行编译，也就是对一部分内容指定编译的条件，这就是“条件编译”。有时希望当满足某条件时对一组语句进行编译；而当条件不满足时，则编译另一组语句。

条件编译命令有以下几种形式。

（1）#if

```
#if 标识符
  程序段1
[#else
  程序段2]
#endif
```

条件预处理的执行过程和前面学习的选择结构类似。它的作用是判断表达式值是否为真，若为真（非零）时就编译程序段1；否则编译程序段2。可以事先给定一定条件，使程序在不同的条件下执行不同的功能。若#else省略，则表示条件不成立时没有语句被编译。这里的“程序段”可以是语句组，也可以是命令行。

任务3：编写代码，实现求圆的面积或周长。

代码如下：

```
#define F 1
#define PI 3.1415926
main()
{
  float r,c,s;
  printf("plese input a number:",r);
  scanf("% f",&r);
  #if  F
    s = PI * r * r;
    printf("area of circle is:% f \n",s);
  #else
    c = 2 * PI * r;
    printf("circumference of circle is:% f \n",c);
  #endif
}
```

任务分析：程序开始已经定义了 F 为 1，所以在程序执行时对语句

```
s=PI*r*r;
printf("area of circle is:% f \n",s);
```

进行编译预处理，并根据输入半径的值，计算圆的面积并输出，如图 11-4（a）所示。若将命令行改为#define F 0，则将对语句

```
c=2*PI*r;
printf("circumference of circle is:% f \n",c);
```

进行编译预处理，计算圆的周长并输出，如图 11-4（b）所示。

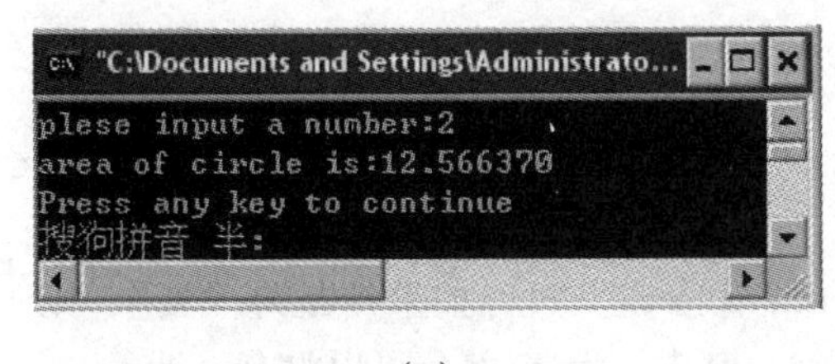

(a)

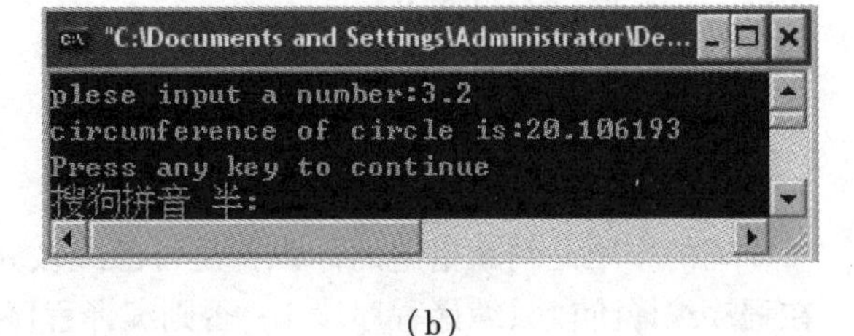

(b)

图 11-4　任务 3 的运行结果

任务 4：#if 的应用，编写省略了#esle 的程序

代码如下：

```
#include<stdio.h>
#define NUM 50
main()
{
   int i=0,m;
   m=NUM;
   printf("NUM is: % d",m);
   #if NUM>50                    /*判断 NUM 是否大于 50*/
   i++;
   #endif
   #if NUM==50
   i=i+50;
   #endif
   #if NUM<50
   i--;
   #endif
   printf("Now i is:% d \n",i);
}
```

运行结果：NUM is:50

Now i is:50

若将语句改为#define NUM 55，则运行结果：

NUM is:55

Now i is:1

若将语句改为#define NUM26，则运行结果：

NUM is:26

Now i is: -1

编者手记：任务4 直接用条件语句也可以实现任务，那用条件编译来实现有什么好处呢？用条件编译可以减少被编译的语句，从而减小目标代码的长度，减少运行时间。当条件编译段较多时，目标代码的长度可以大大减少。而直接用if语句实现，所有语句都要进行编译，系统产生的目标文件很长，而且在程序执行时还要对if语句进行测试，运行时间也较长。

（2）#ifdef

```
#ifdef 标识符
  程序段1
[#else
  程序段2]
#endif
```

它的作用是判断指定的标识符是否已经被#define命令定义过，如果判断为“真”，则在程序编译阶段只编译程序段1；否则编译程序段2。其中，#else部分可以没有，即

```
#ifdef 标识符
    程序段1
  #endif
```

例如下面代码：

```
#define PRICE 10
main()
{  #ifdef PRICE
     printf("PRICE is defind. \n");
   #else
     printf("PRICE is not defind. \n");
   #endif
}
```

运行结果为：PRICE is defined.

这种条件编译对于提高C源程序的通用性是很有好处的。如果一个C源程序在不同计算机系统上运行，而不同的计算机又有一定的差异（例如，有的计算机以16位来存放一个整数，而有的则以32位存放一个整数），则往往需要对源程序做必要的修改。这就降低了程序的通用性，可以用以下的条件编译来处理：

```
#ifdef  COMPUTER
  #define  INTEGER-SIZE  16
#else
   #define  INTEGER-SIZE  32
#endif
```

即如果COMPUTER在前面已被定义过，则编译下面的命令行：

```
#define INTEGER-SIZE  16
```

否则编译下面的命令行：

```
#define INTEGER-SIZE  32
```

如果在这组条件编译命令之前曾出现以下命令行：

```
#define COMPUTER  0
```

或将COMPUTER定义为任何字符串，甚至是#define COMPUTER，则预编译后程序中的IN-

TEGER-SIZE 都用 16 代替，否则都用 32 代替。

这样，源程序可以不必做任何修改就可以用于不同类型的计算机系统。当然以上介绍的只是一种简单的情况，读者可以根据此思路设计出其他的条件编译。

例如，在测试程序时，常常希望在某些地方输出一些所需的信息，看看程序是否正确，而在测试后不再输出这些信息。可以在源程序中插入以下的条件编译段：

```
#ifdef TEST
printf("x = % d,v = % c,s = % f \n",x,v,s);
#endif
```

如果在它的前面有以下命令行：

```
#define TEST
```

则在程序运行时输出 x、v、s 的值，以便测试时分析。测试完成后只需将这个 define 命令行删去即可。有人可能觉得不用条件编译也可达此目的，即在测试时加一批 printf 语句，测试后将 printf 语句删去。的确，这是可以的；但是当测试时加的 printf 语句比较多时，修改的工作量就很大。用条件编译，则不必一一删改 printf 语句，只需删除前面的一条“#define TEST”命令即可；这时所有的用 TEST 做标识符的条件编译段都使其中的 printf 语句不起作用，即起统一控制的作用，如同一个“开关”一样。

(3) #ifndef

```
#ifndef 标识符
  程序段 1
[#else
  程序段 2]
#endif
```

这种形式与第 2 种形式相反，它的作用是若标识符未被定义过，则编译程序段 1，否则编译程序段 2。其中#else 部分也可以省略，表示“标识符”若在命令行被定义，则没有语句被编译。

以上两种形式用法差不多，根据需要任选一种，视方便而定。例如，上面测试时输出信息的条件编译段也可以改为：

```
#ifndef TEST
printf("x = % d,v = % c,s = % f \n",x,v,s);
#endif
```

如果在此之前未对 TEST 定义，则输出 x、v、z 的值。调试完成后，在运行之前，若加以下命令行：#define TEST，则不再输出 x、v、z 的值。

任务 5：编程实现#ifdef 和#ifndef 的应用。

代码如下：

```
#include < stdio.h >
#define STR "diligence is the parent of success \n"
main()
{
   #ifdef STR
     printf(STR);
   #else
     printf("idleness is the root of all evil \n");
   #endif
   printf(" \n");
   #ifndef ABC
```

```
    printf("idleness is the root of all evil \n");
  #else
    printf(STR);
  #endif
}
```

运行结果如图 11-5 所示。

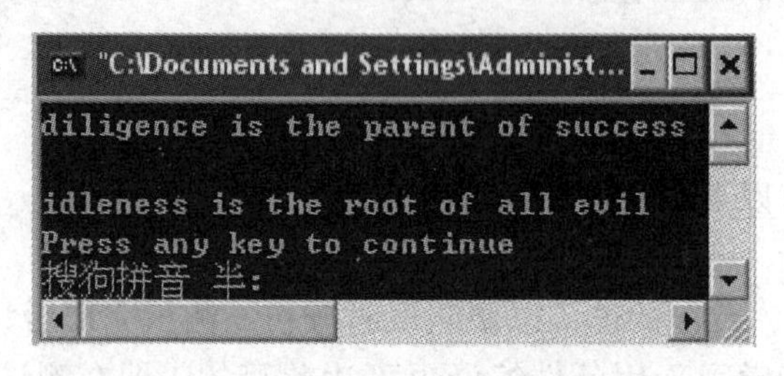

图 11-5　任务 5 的运行结果

11.4　本章小结

本章介绍了 C 语言特有的编译预处理功能，包括宏定义、文件包含和条件编译。这些功能的使用能够增强程序的可移植性，增加程序的灵活性。

在使用预处理命令时，应特别注意：

（1）所有的预处理命令均以“#”号开头，它不是语句，所以末尾不要加分号；

（2）预处理命令若有变动，必须对源程序重新编译和连接；

（3）#define 命令通常写在程序的开头部分、函数之前；

（4）宏展开时，只是简单的字符替换，不含计算过程。

（5）一条#include 命令只能指定一个包含文件，如果源程序中要有多个包含文件，则必须用多个#include 命令。

（6）#include 命令可以包含库文件，也可以包含其他源程序。

习题与自测

一、选择题

1. 以下有关宏的不正确叙述是（　　）。

　A. 宏名无类型　　B. 宏替换只是字符替换

　C. 宏名必须用大写字母表示　　D. 宏替换不占用时间运行

2. 在宏定义#define PI 3.14159 中，用宏名 PI 代替一个（　　）。

　A. 单精度数　　B. 双精度数

　C. 常量　　D. 字符串

3. C 语言的编译系统对宏命令的处理（　　）。

　A. 在程序运行时进行的

　B. 在程序连接时进行的

C. 和 C 程序中的其他语句同时进行编译的

D. 在对源程序中的其他语句正式编译之前进行的

4. 以下不正确的叙述是（　　）。

A. 宏替换不占用运行时间　　B. 宏名无类型

C. 宏替换只是字符替换　　D. 宏名必须用大写字母表示

5. C 语言中，宏定义有效范围从定义处开始，到源文件结束处结束，但可以用（　　）来提前解除宏定义的作用。

A. #ifndef　　B. endif

C. #undefine　　D. #undef

6. 以下不正确的叙述是（　　）。

A. 预处理命令行都必须“#”以号开始

B. 在程序中凡是以“#”号开始的语句都是预处理命令行

C. C 程序在执行过程中对预处理命令行进行处理

D. #define ABCD 是正确的宏定义

7. 以下正确的叙述是（　　）。

A. 在程序的一行中可以出现多个有效的预处理命令行

B. 使用带参宏时，参数的类型应与宏定义时的一致

C. 宏替换不占用运行时间，只占编译时间

D. 宏定义不能出现在函数内部

二、编程题

1．定义一个带参数的宏，使两个参数的值互换，并写出程序，输入两个数作为使用宏时的实参，输出已交换后的两个值。

2. 输入两个整数，求它们相除的余数。要求用带参的宏来实现，编程序。

3. 给年份 year，定义一个宏，以判别该年份是否闰年。

提示：宏名可定为 LEAP-YEAR，形参为 y，即定义宏的形式为

```
# define LEAP-YEAR(y) (读者设计的字符串)
```

在程序中用以下语句输出结果：

```
if (LEAP-YEAR(year)) printf ("% d is a leap year",year);
else printf ("% d is not a leap year",year);
```

4. 请分析以下一组宏所定义的输出格式：

```
# define NL putchar ('\n')
# define PR (format,value)printf ("value = % format \t",(value))
# define PRINT1(f,x1) PR(f,x1);NL
#define PRINT2 (f,x1,x2)PR (f,x1);PRINT1(f,x2)
```

如果在程序中有以下的宏引用：

```
PR (d,x);
PRINT 1(d,x);
PRINT 2 (d,x1,x2);
```

则写出宏展开后的情况，并写出应输出的结果，设 x = 5，x1 = 3，x2 = 8。

5. 设计所需的各种各样的输出格式（包括整数、实数、字符串等），用一个文件名“format. h”，把这些信息都放到此文件内；另编一个程序文件，用#inClude“format. h”命

令以确保能使用这些格式。

6. 分别用函数和带参的宏，从3个数中找出最大数。

7. 试述文件包含和程序文件的连接（link）的概念，二者有何不同？

8. 用条件编译方法实现以下功能：输入一行电报文字，可以任选两种输出，一为原文输出；一为将字母变成其下一个字母（如‘a’变成‘B’……‘Z’变成‘a’。其他字符不变）。用#define命令来控制是否要译成密码，例如：如果是# define CHANGE1 则输出密码；如果是#define CHANGE0，则不译成密码，按原码输出。

第 12 章　文　　件

学习目标

1. 了解文件的概述
2. 掌握文件的打开和关闭
3. 掌握文献的读写操作函数
4. 掌握文件的定位方法
5. 掌握错误的检测方法

文件就是计算机中为了实现某种功能而定义的一个单位。计算机中的文件可以是文档、程序、快捷方式和设备等。当然，通过前面的学习，我们比较熟悉的文件还是各种文本文件，包括源程序文件、目标文件、可执行文件、头文件等。C 语言具有较强的文件处理能力，它为用户提供了多种处理文件的方法及文件的处理函数，用户使用这些技术可以编写出功能强大的文件处理程序。本章将对各种文件的操作方法进行介绍。

12.1　文件的概述

12.1.1　文件的概念

文件（file）是程序设计中一个重要的概念。所谓“文件”一般是指存储在外部介质上数据的集合，一批数据是以文件的形式存放在外部介质（如磁盘）上的。操作系统是以文件为单位对数据进行管理的，也就是说，如果想找存在外部介质上的数据，必须先按文件名找到所指定的文件，然后再从该文件中读取数据。要向外部介质上存储数据也必须先建立一个文件（以文件名标识），才能向它输出数据。

12.1.2　文件名

每个文件都是有名称的，处理文件时必须按文件名进行操作。文件名存储为字符串，就像其他文本数据一样。文件名的命名规则根据操作系统的不同是有所不同的。例如，在 DOS 和 Windows 3. x 系统中，文件名只能包含 1 ～ 8 个字符，而在 Windows 95 和更高的版本以及 UNIX 系统中，文件名最多可以包含 256 个字符。

文件名可以包含的字符也随操作系统而异。例如，在 Windows 95/98 中，文件名不能使用下述字符：/ \ ： * ？‘ < > |，因此编程人员应该要知道他所编写的程序将在什么操作系统下运行，并了解这种操作系统的文件名规则。

在 C 语言中，文件名也可以包含路径信息。路径指的是文件所在的驱动器和（或）目录。如果指定文件名时没有指定路径，则系统会认为该文件位于操作系统默认指定的当前目录中。

一个文件要有一个唯一的文件标识，文件标识包括三部分：① 文件路径；② 文件名；③ 文件后缀。

其中，文件路径表示文件在外部存储设备中的位置。

如：　d：\ cc \ temp \ file1 . dat

　　　　　↑　　　　↑　　↑

　　　文件路径　　文件名 文件后缀

12.1.3　文件的分类

前面所用到的输入和输出，都是以终端为对象的，即从终端键盘输入数据，运行结果输出到终端上。从操作系统的角度看，每一个与主机相连的输入、输出设备都看成一个文件。例如，终端键盘是输入文件，显示屏和打印机是输出文件。

在程序运行时，常常需要将一些数据（运行的最终结果或中间数据）输出到磁盘上存放起来，以后需要时再从磁盘中输入到计算机内存，这就要用到磁盘文件。

文件的分类方法很多，从不同的角度可以对文件做不同的分类，常用的几种分类方式如下。

（1）从用户的角度分，文件可分为普通文件和设备文件两种。

① 普通文件是指，驻留在磁盘或其他外部介质上的一个有序数据集，可以是源文件、目标文件、可执行程序；也可以是一组待输入处理的原始数据，或者是一组输出的结果。对于源文件、目标文件、可执行程序可以称作程序文件，对输入、输出数据可称作数据文件。

② 设备文件是指，与主机相联的各种外部设备，如显示器、打印机、键盘等。在操作系统中，把外部设备也看成一个文件来进行管理，把它们的输入、输出等同于对磁盘文件的读和写。通常，把显示器定义为标准输出文件，一般情况下在屏幕上显示有关信息就是向标准输出文件输出。如前面经常使用的 printf( )，putchar( )函数就是这类输出。键盘通常被指定标准的输入文件，从键盘上输入就意味着从标准输入文件上输入数据。scanf( )，getchar( )函数就属于这类输入。

（2）按文件的操作方法分，文件可分为标准文件和一般文件。

（3）从文件编码的方式来分，文件可分为 ASCII 码文件和二进制码文件两种。

① ASCII 码文件也称为文本文件，这种文件在磁盘中存放时每个字符对应一个字节，用于存放对应的 ASCII 码。例如，数 5678 的存储形式为：

ASCII 码：　00110101 00110110 00110111 00111000

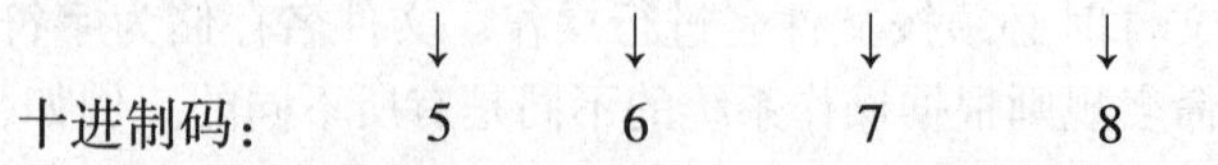

共占用 4 个字节。ASCII 码文件可在屏幕上按字符显示，例如，源程序文件就是 ASCII 码文件，用 DOS 命令 TYPE 可显示文件的内容。由于是按字符显示，因此能读懂文件内容。

② 二进制码文件是按二进制的编码方式来存放文件的。例如，数 5678 的存储形式为 0001011000101110，只占 2 个字节。二进制码文件虽然也可在屏幕上显示，但其内容无法读懂。

ASCII 码文件和二进制码文件的比较如下。

① ASCII 码文件便于对字符进行逐个处理，也便于输出字符。但一般占存储空间较多，而且要花费转换时间。

② 二进制文件可以节省外存空间和转换时间，但一个字节并不对应一个字符，不能直接输出字符形式。

③ 一般中间结果数据需要暂时保存在外存上，以后又需要输入内存的，常用二进制文件保存。

例如：整数 10000 在内存中的存储形式以及分别按 ASCII 码形式和二进制码形式输出如图 12-1 所示。

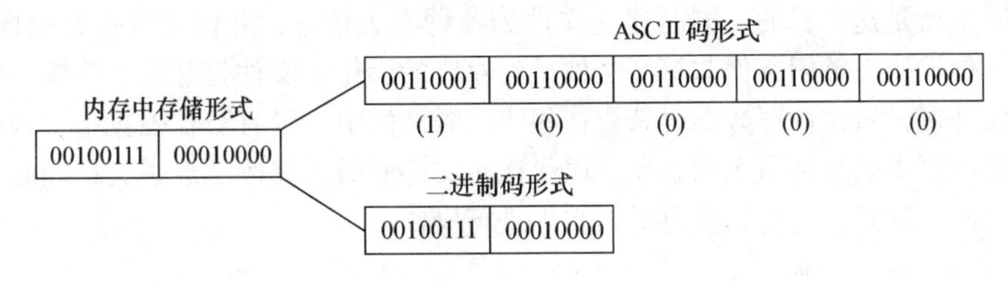

图 12-1　ASCII 码文件和二进制码文件的输出比较

12.2　文件指针

在 C 语言中用一个指针变量指向一个文件，这个指针称为文件指针。文件指针是一个指向文件有关信息的指针，这些信息包括文件名、文件属性和当前位置，它们保存在一个结构体变量中。该结构体类型是由系统定义的，C 语言规定该类型为 FILE 型。通过文件指针就可对它所指的文件进行各种操作。

定义说明文件指针的一般格式为：

```
FILE *指针变量标识符;
```

其中，FILE 应该大写，编写程序时不必关系结构体中的细节。例如，定义文件指针 FILE *fp;，其中，fp 是指向 FILE 结构的指针变量，通过 fp 可以找到存放某个文件信息的结构体变量，然后按结构体便令提供的信息找到该文件，实施对文件的操作。习惯上，常把这种指针称为指向一个文件的指针。

注意：每个文件都有一个文件指针指向，如果有 n 个文件就有 n 个文件指针分别指向它们的结构体变量，从而实现对文件的访问。当然，也可以定义 FILE 类型的数组。

小知识：C 语言规定 FILE 结构体类型声明格式如下：

```
typedef struct
{  short level;                /*缓冲区“满”或“空”的程度*/
   Unsigned flags;             /*文件状态标志*/
   char fd;                    /*文件描述符*/
   unsigned char hold;         /*如果无缓冲区,则不读取字符*/
   short bsize;                /*缓冲区的大小*/
   unsigned char *buffer;      /*数据缓冲区的位置*/
   unsigned ar *curp;          /*指针,当前的指向*/
   unsigned istemp;            /*临时文件,指示器*/
   short token;                /*用于有效性检查*/
}FILE;
```

12.3　文件的打开与关闭

文件在进行读写操作之前要先打开，使用完毕要关闭。为什么文件打开以后要关闭呢？文件在未打开前是存放在磁盘等外设上的，使用前需要先将其从磁盘读入到主存。打开文件实际上就是这个目的，同时建立文件的各种有关信息，并使文件指针指向该文件，以便进行其他操作。关闭文件与打开文件是相对应的操作。文件打开时，系统即位文件开辟了一个缓冲区，每次读写数据时都要在相应的缓冲区中，没有写在磁盘中，因此文件关闭前要将缓冲区中的文件写入到磁盘，以保证对文件所做的修改不会丢失；同时，断开指针与文件之间的联系，也就禁止再对该文件进行操作。

12.3.1　文件的打开

在C语言中，文件操作都是由库函数来完成的，如fopen()函数用来打开一个文件。

fopen()函数调用的一般形式为：

```
文件指针名 = fopen(文件名,使用文件方式);
```

其中，“文件指针名”必须是被说明为FILE类型的指针变量；“文件名”是被打开文件的文件名；“使用文件方式”是指文件的类型和操作要求。

fopen()函数的功能是打开用户指定的文件名的文件，并且在内存中产生一个FILE结构，并将这个结构的指针返回给用户程序，以后用户就可以用这个返回的FILE指针实现对这个文件的存取操作。使用fopen()函数的用户必须给出文件名和使用文件的方式。

例如：
```
FILE *fp;
fp = ("lp","wt");
```

其意义是当前目录下打开文件lp，只允许进行“写”操作，并使fp指向该文件。可以看出，在打开一个文件时，通知给编译系统以下3个信息：

(1) 需要打开的文件名，就是想访问哪个文件；

(2) 使用文件的方式，即具体要对文件进行什么操作，如“只读”、“只写”或“读写”；

(3) 让哪个指针变量指向被打开的文件。

使用文件的具体方式有很多，它们的表示符号如表12-1所示。

表12-1　文件的使用方式

文件使用方式	含　义
“r”　（只读）	为输入打开一个文本文件
“w”　（只写）	为输出打开一个文本文件
“a”　（追加）	向文本文件尾增加数据
“rb”　（只读）	为输入打开一个二进制文件
“wb”　（只写）	为输出打开一个二进制文件
“ab”　（追加）	向二进制文件尾增加数据
“r+”　（读写）	为读/写打开一个文本文件
“w+”　（读写）	为读/写建立一个新的文本文件
“a+”　（读写）	为读/写打开一个文本文件
“rb+”（读写）	为读/写打开一个二进制文件
“wb+”（读写）	为读/写建立一个新的二进制文件
“ab+”（读写）	为读/写打开一个二进制文件

对于使用文件方式还有以下几点说明。

(1) 用“r”方式打开的文件只能用于向计算机输入而不能向该文件输出数据，而且该文件应该已经存在，不能用“r”方式打开一个并不存在的文件（即输入文件），否则会出错。

(2) 用“w”方式打开的文件只能用于向该文件写数据（即输出文件），而不能用来向计算机输入。如果原来不存在该文件，则在打开时新建立一个以指定的名字命名的文件。如果原来已存在一个以该文件名命名的文件，则在打开时将该文件删去，然后重新建立一个新文件。

(3) 如果希望向文件末尾添加新的数据（不希望删除原有数据），则应该用“a”方式打开。但此时该文件必须已存在，否则将得到出错信息。打开时，位置指针移到文件末尾。

(4) 用“r+”、“w+”、“a+”方式打开的文件既可以用来输入数据，也可以用来输出数据。用“r+”方式时该文件应该已经存在，以便能向计算机输入数据。用“w+”方式则新建立一个文件，先向此文件写数据，然后可以读此文件中的数据。用“a+”方式打开的文件，原来的文件不被删去，位置指针移到文件末尾，可以添加，也可以读。

(5) 如果不能实现“打开”的任务，fopen()函数将会带回一个出错信息。此时，fopen()函数将带回一个空指针值 NULL（NULL 在 stdio.h 文件中已被定义为0）。出错的原因可能是：

① 用“r”方式打开一个并不存在的文件；

② 磁盘出故障（如驱动没有装好、磁盘未格式化等）；

③ 磁盘已满无法建立新文件等；

④ 文件名失效。

常用下面的方法打开一个文件：

```
if ((fp=fopen("D:\\lp","r"))==NULL)
{printf("cannot open this file\n");
  exit(0);
}
```

即先检查打开的操作是否出错，如果返回空指针，则有错，就在终端上输出“cannot open this file”。exit()函数的作用是关闭所有文件，终止正在调用的过程。待用户检查出错误，修改后再运行。

(6) 用以上方式可以打开文本文件或二进制文件，这是 ANSIC 的规定，用同一种缓冲文件系统来处理文本文件和二进制文件。但目前使用的有些 C 编译系统可能不完全提供所有这些功能（例如有的只能用“r”、“w”、“a”方式），有的 C 版本不用“r+”、“w+”、“a+”，而用“rw”、“wr”、“ar”等，请读者注意所用系统的规定。

(7) 在向计算机输入文本文件时，将回车换行符转换为一个换行符，在输出时把换行符转换成为回车符和换行符两个字符。在用二进制文件时，不进行这种转换，在内存中的数据形式与输出到外部文件中的数据形式完全一致，一一对应。

(8) 在程序开始运行时，系统自动打开3个标准文件：标准输入、标准输出、标准出错输出。通常这3个文件都与终端相联系，因此以前所用到的从终端输入或输出都不需要打开终端文件。系统自动定义了3个文件指针 stdin、stdout 和 stderr，分别指向终端输入、终端输出和标准出错输出)。如果程序中指定要从 stdin 所指的文件输入数据，就是指从终端键盘输入数据。

编者手记：文件的使用方式由“r”、“w”、“a”、“t”、“b”、“+”6个字符拼成，各字符的含义如下：

“r” 即英文单词 read，表示读；

“w” 即英文单词 write，表示写；

“a” 即英文单词 append，表示追加；

“t” 即英文单词 text，表示文本文件，可省略不写；

“b” 即英文单词 banary，表示二进制文件；

“+”表示读和写。

默认的使用文件的方式为打开文本文件。即“rt”、“wt”、“at”、“rt+”、“wt+”、“at+”。

12.3.2 文件的关闭

文件使用完毕后，为保证数据的不丢失要对文件进行关闭操作。关闭文件的函数为 fclose()函数，该函数的调用一般形式为：

```
fclose(文件指针);
```

其中，文件指针是指在打开文件时返回的指针。

fclose()函数的功能是使文件的指针变量不指向该文件，此后，不能使用该文件指针对这个文件进行操作。除非再次打开，使该指针变量重新指向该文件。

例如：`fclose(fp);`

正常完成关闭文件操作时，fclose 函数返回值为0；如果返回值非零，则表示有错误发生。

12.4 文件的读写

使用文件的程序可以将数据写入文件、读取文件中的数据或兼而有之，主要有以下3种方式将数据读写到文件中。

(1) 将单个字符或字符串写到文件中或从文件中读出。虽然从技术上说，可以将字符读写到二进制文件中，但是很复杂。这里建议读者应仅限于将字符读入到文本文件中。

(2) 使用格式化读写方式将格式化数据读写到文件中。格式化数据读写只能用于文本文件。

(3) 使用数据块读写方式将一组数据读写到文件中。该方法只适用于二进制文件。

在读写文件时，使用何种方式读写文件完全取决于文件的性质。通常，读取数据时采用的模式与写入时相同，但不一定这样，建议读者读写文件最好采用一种方式。以下分别介绍不同的读写函数，这些函数在使用前必须要包含头文件“stdio.h”。

12.4.1 字符读写函数

1. fgetc()函数

fgetc()函数的作用是从指定的文件（fp 指向的文件）读入一个字符赋给一个字符变量（注意，该文件必须是以读或写的方式打开）。当函数遇到文件结束符时，将返回一个文件结束标志 EOF。EOF 是在 stdio.h 文件中定义的符号常量，值为 -1。

fgetc()函数的一般格式如下：

```
字符变量 = fgetc(文件指针);
```

例如：ch = fgetc（fp）；表示从文件指针 fp 所指向的文件中读入一个字符，并赋值给字符变量 ch。

> **注意：** 前面学习的 getchar()函数也是用于读取字符，但是它默认从输入设备（键盘）读取一个字符，而不能读取文件中的字符。这里的 fgetc()函数有时也用 getc，二者作用相同，可以相互替换。

任务 1： 编写代码，要求在程序执行前在任意路径下新建一个文本文件，其中内容为"welcome to learn C program!"，实现从键盘中输入文件路径及名称，在屏幕上显示出该文件的内容。

代码如下：

```
#include <stdio.h>
main()
{
   FILE *fp;                        /* 定义一个指向 FILE 类型结构体的指针变量 */
   char ch, filename[50];           /* 定义变量及数组为字符型 */
   printf("please input file's name:\n");
   gets(filename);                  /* 输入文件所在的路径及名称 */
   fp = fopen(filename, "r");       /* 以只读方式打开指定文件 */
   ch = fgetc(fp);                  /* fgetc()函数带回一个字符赋给 ch */
   while (ch != EOF)                /* 当读入的字符值等于 EOF 时，结束循环 */
   {
      putchar(ch);                  /* 将读入的字符输出在屏幕上 */
      ch = fgetc(fp);               /* fgetc()函数继续带回一个字符赋给 ch */
   }
   fclose(fp);                      /* 关闭文件 */
   printf("\n");
}
```

程序运行结果如图 12-2 所示。

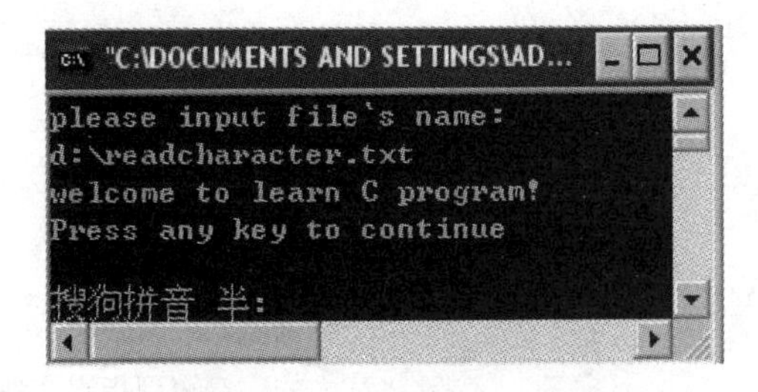

图 12-2 文件读入函数的使用

编者手记：系统对于每个打开的文件都有一个内部位置指针，用来记录当前读写位置在文件中的地址（或者说距离文件开头的字节数），也叫偏移量（Offset）。当文件打开时，该指针指示的读写位置是0，每调用一次fgetc()函数，位置指针就向后移动一个字节；因此，可以连续多次调用fgetc()函数依次读取多个字节。

注意：文件指针和文件内部的位置指针不是一回事。文件指针是指向整个文件的，需要在程序中定义说明，只要不重新赋值，文件指针的值是不变的。文件内部的位置指针用以指示文件内部的当前读写位置，每读出或写入一次，该指针自动向后移动一个字节，它不需要在程序中定义说明，而是由系统自动设置的。

2. fputc()函数

fputc()函数的作用是把一个字符写到指定的磁盘文件中，其调用格式一般如下：

```
fputc(字符量,文件指针);
```

其中，字符量是要写入文件中的字符，它可以是字符常量或字符变量。如果写入成功，则返回该写入的字符；如果写入失败，则返回一个EOF（-1）。通常，可以通过该函数的返回值来判断写入文件是否成功。

例如：语句ch=fputc('a', fp)；是把字符常量a写入到fp所指向的文件中，并把函数返回值赋值给字符变量ch；若写入成功，则ch='a'；若写入不成功，则ch=EOF。

注意：前面学习的putchar()函数也是用于输出字符，但是它默认从终端（显示器）输入一个字符，而不能向文件中写入字符。这里的fputc()函数有时也用putc()，二者作用相同，可以相互替换。

任务2：编写代码，实现将数据写入磁盘文件。要求，在任意路径下建立一个文本文件，向其中写入“Characters of successful writing!”，以回车结束字符串的输入。

代码如下：

```
#include <stdio.h>
main()
{
   FILE *fp;                    /*定义一个指向FILE类型结构体的指针变量*/
   char ch, filename[50];                /*定义变量及数组为字符型*/
   printf("please input filename:\n");
   scanf("%s", filename);                /*输入文件所在路径及名称*/
   if ((fp=fopen(filename, "w"))==NULL)         /*以只写方式打开指定文件*/
   {
      printf("cannot open file\n");
      exit(0);
   }
   ch=getchar();
   ch=getchar();                   /*从键盘输入一个字符赋给ch*/
   while (ch!='\n')                /*当输入回车时,结束循环*/
   {
      fputc(ch, fp);               /*将读入的字符写到指定文件上*/
      ch=getchar();                /*继续从键盘输入一个字符赋给ch*/
   }
```

```
    fclose(fp);                        /* 关闭文件 */
}
```

程序运行结果如图 12-3（a）、（b）、（c）所示。

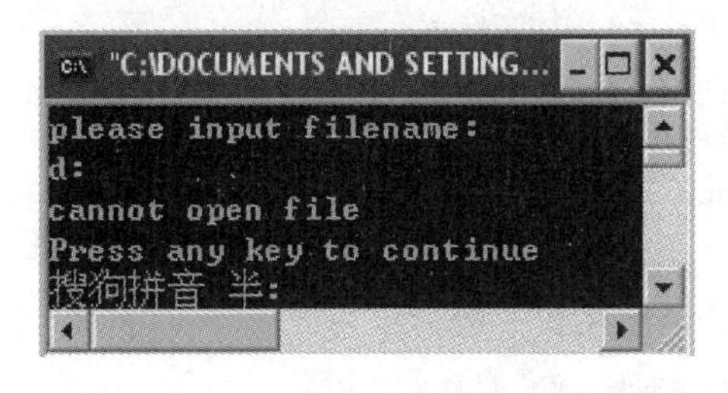

（a） 没有成功打开文件

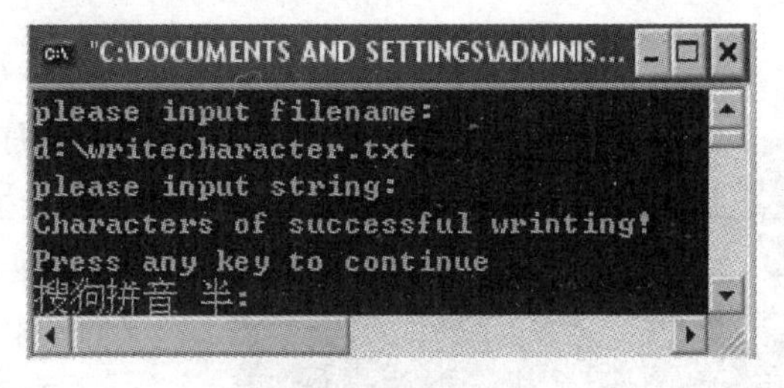

（b） 写入字符串

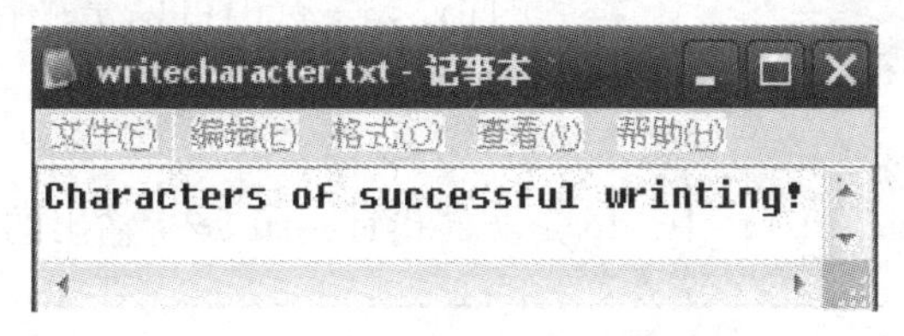

（c） 文本文件中的内容

图 12-3 任务 2 的运行结果

12.4.2 字符串读写函数

1. fgets( )函数

fgets( )函数的作用是从指定的文件中读一个字符串到指定的数组中，其调用格式一般为：

```
fgets(字符数组,n,文件指针);
```

其中，字符数组也可以是字符串指针变量，用于存放读取到的字符串。n 为整型变量，表示要读取的最大字符数，它表示从文件中读出的字符串不超过 n - 1 个字符。如果在未读满 n - 1 个字符之时，已读到一个换行符或一个 EOF（文件结束标志），则结束本次读操作。调用 fgets( )函数时，最多只能读入 n - 1 个字符；读入结束后，系统将自动在最后加‘\0’，这样得到的字符串共 n 个字符。如果读出成功，则以数组名或指针变量名作为函数值返回；否则返回 NULL。

例如：fgets(str, n, fp)；表示从 fp 文件指针所指的文件中读出 n - 1 个字符，然后送到字符数组 str 中，系统自动在数组的字符串末尾加一个‘\0’。

任务 3：编写代码，实现从任务 2 所建的文本文件中读出一个含有 10 个字符的字符串。

代码如下：

```
#include <stdio.h>
main()
{
    FILE *fp;
    char str[11], ch, filename[50];               /* 定义字符变量及字符数组 */
    printf("please input filename:\n");
    scanf("%s", filename);                   /* 输入文件所在路径及名称 */
    if ((fp = fopen(filename, "r")) == NULL)   /* 以只读方式打开指定文件 */
    {
      printf("cannot open file\n");
```

```
        exit(0);
    }
    fgets(str,11,fp);                          /*从文件中读取含10个字符的字符串*/
    printf("%s\n",str);                        /*输出字符串*/
    fclose(fp);                                /*关闭文件*/
}
```

```
"C:\DOCUMENTS AND SETTINGS\A...
please input filename:
d:\writecharacter.txt
Characters
Press any key to continue
搜狗拼音 半:
```

图12-4 读出字符串

程序运行结果如图12-4所示。

2. fputs()函数

fputs()函数的作用是向指定的文件中写入一个字符串，其调用格式一般为：

```
fputs(字符串,文件指针);
```

此处，字符串可以是字符串常量，也可以是字符数组名或字符指针变量名，表示该字符串写入到文件中。

例如：语句fputs(str, fp)；中，fp是文件指针；str是待输出的字符串数组名。

注意：用fputs()函数进行输出时，字符串中最后的'\0'并不输出，也不自动加'\n'。输出成功函数值为正整数，否则为-1（EOF）。根据fputs()函数操作特点，需要注意的是，调用函数写入字符串时，文件中各字符串将首尾相接，它们之间将不存在任何间隔符。为了便于读入，在写入字符串时，应当注意人为地加入诸如'\n'这样的字符。

另外，前面介绍过的gets()和puts()函数是通过终端进行输入、输出字符串的，而fgets()和fputs()函数是以指定的文件为读写对象的。此外，fputs()函数不会在字符串末尾自动加上换行符。

前面可以通过多次调用fgetc()函数和fputc()函数来实现读写一个字符串，这里可以直接使用fgets()函数和fputs()函数来进行文件中字符串的读写操作。

任务4：编写代码，实现使用fputs()函数向一个文本文件中写入一个字符串，然后用fgets()函数读取该字符串，并输出。

代码如下：

```
#include <stdio.h>
main()
{
    FILE *fp;
    char ch,str1[25],str2[25],filename[50];    /*定义字符变量及字符数组*/
    printf("please input filename:\n");
    scanf("%s", filename);                     /*输入文件所在的路径及名称*/
    if ((fp=fopen(filename, "w"))==NULL)       /*以只写方式打开指定文件*/
    {
        printf("cannot open file\n");
        exit(0);
    }
    printf("input a string:\n");
    gets(str1);
    gets(str1);                                /*输入字符串*/
    fputs(str1,fp);                            /*将该字符串写入到指定文件中*/
```

```
    fclose(fp);
    if((fp=fopen(filename,"r"))==NULL)          /*以只读方式再次打开指定文件*/
    {
      printf("can not open file\n");
      exit(0);
    }
    fgets(str2,25,fp);                          /*从文件这个读取字符串*/
    puts(str2);
    fclose(fp);
}
```

程序运行结果如图12-5（a）、(b）所示。

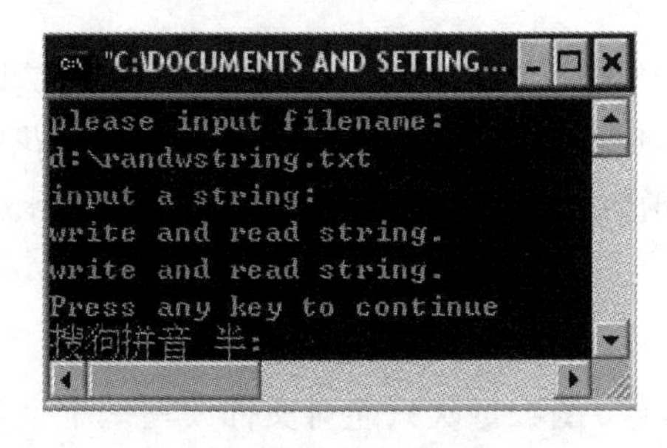

（a） 文件的字符串读写　　（b） 文本文件中写入的字符串

图12-5 任务4的运行结果

编者手记： 在这个程序中，以只写方式打开文件进行写入操作后关闭文件，然后再次以只读方式打开文件。为什么要关闭后再打开呢？这是因为第一次打开文件进行操作后，文件中的位置指针已经移动到写入字符串的位置处；而要想读出该文件的内容，就要求位置指针在文件的开头位置；因此，先将文件关闭，然后再打开，这样位置指针又重新回到了文件的开头。也可以用rewind()函数实现这样的功能。

12.4.3 格式化读写函数

格式化读写函数是fscanf()函数和fprintf()函数，它们与前面使用的scanf()函数printf()函数的功能相似，都是格式化读写函数。而它们的区别在于，fscanf()函数和fprintf()函数的读写对象不是键盘和显示器，而是磁盘文件。

1. fscanf()函数

fscanf()函数调用的一般形式为：

```
fscanf(文件指针,格式字符串,输入表列);
```

其中，文件指针表示要读取的文件；格式字符串和输入表列和前面第3章介绍的scanf()函数的两个参数意义相同。该函数的功能就是将指定文件中的内容按格式符要求的形式，读入到指定的内存地址内。

例如：语句fscanf(fp,"%d,%c", &i, &ch)；是指从fp指向的文件中读取两个数，分别以整型和字符型赋值给整型变量i和字符型变量ch。

如果该函数调用成功，则返回实际被赋值参数的个数；否则返回EOF。

2. fprintf( )函数

fprintf( )函数调用一般形式为:

```
fprintf(文件指针,格式字符串,输出表列);
```

其中，文件指针表示要写入的文件；格式字符串和输出表列和前面第3章介绍的printf( )函数的两个参数意义相同。该函数的功能就是将内存中指定地址的内容按格式符要求的形式，写入到文件指针指向的文件中。

例如：语句fprintf（fp,"%d,%c"，&i，&ch）；是将整型变量i和字符型变量ch的值分别以整型和字符型写入到fp指向的文件中。如果该函数调用成功，则返回实际被写入的参数的个数；否则返回一个负数。

用fscanf( )函数和fprintf( )函数对文件进行读写时，使用方便，容易理解，但是读取操作时需要将ASCII码转换成二进制码形式；而写入时又要将二进制形式转换成字符，花费时间较多。建议最好不用fscanf( )函数和fprintf( )函数，而用下面将要介绍的fread( )函数和fwrite( )函数。

12.4.4　数据块读写函数

前面介绍的fgetc( )、fputc( )、fgets( )和fputs( )函数每次只能对文件读写一个字符或字符串，但是在编写程序的过程中往往需要对整块数据进行读写。例如，对一个结构体类型变量进行读写，此时用fread( )函数和fwrite( )函数比上面4个函数效率高。

1. fread( )函数

fread( )函数调用一般形式为:

```
fread(buffer,size,count,fp);
```

其中，buffer是一个指向内存区域的指针，该内存区域将用于存储从文件中读取的数据，该指针的类型为void，可以指向任何内容；size表示数据块的字节数；count表示要读取的数据块的块数；fp表示要读取的文件的指针。该函数的作用是从fp所指向的文件中读取count次，每次读size字节，读取的信息存储在buffer地址中。

例如：语句fread(p1，2，10，fp)；是指从fp所指的文件中，每次读取2个字节（一个短整型）的数，送入到指针p1所指的内存中，连续读取10次。即通过该函数一次性读取10个短整型数据到p1指定的地址中。

当fread( )函数调用成功时，返回实际读取的字段个数count；否则返回一个小于count的值。

任务5：在学生成绩管理系统的主函数中，导入文件内容部分使用的是fread( )函数将文件中的学生记录导入到链表中。

节选部分代码如下：

```
void main()
{
   Link l;                                         /*建立键表*/
   FILE *fp;
   int sel,count=0;
   char ch,jian;
   Node *p,*r;
   printf("\t\t\t\t学生成绩管理系统\n\n\t\t\t\t------信息工程系c语言教
   学组\n");
   l=(Node*)malloc(sizeof(Node));
```

```
l ->next =NULL;
r =l;
fp =fopen("C:\\student","rb");
if(fp ==NULL)
{
  printf("\n =====>提示:文件还不存在,是否创建?(y/n)\n");
  scanf("%c",&jian);
  if(jian ==‘y’||jian ==‘Y’)
  fp =fopen("C:\\student","wb");
  else
  exit(0);
}
printf("\n =====>提示:文件已经打开,正在导入记录……\n");

while(!feof(fp))
{
  p =(Node *)malloc(sizeof(Node));
  if(fread(p,sizeof(Node),1,fp)) /*使用 fread()函数读取文件中的学生记录,将其放
  入节点中.若读取成功,则返回读取记录的个数1;否则返回值小于1 */
  {
    p ->next =NULL;          /*将该节点挂入链表中 */
    r ->next =p;
    r =p;
    count ++;                              /*count 用于统计导入记录的个数 */
  }
}
fclose(fp); /*关闭文件 */
printf("\n =====>提示:记录导入完毕,共导入%d条记录.\n",count);
……
```

程序运行结果如图 12-6 所示。

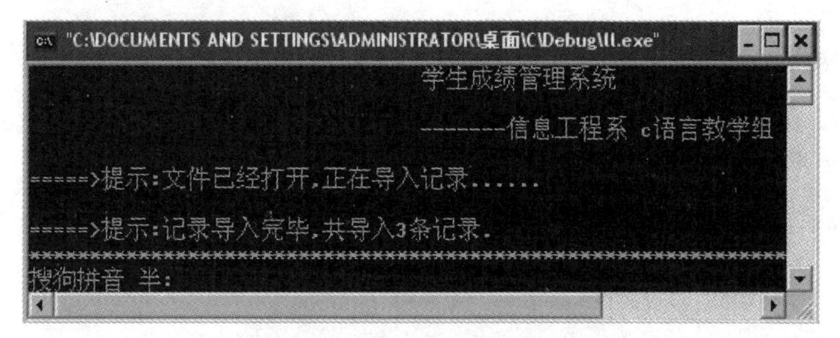

图 12-6 任务 5 的运行结果

2. fwrite()函数

fwrite()函数调用一般形式为:

```
fwrite(buffer,size,count,fp);
```

该函数的参数含义与 fread()函数相同,函数的功能是将 buffer 地址开始的信息输出 count 次,每次 size 字节写入到 fp 所指向的文件中。

当 fwrite()函数调用成功时,返回实际写入的数据的个数 count;否则返回一个小于 count 的值。

例如:语句 fwrite(p2, 4, 5, fp);是以指针 p2 为起始地址,将其中的信息每次输出 4 个字节,连续输出 5 次到 fp 所指向的文件中。

任务6：学生成绩管理系统中保存学生记录的函数中，使用了fwrite()函数对文件进行写入操作。

代码如下：

```
void Save(Link l)
{
   FILE * fp;
   Node *p;
   int flag=1,count=0;
   fp=fopen("c:\\student","wb");                          /* 只写方打开文件 */
   if(fp==NULL)
   {
      printf("\n=====>提示:重新打开文件时发生错误!\n");
      exit(1);
   }
   p=l->next;
   while(p)
   {
      if(fwrite(p,sizeof(Node),1,fp)==1) /* 使用fwrite()函数将学生的记录保存到指
                                            fp指定的文件中,一次保存一个记录 */
      {  /* 若保存成功,则fwrite()函数返回保存记录的个数1;否则返回值小于1 */
         p=p->next;                      /* 保存下一个记录 */
         count++;                        /* count用于统计保存记录个数 */
      }
      else
      {
         flag=0;
         break;
      }
   }
   if(flag)
   {
      printf("\n=====>提示:文件保存成功.(有%d条记录已经保存.)\n",count);
      shoudsave=0;
   }
   fclose(fp);                                            /* 关闭文件 */
}
```

程序运行结果如图12-7所示。

图12-7 任务6的运行结果

12.5 文件的随机读写

前面介绍的对文件的读写方式都是顺序读写，即读写文件只能从头开始，顺序读写各

个数据。但在实际中经常会出现这样的问题，即需要读取的数据并不是文件的全部，也不是从文件的开头顺序读写，而是仅读写文件中的某一部分，这种读写方式可称为随机读写。这时就要用到文件的内部位置指针来解决这个问题。

当顺序读写一个文件时，位置指针指向当前所要读的字符，当读完这个字符后，位置指针就自动指向下一个字符的位置。而随机读写一个文件时，关键是要求位置指针按所需进行移动，使其强制指向指定的位置，这种技术称为文件定位。

12.5.1 fseek()函数

fseek()函数可以完成随机读写操作，其调用的一般格式为：

```
fseek(文件指针,位移量,起始点);
```

该函数的作用是移动文件内部的位置指针。其中，“文件指针”表示被移动文件的指针变量；“位移量”表示移动的字节数，要求位移量是long型数据，以便在文件长度大于64KB时不会出错；当用常量表示位移量时，要求最后最”L”；“起始点”表示从何处开始计算位移量，规定的起始点有3种，即文件首、文件当前位置和文件尾，其表示方法如表12-2所示。

表12-2 起始点的表达方式

起始点	表示符号	数值表示	说 明
文件首	SEEK_SET	0	相对的偏移量的参照位置为文件
文件当前位置	SEEK_CUR	1	相对的偏移量的参照位置为文件指针的当前位置
文件尾	SEEK_END	2	相对的偏移量的参照位置为文件尾

例如：fseek(fp, -20L, 1)；表示将位置指针从当前位置向后退20个字节。

fseek(fp, 30L, SEEK_SET)；表示将位置指针移到离文件首30字节处。

若fseek函数调用成功，则返回0；否则返回一个非零值。

注意： fseek()函数一般用于二进制文件，如果用于文本文件，由于要进行转换，故往往计算的位置会出现错误。如果真要用于文本文件，也可以，但要注意首先文件偏移量必须为0，或者通过ftell()函数获得文件指针的当前位置，并且相对位置的起始点必须为SEEK_SET。

任务7： 编程实现将两个文件的信息合并。即建立两个文本文件，第1个文件内容为“hello students!”，第2个文件内容为“This is a c program.”，将第2个文件的内容放在第1个文件内容的后面。

代码如下：

```
#include <stdio.h>
main()
{
   char ch, filename1[50], filename2[50];        /* 数组和变量的数据类型为字符型 */
   FILE *fp1,  *fp2;          /* 定义两个指向 FILE 类型结构体的指针变量 */
   printf("please input filename1:\n");
   scanf("%s", filename1);                    /* 输入文件所在路径及名称 */
   if ((fp1 = fopen(filename1, "a+")) == NULL)        /* 以读写方式打开指定文件 */
   {
```

```
        printf(" cannot open \n");
        exit(0);
    }
    printf("file1:\n");
    ch=fgetc(fp1);
    while (ch!=EOF)
    {
        putchar(ch);                  /*将文件1中的内容输出*/
        ch=fgetc(fp1);
    }
    printf("\nplease input filename2:\n");
    scanf("%s", filename2);           /*输入文件所在路径及名称*/
    if ((fp2=fopen(filename2, "r"))==NULL)   /*以只读方式打开指定文件*/
    {
        printf("cannot open \n");
        exit(0);
    }
    printf("file2:\n");
    ch=fgetc(fp2);
    while (ch!=EOF)
    {
        putchar(ch);                  /*将文件2中的内容输出*/
        ch=fgetc(fp2);
    }
    fseek(fp2, 0L, 0);                /*将文件2中的位置指针移到文件开始处*/
    ch=fgetc(fp2);
    while (!feof(fp2))
    {
        fputc(ch, fp1);               /*将文件2中的内容输出到文件1中*/
        ch=fgetc(fp2);                /*继续读取文件2中的内容*/
    }
    fclose(fp1);                      /*关闭文件1*/
    fclose(fp2);                      /*关闭文件2*/
}
```

任务分析：程序中有这样一条语句 fseek (fp2, 0L, 0);，为什么要有这条语句呢？这是因为前面已经使用fp2指针将文件2中的内容全部输出，这时文件指针fp2指向文件2的末尾处。要想将文件2中的全部内容再合并到文件1中去，必须将fp2重新移到文件2的开始处。

程序的运行结果如图12-8（a）、(b）所示。

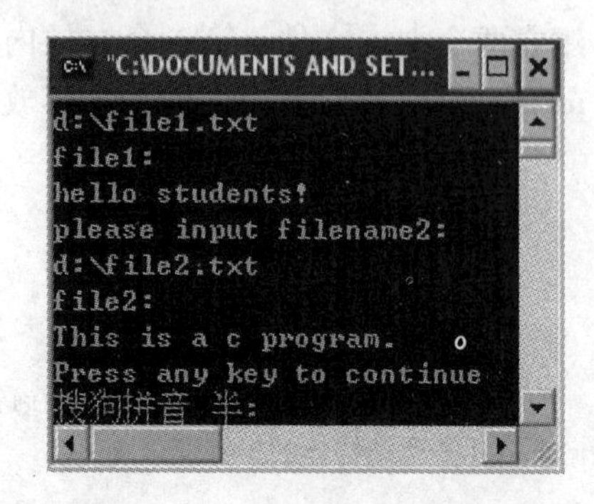

(a）利用fseek()函数将两个文件合并结果

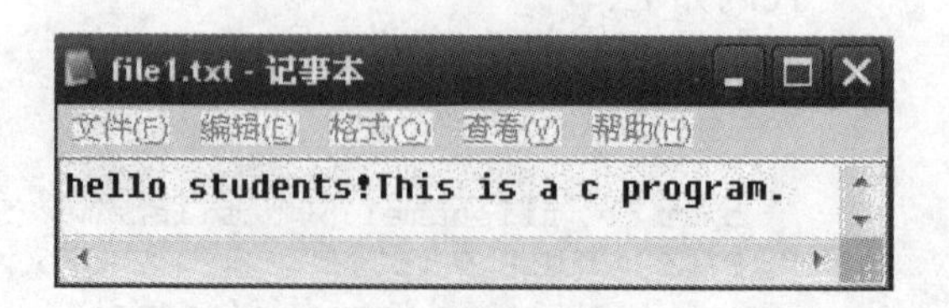

(b）合并后的第1个文件

图12-8　任务7的运行结果

12.5.2 rewind()函数

rewind()函数的作用是使位置指针重新返回文件开头，该函数没有返回值。rewind()函数的一般调用格式为：

```
rewind(文件指针);
```

如果在对文件进行操作时，已经读取文件中的一些数据，并想再次从文件开头开始进行读取，而又不想关闭后重新打开文件，则此时可以使用rewind()函数。此函数等效与：

```
fseek(fp,0L,0);
```

12.5.3 ftell()函数

ftell()函数的作用是得到流式文件中位置指针的当前位置，用相对于文件开头的位移量来表示。该函数返回一个long值，表示当前位置距离文件开头有多少个字节。当ftell()函数返回值为-1L时，则表示出错。

ftell()函数的调用格式为：

```
ftell(文件指针);
```

例如：long i; if ((i=ftell (fp)) == -1L); printf ("error\ n")。

可利用ftell()函数测试一个文件的长度。如下面的语句：

```
long len; fseek(fp,0L,SEEK_END); len=ftell(fp);
```

先将文件的位置指针移到文件末尾，然后调用ftell()函数获得当前位置相对于文件开头的位移量，该位移量等于文件所含字节数。

12.6 文件的管理

文件是指对已有的文件进行操作，不是读写文件，而是进行删除、重命名和复制文件。

12.6.1 删除文件

可以使用remove()函数对已有文件进行删除，其调用的一般形式为：

```
remove(文件指针);
```

其中，文件指针指向要删除的文件。在执行次函数时，要删除的文件不能处于打开状态。当要删除的文件存在且处于关闭状态时，则被删除，函数返回值为0；如果要删除的文件不存在，或是只读的文件，或是没有访问权限或发生了其他错误，则函数返回值为-1。

12.6.2 重命名文件

对已经存在的文件的名称进行修改，可以使用rename()函数。该函数的调用格式为：

```
rename(旧文件名,新文件名);
```

该函数的作用就是将一个文件的“旧文件名”改为“新文件名”。注意：文件名要符合文件命名规则。

如果该函数调用成功，则返回值为0；否则返回值为-1。

12.6.3 复制文件

在实际使用中，对于文件的复制操作我们已经很熟悉。在C语言中没有复制文件的库函数，想要复制一个文件只能自己编写。

任务8：编写代码，实现文件的复制。

代码如下：

```
#include <stdio.h>
#include <stdlib.h>
#define MAX_PATH 100
int copyfile(char *file1,char *file2) /* 文件复制函数,参数是字符串指针变量,用于指示文件的路径及名称 */
{
   char tempbuf[MAX_PATH];
   FILE *ofp,*nfp;
   if((ofp=fopen(file1,"rb"))==NULL)     /* 以只读方式打开一个二进制码的文件 */
   {
      printf("can't open %s\n",file1);
      return -1;
      exit(0);
   }
   if((nfp=fopen(file2,"wb"))==NULL)     /* 以只写方式打开一个二进制码的文件 */
   {
      printf("creat %d unseccessful\n",file2);
      return -1;
      exit(0);
   }
   while(!feof(ofp))
   {
      fread(tempbuf,1,1,ofp);  /* 从 ofp 所指向的文件中每次读取 1 个字节的数据存到数
                                  组 tempbuf 中 */
      fwrite(tempbuf,1,1,nfp); /* 从数组 tempbuf 中每次读取 1 个字节的数据并写入到
                                  nfp 所指向的文件中 */
   }
   fclose(ofp);                /* 关闭旧文件 */
   fclose(nfp);                /* 关闭新文件 */
   return 0;
}
main()
{  int m;
   copyfile("d:\\file1.txt","d:\\file2.txt");/* 调用文件复制函数,传递两个文件的
                                                路径及文件名 */
   if(m==0)printf("copy success!\n");
   else printf("copy failed!\n");
}
```

程序运行结果如图12-9所示。

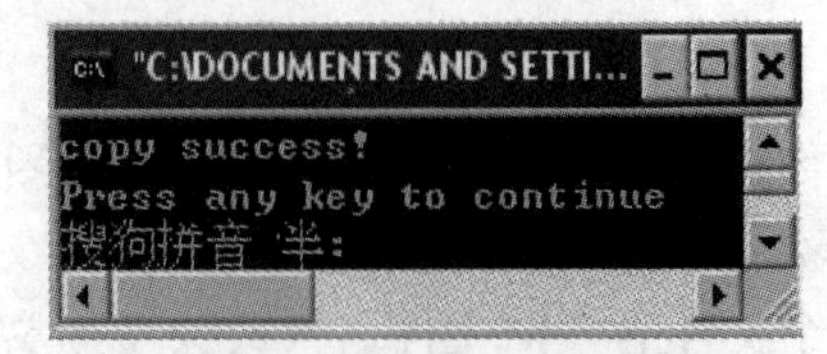

图12-9　任务8的运行结果

12.7　文件的出错检测

在对输入、输出函数进行调用时往往会产生一些错误，对此，C语言提供了一些函数进行检测。检测的函数有feof()函数、ferror()函数clearerr()函数。

12.7.1 feof()函数

feof()函数调用的一般形式为：

```
feof(文件指针);
```

它的作用就是用来测试“文件指针”所指的文件当前状态是否是“文件结束”状态；若是，则返回一个非0真值；否则返回0。

例如：任务6中的语句

```
while(!feof(ofp))
{
   fread(tempbuf,1,1,ofp);
   fwrite(tempbuf,1,1,nfp);
}
```

表示判断ofp所指的旧文件是否是结束状态，若feof的返回值为0，则文件没有结束，则进行文件的复制；若feof返回值为非0的值，则文件结束，退出循环，复制过程结束。

12.7.2 ferror()函数

ferror()函数调用的一般形式为：

```
ferror(文件指针);
```

ferror函数的作用就是检查文件在进行读写操作时是否出错。如果该函数的返回值是非0值，则说明对当前文件的操作出错；否则说明当前文件操作正常。

> **注意：** 对同一个文件每一次调用读写函数，均产生一个新的ferror()函数值，即该函数仅反映上一次文件读写操作的状态。因此应该在调用一个读写函数后立即检查ferror函数的值，否则信息会丢失。且在执行fopen函数时，ferror函数的初始值自动置为0。

12.7.3 clearerr()函数

clearerr()函数调用的一般形式为：

```
clearerr(文件指针);
```

该函数的作用是清除文件错误标志和文件结束标志，使它们为0值。当文件处理函数对文件进行读写出错时，文件就会自动产生错误标志，这样会影响程序对文件的后续操作。clearerr()函数就是要复位这些错误标志，从而使文件恢复正常。

任务9： 编写代码，验证clearerr()函数。实现用只写方式打开一个文件，然后使用函数读取该文件的一个字符，这样就会产生一个错误标识。当用ferror()函数进行检测时，会返回一个错误信息，并用clearerr()函数清除文件产生的错误标识。

```
#include <stdio.h>
void main()
{
   FILE *fp;
   char ch;
   fp=fopen("file1.txt","w");        /*以“写”的方式打开一个名为file.txt的文件*/
   ch=fgetc(fp);                     /*读取一个字符,此处为错误操作*/
   if(ferror(fp))                    /*判断错误信息*/
   {
      printf("错误的读取操作!\n");      /*输出信息提示*/
```

```
        clearerr(fp);                           /* 复位错误标志 */
    }
    fclose(fp);
}
```

程序运行结果如图 12-10 所示。

图 12-10　任务 9 的运行结果

12.8　本章小结

文件是程序设计中一种重要的数据类型，是指存储在外部介质上的一组数据集合。C 语言中的文件被看成字节或字符的序列，称为流式文件。根据数据的组织形式有二进制码文件和字符（文本）码文件。

（1）对文件操作为三步：打开文件、读写文件和关闭文件。文件的访问是通过 stdio. h 中定义的名为 FILE 的结构类型实现的，它包括文件操作的基本信息。一个文件被打开时，编译程序自动在内存中建立该文件的 FILE 结构，并返回指向文件起始地址的指针。

（2）文件的读写操作可以使用库函数 fscanf( ) 函数、fprintf( ) 函数、fgetc( ) 函数、fputc( ) 函数、fgets( ) 函数、fputs( ) 函数、fread( ) 函数和 fwrite( ) 函数等，这些函数最好配对使用，以免引起输入、输出的混乱。

（3）文件读写完毕后，要用 fclose( ) 函数对文件进行关闭。

练习与自测

编程题

1. 编写一个程序，完成复制指定文件的功能。要求源文件名和目标文件名从命令行输入。

2. 编写程序，将一个文本文件复制成另一个文件，要求后者内容与前者的完全一致但顺序相反。

3. 编写一个比较两个文本文件的程序，要求输出两个文件首次不同的行和字符的位置。

4. 编写一个能将两个二进制文件合并的程序，要求两个文件的名称从命令行输入。

5. 编写一个程序，求出 300！的精确值，将结果写入文件。

附录 A　常用字符与 ASCII 代码对照表

ASCII 值	字符	控制字符	ASCII 值	字符	ASCII 值	字符	ASCII 值	字符	ASCII 值	字符	ASCII 值	字符	ASCII 值	字符	ASCII 值	字符
000	null	NUL	032	(space)	064	@	096	’	128	Ç	160	á	192	└	224	α
001	☺	SOH	033	!	065	A	097	a	129	ü	161	í	193	┴	225	β
002	☻	STX	034	"	066	B	098	b	130	é	162	ó·	194	┬	226	Γ
003	♥	ETX	035	#	067	C	099	c	131	â	163	ú	195	├	227	π
004	♦	EOT	036	$	068	D	100	d	132	ā	164	ñ	196	─	228	Σ
005	♣	END	037	%	069	E	101	e	133	à	165	Ñ	197	†	229	σ
006	♠	ACK	038	&	070	F	102	f	134	å	166	a	198	╞	230	μ
007	beep	BEL	039	´	071	G	103	g	135	ç	167	o	199	╟	231	τ
008	backspace	BS	040	(	072	H	104	h	136	ê	168	¿	200	╚	232	Φ
009	tab	HT	041	)	073	I	105	i	137	ë	169	⌐	201	╔	233	θ
010	换行	LF	042	*	074	J	106	j	138	è	170	¬	202	╩	234	Ω
011	♂	VT	043	+	075	K	107	k	139	ï	171	½	203	╦	235	δ
012	♀	FF	044	,	076	L	108	l	140	î	172	¼	204	╠	236	∞
013	回车	CR	045	–	077	M	109	m	141	ì	173	¡	205	═	237	ø
014	♫	SO	046	.	078	N	110	n	142	Ä	174	<<	206	╬	238	ϵ
015	☼	SI	047	/	079	O	111	o	143	Å	175	>>	207	╧	239	∩
016	►	DLE	048	0	080	P	112	p	144	É	176	░	208	╨	240	≡
017	◄	DC1	049	1	081	Q	113	q	145	æ	177	▒	209	╤	241	±
018	↕	DC2	050	2	082	R	114	r	146	Æ	178	▓	210	╥	242	≥
019	‼	DC3	051	3	083	S	115	s	147	ô	179	│	211	╙	243	≤
020	¶	DC4	052	4	084	T	116	t	148	ö	180	┤	212	╘	244	⌠
021	§	NAK	053	5	085	U	117	u	149	ò	181	╡	213	╒	245	⌡

续表

ASCII 值	字符	控制字符	ASCII 值	字符	ASCII 值	字符	ASCII 值	字符	ASCII 值	字符	ASCII 值	字符	ASCII 值	字符	ASCII 值	字符
022	▬	SYN	054	6	086	V	118	v	150	û	182	╢	214	╓	246	÷
023	↨	ETB	055	7	087	W	119	w	151	ù	183	╖	215	╫	247	≈
024	↑	CAN	056	8	088	X	120	x	152	ÿ	184	╕	216	╪	248	°
025	↓	EM	057	9	089	Y	121	y	153	ö	185	╣	217	┘	249	∙
026	→	SUB	058	:	090	Z	122	z	154	Ü	186	║	218	┌	250	·
027	←	ESC	059	;	091	[	123	{	155	¢	187	╗	219	█	251	√
028	∟	FS	060	<	092	\	124	|	156	£	188	╝	220	▄	252	^{n}
029	↔	GS	061	=	093	]	125	}	157	¥	189	╜	221	▌	253	^{2}
030	▲	RS	062	>	094	^	126	~	158	P_t	190	╛	222	▐	254	■
031	▼	US	063	?	095	_	127	⌂	159	ƒ	191	┐	223	▀	255	Blank 'FF'

注:128～255 ASCII 码值是 IBM－PC(长城 0520)上专用的,表中 000～127 ASCII 码值是标准的。

附录B　C语言中的关键字及其用途

关键字	说明	用途
char	一个字节长的字符值	数据类型
short	短整数	
int	整数	
unsigned	无符号类型，最高位不作为符号位	
long	长整数	
float	单精度实数	
double	双精度实数	
struct	用于定义结构体的关键字	
union	用于定义共用体的关键字	
void	空类型，用它定义的对象不具有任何值	
enum	定义枚举类型的关键字	
signed	有符号类型，最高位作为符号位	
const	表明这个量在程序执行过程中不可变	
volatile	表明这个量在程序执行过程中可被隐含地改变	
typedef	用于定义同义数据类型	
auto	自动变量	存储类别
register	寄存器类型	
static	静态变量	
extern	外部变量声明	
break	退出最内层的循环或 switch 语句	流程控制
case	switch 语句中的情况选择	
continue	跳到下一轮循环	
default	switch 语句中其余情况标号	
do	在 do-while 循环中的循环起始标记	
else	if 语句中的另一种选择	
for	带有初值、测试和增量的一种循环	
goto	转移到标号指定的地方	
if	语句的条件执行	
return	返回到调用函数	
switch	从所有列出的动作中做出选择	
while	在 while 和 do-while 循环中语句的条件执行	
sizeof	计算表达式和类型的字节数	运算符

附录C　运算符的优先级和结合性

<table>
<tr><th>优先级</th><th>运算符</th><th>运算符功能</th><th>运算类型</th><th>结合方向</th></tr>
<tr><td rowspan="5">最高15</td><td>::</td><td>域运算符</td><td rowspan="14">单目运算</td><td rowspan="5">自左至右</td></tr>
<tr><td>()</td><td>圆括号、函数参数表</td></tr>
<tr><td>[ ]</td><td>数组元素下标</td></tr>
<tr><td>-></td><td>指向结构体成员</td></tr>
<tr><td>.</td><td>结构体成员</td></tr>
<tr><td rowspan="9">14</td><td>!</td><td>逻辑非</td><td rowspan="9">自右至左</td></tr>
<tr><td>~</td><td>按位取反</td></tr>
<tr><td>++、--</td><td>自增1、自减1</td></tr>
<tr><td>+</td><td>求正</td></tr>
<tr><td>-</td><td>求负</td></tr>
<tr><td>*</td><td>间接运算符</td></tr>
<tr><td>&</td><td>求地址运算符</td></tr>
<tr><td>(类型名)</td><td>强制类型转换</td></tr>
<tr><td>sizeof</td><td>求所占字节数</td></tr>
<tr><td>13</td><td>*、/、%</td><td>乘、除、整数求余</td><td>双目运算符</td><td>自左至右</td></tr>
<tr><td>12</td><td>+、-</td><td>加、减</td><td>双目运算符</td><td>自左至右</td></tr>
<tr><td>11</td><td><<、>></td><td>左移、右移</td><td>移位运算</td><td>自左至右</td></tr>
<tr><td rowspan="2">10</td><td><、<=</td><td>小于、小于或等于</td><td rowspan="2">关系运算</td><td rowspan="2">自左至右</td></tr>
<tr><td>>、>=</td><td>大于、大于或等于</td></tr>
<tr><td>9</td><td>==、!=</td><td>等于、不等于</td><td>关系运算</td><td>自左至右</td></tr>
<tr><td>8</td><td>&</td><td>按位与</td><td>位运算</td><td>自左至右</td></tr>
<tr><td>7</td><td>^</td><td>按位异或</td><td>位运算</td><td>自左至右</td></tr>
<tr><td>6</td><td>|</td><td>按位或</td><td>位运算</td><td>自左至右</td></tr>
<tr><td>5</td><td>&&</td><td>逻辑与</td><td>逻辑运算</td><td>自左至右</td></tr>
<tr><td>4</td><td>||</td><td>逻辑或</td><td>逻辑运算</td><td>自左至右</td></tr>
<tr><td>3</td><td>?:</td><td>条件运算</td><td>三目运算</td><td>自右至左</td></tr>
<tr><td rowspan="3">2</td><td>=、+=、-=、*=</td><td rowspan="3">赋值、运算且赋值</td><td rowspan="3">双目运算</td><td rowspan="3">自右至左</td></tr>
<tr><td>/=、%=、&=、^=</td></tr>
<tr><td>|=、<<=、>>=</td></tr>
<tr><td>最低1</td><td>,</td><td>逗号运算</td><td>顺序运算</td><td>自左至右</td></tr>
</table>

参考文献

[1] 〔美〕Jeri R. Hanly Elliot B. Koffman. 潘蓉，等. C语言详解（第6版）[M]. 北京：人民邮电出版社，2010.

[2] 谭浩强. C语言程序设计（第2版）[M]. 北京：清华大学出版社，2008.

[3] 刘兆宏. C语言程序设计案例教程 [M]. 北京：清华大学出版社，2008.

[4] 刘彬彬. C语言开发实战宝典 [M]. 北京：清华大学出版社，2011.

[5] 左飞. C语言参悟之旅 [M]. 北京：中国铁道出版社，2010.